机械设计基础
（第 2 版）

主　编　孙方迺　苗德忠
副主编　陆显峰　符帼姣
参　编　马艳霞　杜世法
主　审　张丽华

北京理工大学出版社
BEIJING INSTITUTE OF TECHNOLOGY PRESS

内 容 简 介

　　本书根据教育部制定的《高职高专教育机械设计教学基本要求》编写而成。全书共分为 12 个学习模块，主要内容包括相关力学基础知识、平面机构及自由度分析、平面连杆机构分析与设计、凸轮机构分析与设计等；教学项目下的学习任务均由典型案例引入，在学习任务结束后，对相应的案例做了专题的分析解释，以加深学生对学习内容的理解，加强与工程实践的联系。

　　本书可作为高等职业技术学院、高等专科学校、成人高校及其他相应院校机械、近机械类专业的教学用书，也可供有关工程技术人员参考。

图书在版编目（CIP）数据

机械设计基础/孙方遒，苗德忠主编 . --2 版 . --
北京 ：北京理工大学出版社，2021.9
　ISBN 978－7－5763－0456－5

　Ⅰ. ①机…　Ⅱ. ①孙… ②苗…　Ⅲ. ①机械设计－高
等职业教育－教材 Ⅳ. ①TH122

中国版本图书馆 CIP 数据核字（2021）第 200146 号

出版发行 / 北京理工大学出版社有限责任公司
社　　址 / 北京市海淀区中关村南大街 5 号
邮　　编 / 100081
电　　话 / (010)68914775(总编室)
　　　　　　(010)82562903(教材售后服务热线)
　　　　　　(010)68944723(其他图书服务热线)
网　　址 / http://www.bitpress.com.cn
经　　销 / 全国各地新华书店
印　　刷 / 河北鑫彩博图印刷有限公司
开　　本 / 787 毫米×1092 毫米　1/16
印　　张 / 13.5　　　　　　　　　　　　　　　　　　责任编辑 / 高雪梅
字　　数 / 317 千字　　　　　　　　　　　　　　　　文案编辑 / 高雪梅
版　　次 / 2021 年 9 月第 2 版　2021 年 9 月第 1 次印刷　责任校对 / 周瑞红
定　　价 / 69.00 元　　　　　　　　　　　　　　　　责任印制 / 李志强

图书出现印装质量问题，请拨打售后服务热线，本社负责调换

前　言

教育部在教高〔2006〕16号文件中指出"把工学结合作为高等职业教育人才培养模式改革的重要切入点";"课程建设与改革是提高教学质量的核心,也是教学改革的重点和难点";"要重视学生校内学习与实际工作的一致性"。

模块化教学是指解决一个复杂问题时自顶向下逐层把系统划分成若干模块进行教学的过程。每个模块完成一个特定的子功能,所有的模块按某种方法组装起来,成为一个整体,完成整个系统所要求的功能。

师生有机结合起来构建学习团队,依据要实施项目的内容,选择相应学习模块,组织学习活动,完成不同模块下的单元学习内容。以完成项目(任务)为中心,用项目(任务)来带动知识点的学习。实现教师、学生双主体,将"教、学、做"融合为一体,使学生积极地参与学习、自觉地进行知识的构建。

"机械设计基础"是工科类专业一门必修的专业基础课,它与工程实际有紧密的联系,对培养学生的工程素质有着非常重要的作用。

如何适应高职教育人才培养模式的改革要求,在学习过程中如何运用任务来驱动、以项目为导向、以相应模块重构学习模式,相应的教材如何与学习配套,这是摆在我们面前的一个课题,我们试图编写一本与之相适应的教材。

本书具有以下特点:

1. 与时俱进,调整思路

国务院《国家职业教育改革实施方案》(2019年4号)文件指出,要促进产教融合校企"双元"育人,校企共同研究制定人才培养方案,及时将新技术、新工艺、新规范纳入教学标准和教学内容。本书作为专业基础课,也要随信息技术发展和产业升级情况及时动态更新依据,适应"互联网+职业教育"发展需求,运用现代信息技术改进教学方式方法。

2. 思政融入,立德树人

习近平在全国教育大会上强调,坚持把立德树人作为根本任务,加强学校思想政治工作。据此要求,在本书修订过程中,将"课程思政"内化与本课程内容相结合,形成协同效应,在潜移默化中完成立德树人的任务,实现全方位育人的目标。

3. 模块优化,按需重构

依据职业仓分析,本书将新技术、新工艺、新规范纳入教学标准和教学内容,将不同教学模块充分优化并相对独立处理,可实现针对不同专业、不同对象学生进行有机的选取,不同模块的重新组合实现课程体系的重构,以满足不同专业、不同工作岗位能力所需。

4. 理实一体，能力为本

依据"项目导向、任务驱动"的模式，从"典型案例"入手，将传统的"机械设计基础"与"工程力学"内容进行了较大的改革，对工程力学、机械原理与机械零件等相关知识按机械设计这条主线进行了整合，内容突出职业教育特色，强化工程应用，注重实践能力、动手能力和创新思维能力的培养。

5. 混合教学，优势互补

本书满足课程采用模块化线上线下混合式教学模式的需求，线上教学内容满足教学大纲要求，线下教学对知识体系进行补充，既能满足基本知识、技能的学习，又能满足学生对能力提高的需求。

6. 信息应用，智慧助学

本书内容针对信息化应用进行优化，充分利用现代信息技术手段将"教、学、做"融于一体，重构课程体系，适应信息化手段的应用，满足职业院校的实际需求。本书充分融入信息化教学手段，将课程体系、课程内容充分地展现出来。

7. 注重标准，提升素养

本书融入了国家及行业标准，更能贴近生产的实际，在日常学习中提升大国工匠的职业素养，以精益求精的精神学习并掌握机械设计中相关方法、工艺和训练等基本技能。

参加本书编写工作的有渤海船舶职业技术学院孙方遒（主要编写引论、模块2、3、5）、苗德忠（主要编写模块6、7、8）、陆显峰（主要编写模块4、11、12）、马艳霞（主要编写模块10）、杜世法（主要编写模块9）以及辽河石油职业技术学院的符帼姣（主要编写模块1，参与编写模块9、10）。全书由孙方遒、苗德忠担任主编并统稿，陆显峰、符帼姣担任副主编，马艳霞、杜世法参加编写工作。

本书由渤海船舶职业学院张丽华主审，张丽华提出了许多宝贵意见和建议，在此表示衷心的感谢！

由于编者水平有限，加之项目教学的经验仍不够成熟，书中难免有不妥之处，敬请广大读者给予指正。特别希望任课教师提出批评意见和建议，并及时反馈给我们，在此我们表示真诚的谢意！

意见与建议请寄编者邮箱：cxsfq@163.com

编　者

目　　录

引论　机械设计的目标指向

0.1　机械设计所面临的问题

机械设计是一门历史悠久、体系完善的综合性学科，随着社会的进步及工程技术不断地发展，要求也随之不断地提高。现有的设计理念突破了原有的传统程式化设计理念和方法，设计的动态性、创造性和综合性在现代工程技术中提出了更高的要求，具体体现在：设计对象由单机向系统化发展，如数控加工中心的发展；设计领域的拓展的需求，使系统工程、人机工程等多元学科不断地渗透到现代的设计领域中；现代设计理念对设计团队提出了更高的要求，团队组成的多元化要求更多的边缘学科加入进来；现代工业产品的生命周期的缩短，要求现代工业产品的设计向工程化发展，产品的设计要具有计划性并分阶段发展；随着计算机技术在机械设计应用中的不断发展，计算机为工程设计提供了更快捷、更有效的手段，随之带来了对工程设计要求更大的提高。

为了适应不断提高的要求，需要改进设计方法和手段，形成能为大家接受的、能有效指导设计实践、较完整的设计理念，也需要加深对设计内涵的理解。随着学科技术的发展，产品设计所涉及的领域不断扩展，对设计内涵的理解主要有以下几点：存在着客观需求，需求是设计的原动力；设计的本质是革新和创造，在设计中总有新的产品被创造出来，这些新的产品可以是过去没有的东西，也可以是已知事物的组合；设计是建立技术系统的重要环节，技术系统应能实现预期功能、满足预定设计要求，同时，也是给定条件下的最优解；设计是将各种先进的技术成果转化为生产力的活动，为人们从事各种活动提供得力助手和工具；设计远不止是计算与绘图，计算机技术的应用和发展对设计领域产生了较大冲击，CAD 技术能够得到生产所需的图纸和相关资料，一体化的 CAD/CAM 可以直接利用有关信息控制 NC 机床，直接加工所需要的零件。

设计所涉及的领域不断扩展，也更加深入，它要求设计部门在产品研发过程中，就应与销售部门和生产部门密切合作，以便得到既有优良性能又满足市场需求的优质产品。因此，广义理解设计内涵，才能掌握主动权，得到既符合功能要求又能降低成本的创新成果。

0.2　机械设计要解决的问题

0.2.1　机械设计的要求、内容及步骤分析

机械设计的目的是满足社会需要，主要包括两个方面，一方面是应用新技术、新工艺、新方法发明新的机械产品；另一方面是对原有机械进行改造，改变或提高原有机械的性能。

任何机械产品都始于设计，设计质量的高低直接关系到产品的性能、质量及价格。因此，设计中要合理确定机械系统功能，增强可靠性，提高经济性，确保安全性。

机械零件是组成机器的基本单元，进行机械设计前，应首先了解设计机械零件的基本要求。

1. 设计机械零件的基本要求

零件工作可靠并且成本低廉是设计机械零件的基本要求。只有机器上的每个零件都能可靠的工作，才能保证机器的正常运行。设计机械零件应满足以下要求：

(1)使用要求。零件在使用中应具有足够的工作能力。

(2)经济性要求。设计中必须坚持经济观点，保持零件成本低廉。合理选择材料，降低原料费用；合理确定精度等级，保持良好的工艺性，减少制造费用；采用标准化的零部件，简化设计过程和降低成本。

2. 机械设计的基本要求

机械产品设计应满足以下几个方面的要求：

(1)实现预定功能。为保证设计的机器实现预定的功能，必须正确选择机器、机构类型和传动方案，合理设计零件，满足强度、刚度、耐磨性等方面的要求。

(2)满足可靠性要求。机械产品的可靠性由组成机械的零部件的可靠性决定。机械系统的零部件越多，其可靠性越低。对系统可靠性有重要影响的零件，必须保证其可靠性。

(3)符合经济性要求。机器的经济性是一个综合指标，体现为设计、制造的低成本，以及生产效率高、日常使用维护费用低。

(4)确保安全性要求。机器操作要简便可靠，能够保证劳动者的安全，设备对周围环境无危害，要有过载保护装置，避免人身及设备事故出现。

(5)标准化要求。设计的产品规格、参数符合相关国家标准。

(6)体现造型美观要求。注意产品的工业造型设计，不仅功能强、价格低，而且外形美观、实用，使产品在市场上有竞争力。

3. 机械设计的内容与步骤

机械设计是一项复杂、细致和科学性很强的工作。随着科学的发展，对设计的理解还在不断地深化，设计方法也在不断地发展。近年发展起来的优化设计、可靠性设计、有限元设计、模块化设计和计算机辅助设计等现代设计方法已在机械设计中得到了推广与应用。但是常规的设计方法仍是工程设计人员进行机械设计的重要基础。机械设计的内容通常有以下几个方面：

(1)产品规划。主要工作是提出设计任务和明确设计要求。

(2)方案设计。在满足设计说明书中设计的具体要求前提下，由设计人员提出多种可行性方案进行分析比较，从中选择出一种满足要求、工作可靠、结构设计可行及成本低廉的方案。

(3)技术设计。在选定设计方案的基础上，完成机械产品的总体设计、部件设计、零件设计等，设计结果以工程图和计算书的形式表达出来。

(4)制造样机及试验。经过加工、安装及调试制造出样机，对样机进行试运行，将试验过程中的问题反馈给设计人员，经过修改完善，最后通过鉴定。

机械设计的方法很多，但大多经过以下几个步骤：

(1)根据零件的功能及使用要求，选择零件的类型及结构形式；

(2)根据机器的受力条件，分析零件的工作情况，确定零件的载荷；

(3)根据零件的工作条件，合理选择材料及热处理的方法，并确定许用应力；

(4)分析零件的主要失效形式，按照相应的设计准则，确定零件的基本结构；

(5)根据零件的工艺性及标准化的要求，设计零件的结构；

(6)绘制零件工作图，拟定技术要求。

上述设计步骤，对于不同的零件和工作条件，可以有所不同。在设计中，有些步骤可以是相互交错，反复进行的。

0.2.2　机械零件的工艺性及标准化要求

1. 工艺性要求

设计机械零件时，不仅应使其满足使用要求，同时，还应满足生产的需要，否则就可能制造不出来，或能制造但生产费用昂贵不经济。

在实际加工条件下，设计的机械零件便于加工，而且加工费用很低，这样的零件具有良好的工艺性。对于工艺性的基本要求如下：

(1)毛坯选择合理。机械制造中毛坯的种类有型材、铸造、锻造、冲压和焊接等。毛坯的选择与具体的生产条件有关，主要取决于生产批量、材料性能和加工性能。

(2)结构简单合理。设计零件的结构形状时，最好采用简单的表面(如平面、圆柱面、螺旋面)及其组合，应尽量使加工表面数目少，加工面积小。

(3)适当的精度和粗糙度。零件的加工费用和加工精度成正比，在加工精度很高时，加工费用增加显著。同时，表面粗糙度也应作出适当的规定。

2. 标准化要求

按规定标准生产的零件称为标准件。标准化是指以制定标准和贯彻标准为主要内容的生产过程。工业产品的标准化是指对产品的品种、规格、质量、检验或安全、卫生等制定标准并加以实施。

标准化对机械制造具有重大的意义：由专门化工厂大量生产，能保证质量、节约材料、降低成本；在设计上可以减少工作量、缩短产品的生产周期；在制造过程中，可以减少刀具和量具的规格数量；产品具有互换性，简化机器的安装和维修。

0.3　机械设计后续需要解决的问题

0.3.1　机械设计方法的发展趋势

(1)机械设计方法应将设计作为系统来研究。系统工程学是在控制论、信息科学、运筹学等管理科学的基础上发展起来的，用于解决工程问题，使之达到最优化设计、最优化控制和最优化管理的一门科学。传统的机械设计方法，往往将事物分解为许多独立的、互不相干的部分进行研究。由于是孤立静止地分析研究，其结论往往是片面的、有局限性的。而在机械设计方法中运用系统工程学的方法，将机械设计过程当作一个系统来研究(还包括制造与销售)，从整个系统出发，分析各组成部分之间的有机联系和系统与外界的关系。它是一种全面的、纵观全局的、有发展前景的研究方法。

(2)机械设计应充分发挥设计人员的创造潜力。用创造性的方法求解问题，或至少在主要问题上获得出乎意料的成果。在当前国内外市场竞争日趋激烈的形势下，技术创新成为企业保持旺盛生命力的根本保证。

(3)机械设计应注重产品设计的商品化。商品化是设计开发的最终环节，但却不能等到设计开发再来解决。在机械设计的教学中，就要传授给学生，应从整体产品的概念出发，企业提供什么样的产品而最大限度地满足市场需求，必须在产品组合策略、商标策略、包装和售后服务策略四个方面进行有机地组合。同时，市场供求关系、消费群体、产品定位及设计与生产和研究开发的关系也都是不可忽视的重要环节。

0.3.2 运用现代科技成果促进机械设计方法升级

(1)运用可靠性设计方法提高产品设计的质量。可靠性设计方法(又称概率法设计)就是对全部或部分设计变量进行数理统计，在建立统计数学模型的基础上，运用概率统计理论解决工程设计问题的方法。而传统的机械设计方法是将设计参数(如应力、强度等)视为单值的，若强度 σ 大于应力 S，即 $n=\sigma/S>[n]$，认为是安全的，其中$[n]$为安全系数，通常是根据经验选取。但实际上应力和强度是受多种因素影响的，具有较强的随机性，仅靠安全系数这一定值，不能给出一个精确的度量来说明设计的产品在多大程度上是安全的。因此，运用可靠性设计方法才能杜绝类似问题，保证产品设计的质量。

(2)运用 CAD 技术全面促进机械设计水平的提高。计算机是当今世界科学技术最卓越的成果之一，它的出现引起了当代科学、技术、生产、生活等各个领域的巨大变化，促进了社会的飞速发展。计算机辅助设计(CAD)，就是设计领域运用计算机技术的成果。但许多CAD 软件，主要介绍的是软件应用和绘图功能。而传统的机械设计学，却用较大篇幅介绍图解法进行机构设计，虽然也有一些介绍应用计算机进行某些机构设计的内容，但难以形成设计系统。因此，传统的机械设计学与 CAD 技术脱节，是目前机械设计领域亟须解决的关键问题。

近年来，机械设计领域里的许多科技工作者，不断探索，努力挖掘计算机应用技术的潜力，相继开发了多种机构的计算机辅助设计软件。可以预见，通过广大科技工作者的不懈努力，运用现代计算机技术进行工程设计，必将取代传统手工绘图的机械设计方法，CAD 技术的发展，将全面促进机械设计方法的升级换代，为产品设计满足社会和经济发展的需求奠定坚实的技术基础。

模块1　相关力学基础知识

知识目标　○○○

力学相关知识

学习相关力学基础知识，完成构件的受力分析；学习平面力系分析方法，完成平面力系的平衡计算；学习构件承载能力分析与设计的基本方法，完成对构件各种变形下的承载能力分析。

知识要点　○○○

(1)力与力系、刚体、平衡，静力学基本公理及推论；

(2)力的投影、力对点之矩、力的平移性定理；

(3)工程常见约束类型及约束力的画法，构件受力分析；

(4)平面力系平衡条件及平衡方程；

(5)构件的基本变形形式，变形固体的基本假设；

(6)拉伸(压缩)变形、弯曲变形、扭转变形、剪切变形受力特点与变形特点，强度及刚度准则及其应用；

(7)压杆稳定性、临界力、临界应力、安全系数法。

单元1.1　静力学基础知识的学习

【学习目标】

学习相关力学基础知识，对构件进行受力分析；通过本单元的学习，学会平面力系分析方法，对平面力系进行平衡计算。

【任务提出】

塔式起重机的稳定性

塔式起重机是工程上常见的起重设备，作业空间大，主要用于房屋建筑施工中物料的垂直和水平输送及建筑构件的安装，如图1-1所示。

2001年12月24日，某工地一塔式起重机在吊运过程中，由于该塔式起重机基础有一面发生倾斜，使塔式起重机的垂直度严格超标，塔式起重机整体突然倾翻，造成重大安全事故。

2005 年某月某日，某工地一台 H3/36B 塔式起重机，在停塔后司机将大臂锁死，由于风载过大且方向和大臂方面垂直，破坏了平衡的稳定性而发生倾翻事故。

通过以上事例的分析，可知整机在工作中和空载时都必须保持平衡状态是十分必要的。平衡计算是本单元要解决的问题。

图 1-1

【任务实施】

1.1.1 静力学基本公理及推论

1. 力与力系

(1)力的分类。力是物体间的相互机械作用。力有三要素，即力的大小、力的方向和力的作用点。

作用于物体的力无论其来源如何，按其作用范围可分为体分布力（单位：N/m³ 或 kN/m³）、面分布力（单位：N/m² 或 kN/m²）、线分布力（单位：N/m 或 kN/m）和集中力（单位是 N 或 kN）。

(2)力的效应。力对物体会产生两种效应：一是可以引起物体运动状态变化或速度变化，一般称为力的"外效应"或"运动效应"；二是可以引起物体形状改变，一般称为"内效应"或"变形效应"。

(3)力系及其分类。作用于同一物体上的若干力所组成的系统，称为力系。

力系可分为平面力系和空间力系两大类。组成力系各力的作用线都处在同一平面内，则称为平面力系；若组成力系各力的作用线不都处在同一平面内，则称为空间力系。

2. 静力学基本公理及推论

刚体是指在任何外力作用下，大小和形状始终保持不变的物体。对于刚体，只会出现运动效应，而对于变形固体则既会出现运动效应也会出现变形效应。

(1)公理 1：二力平衡公理。作用在刚体上两个力平衡的必要与充分条件是两个力大小相等、方向相反并且作用在同一直线上，称为二力平衡公理。

对于变形固体来说，这个条件仅是必要的，却不是充分的。

(2)公理 2：加减平衡力系公理。在已知力系上加上或减去任意平衡力系，不会改变原力系对刚体的效应。

需要指出的是，这里的"不改变刚体的运动效应"对于变形的效应是不成立的。

推论 1：力的可传性原理。作用于刚体上的某点的力，可沿其作用线滑移到该刚体上任一点，而不会改变力对刚体的作用效应，即力的可传性原理（也称力的滑移性）。

(3)公理 3：力的平行四边形法则。两个共点力合成时，以表示这两个力矢量的线段为邻边作平行四边形，这个平行四边形的对角线就表示该两个力的合力大小和方向，称为力的平行四边形法则。

推论2：三力平衡汇交原理。作用在一个刚体上三个互不平行的力达到平衡状态的必要条件是此三个力汇交到同一点。

(4)公理4：作用与反作用定律。作用力和反作用力总是同时存在，两力的大小相等、方向相反，沿着同一直线，分别作用在两个相互作用的物体上。

1.1.2　构件受力分析基础

1. 工程常见约束分析

限制某一物体运动的物体称为被限制物体的"约束"。使物体产生运动或运动趋势的力称为主动力。受主动力作用的物体就会给约束一定的作用力，同时，约束也会给物体一个大小相等、方向相反的反作用力，这种力称为约束反力，简称约束力或反力。

(1)柔性体约束。由绳索、链条、皮带或胶带等非刚性体形成的约束，称为柔性体约束。约束反力的方向，是沿着约束的轴线背离被约束物体，柔性体约束的约束反力常用 T 表示，如图1-2所示。

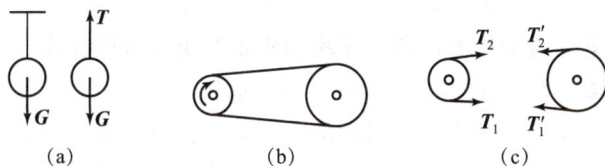

图 1-2

(2)光滑面约束。工程实际中的刚性约束，在其接触面摩擦力忽略不计时构成的约束，称为光滑面约束。光滑面约束对被约束事物的约束反力的方向应沿接触面公法线且指向被约束物体，光滑面约束的约束反力常用 N 表示，如图1-3所示。

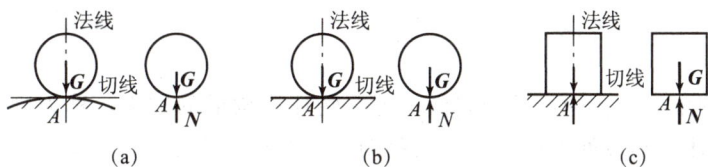

图 1-3

(3)圆柱铰链约束。圆柱铰链约束的共同特点是两个物体用光滑圆柱体(如销钉)相连接，二者都可绕光滑圆柱体自由转动，但对所连接物体的移动形成约束，如图1-4所示。

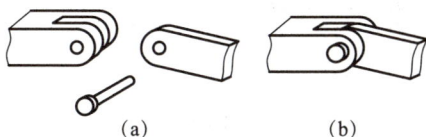

图 1-4

1)固定铰支座约束。圆柱铰链约束用光滑圆柱体连接的两个物体中有一个固定，称为固定铰支座约束，如图 1-5(a)所示。

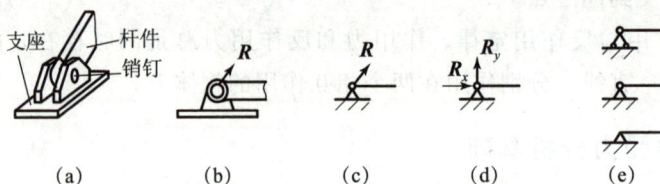

图 1-5

由于其约束反力方向不确定，通常用通过铰链中心两个互相垂直的分力来表示，并记为 R_x、R_y，如图 1-5(d)所示。图 1-5(e)所示为常见的固定铰支座约束的三种简单记法。

2)中间铰。如图 1-6(a)所示，圆柱铰链约束中用光滑圆柱体连接的两个物体都不是完全固定的，称为中间铰。图 1-6(b)所示为中间铰的简单记法。

中间铰与固定铰支座约束的形式很相似，也只有一个不确定方向的约束力，故也用通过铰链中心的两个垂直的分力来表示，并记为 R_x、R_y，如图 1-6(c)所示。

3)活动铰支座约束。活动铰支座约束又称为辊轴约束或辊轴支座。其实质是光滑面与光滑圆柱约束的复合约束。其简化结构如图 1-7(a)所示。

活动铰支座约束只能限制垂直于支承面的运动，因而只有垂直于支承面并通过铰链中心的约束力，如图 1-7(b)所示，记为 R。图 1-7(c)所示为常用活动铰支座的三种简单记法。

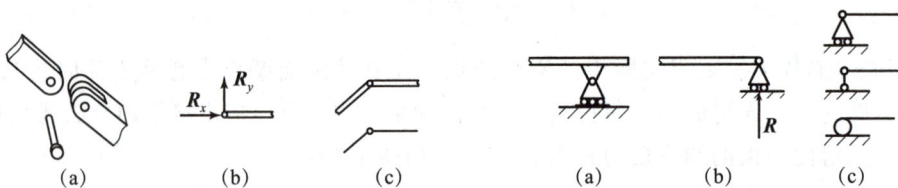

图 1-6　　　　　　　　　　　　　　　图 1-7

(4)固定端约束。物体的一部分固嵌于另一物体所构成的约束，称为固定端约束。这种约束不仅限制物体在约束处沿任何方向的移动，还限制物体在约束处的转动。固定端约束的力学模型，如图 1-8(a)、(b)所示。其反力为一个作用在梁 A 点的约束反力和一个力偶矩为 m_A 约束反力偶。约束反力一般用两个正交分力 R_{Ax} 和 R_{Ay} 来代替，如图 1-8(c)所示。其简化结构如图 1-8(d)所示。

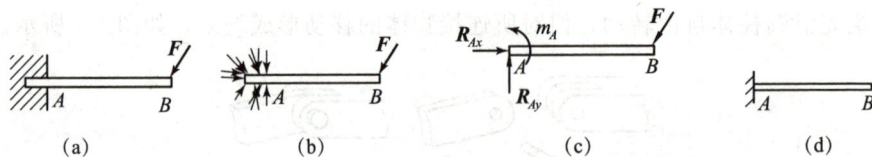

图 1-8

2. 构件受力分析

为了正确进行受力分析，必须将研究对象的约束全部解除，并将其从周围物体中分离出来。这种解除了约束并被分离出来的研究对象，称为分离体。

将分离体所受的主动力和约束力都用力矢量标在分离体相应的位置上，就得到了分离体的受力图，简称受力图。

【例 1-1】 梁 AB，A 端为固定铰链支座，B 端为活动铰链支座，梁中点 C 受主动力 F 作用，如图 1-9(a)所示，梁重不计。试分析梁的受力情况。

解：(1)以梁 AB 为研究对象并画出分离体，如图 1-9(b)所示。

(2)画出主动力 F。

(3)画约束反力。

固定铰链支座的约束反力也可用一个大小、方向均未知的力 N_A 表示，因梁 AB 受同平面内的三力作用而平衡，故根据三力平衡汇交定理，N_A 的方向极易确定。延长 N_B 和 F 力的作用线交于 D 点，梁平衡时，N_A 必在 AD 连线上，如图 1-9(c)所示。

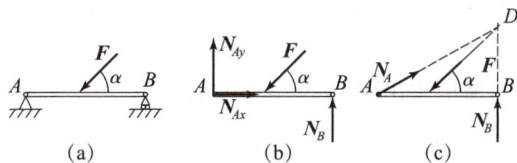

图 1-9

由几个物体组成的一个系统，称其为物体系或物系。例 1-2 说明物系受力图的画法。

【例 1-2】 如图 1-10(a)所示的三铰拱桥，由左、右两半拱铰接而成。设各半拱自重不计，在半拱 AC 上作用有载荷 F。试分别画出半拱 AC 和 CB 的受力图。

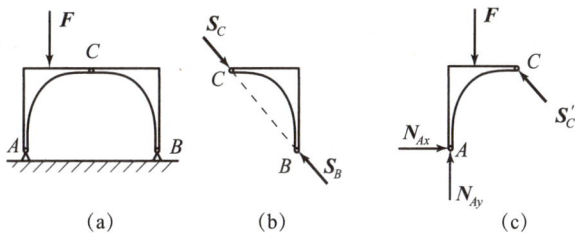

图 1-10

解：画半拱 BC 的受力图，如图 1-10(b)所示。

(1)以半拱 BC 为研究对象并画出分离体。

(2)半拱 BC 上无主动力，不用画出。

(3)半拱 BC 只在 B、C 处受到铰链的约束反力 S_B 和 S_C 的作用。根据二力平衡公理，这两个力必定沿同一直线，且等值、反向。由此可确定 S_B 和 S_C 的作用线应沿 B 与 C 的连线。

画半拱 AC 的受力图，如图 1-10(c)所示。

(1)以半拱 AC 为研究对象并画出分离体。

(2)画主动力 F。

(3)画约束反力。铰链 A 处的反力为 N_{Ax}、N_{Ay}；铰链 C 处可根据作用力与反作用力的关系画出 $S_C' = -S_C$。

1.1.3 构件平面力系问题的分析

1. 平面力的投影与分解

如图 1-11 所示，作用于平面直角坐标系中的力 $\boldsymbol{F}$。F_x、F_y 是 $\boldsymbol{F}$ 沿 x、y 轴方向的投影，$\boldsymbol{F}_x$、$\boldsymbol{F}_y$ 是 $\boldsymbol{F}$ 沿 x、y 轴方向的分力；分力 $\boldsymbol{F}_x$、$\boldsymbol{F}_y$ 的值分别与力 $\boldsymbol{F}$ 在同轴上的投影 F_x、F_y 相等，但是分力 $\boldsymbol{F}_x$、$\boldsymbol{F}_y$ 是矢量，作用于 A 点处；投影是代数量，在坐标轴上，投影方向与坐标轴正向相同时为正，相反为负。

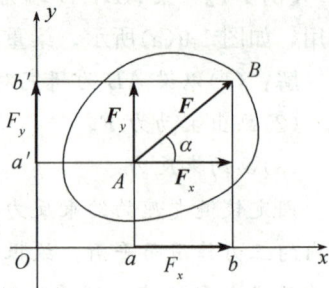

图 1-11

若已知力 $\boldsymbol{F}$ 的大小及其与 x 轴所夹锐角 α，则有

$$F_x = F\cos\alpha$$

$$F_y = F\sin\alpha \tag{1-1}$$

若已知 F_x、F_y 值，同理可求出 F 的大小和方向：

$$\left.\begin{aligned} F &= \sqrt{F_x^2 + F_y^2} \\ \tan\alpha &= \left|\frac{F_y}{F_x}\right| \end{aligned}\right\} \tag{1-2}$$

2. 平面力对点之矩

如图 1-12 所示，力对物体的转动效应可用物理量力矩来表示，它是力 $\boldsymbol{F}$ 使物体绕点 O 转动效应的度量，记为

$$M_O(\boldsymbol{F}) = \pm F \cdot d \tag{1-3}$$

O 点称为矩心，d 为力臂，M_O 为矩。

单位：N·m 或 kN·m。

正负规定：绕矩心逆时针转动为正；反之为负。

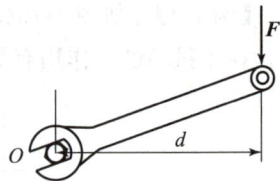

图 1-12

由力矩的定义和式（1-3）可知：当力的作用线通过矩心时，力臂值为零，则力矩值为零；当力的大小为零时，力矩值为零；力沿其作用线滑移时，不会改变力矩的值，因为此时没有改变力和力臂的大小及力矩的转向。

3. 平面力偶

如图 1-13 所示，一对大小相等、方向相反且不在同一直线上的平行力称为力偶。力偶的作用是使物体产生单纯转动运动。

力偶中两力作用线所确定的平面称为"力偶作用面"；两力作用线间垂直距离 d 称为力偶臂。

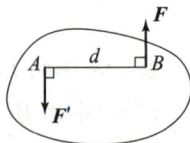

图 1-13

F 与 d 的乘积及其正负号作为度量力偶在其作用面内对物体转动效应的物理量，称为力偶矩，记作 $m(\boldsymbol{F}, \boldsymbol{F}')$ 或 m。即

$$m(\boldsymbol{F}, \boldsymbol{F}') = \pm F \cdot d \tag{1-4}$$

规定：逆时针转向的力偶为正，顺时针转向的力偶为负。力偶矩的单位与力矩的单位相同，为 N·m 或 kN·m。

力偶和力都是力学中的基本量。与力的三要素相类似，力偶对物体的作用效应，也取决于三要素，即力偶矩的大小、力偶的转向、力偶作用面的方位。

三要素相同的力偶，彼此等效，可以相互替换。

4. 力的平移定理

一个不受其他约束的刚体，只有通过其质心的力，才会使刚体产生单纯的移动，否则，刚体就会一边移动一边转动。

如图 1-14 所示，作用于 A 点的力 F，可以平移到作用线以外任一点 C，平移后除有一平移力外，还会产生一个附加力偶，附加力偶的力偶矩值等于力在原位置对平移点的力矩。也就是说，平移前的一个力对刚体的效应，与平移后的一个平移力和一个力偶对刚体的联合效应相等效。

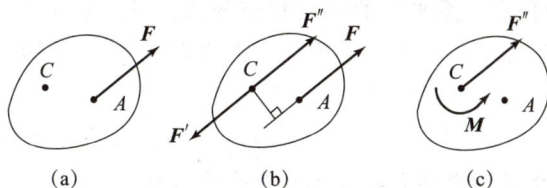

图 1-14

5. 平面力系平衡条件及应用

(1) 平面任意力系的简化(合成)。如图 1-15(a)所示为一平面任意力系。在平面内任意取一点 O 作为简化中心，然后将力系中的各力根据力平移定理平移到 O 点。简化后的平面汇交力系和平面力偶系可以分别合成为一个作用于简化中心的合力 R' 和一个合力偶 M_O，如图 1-15(c)所示。

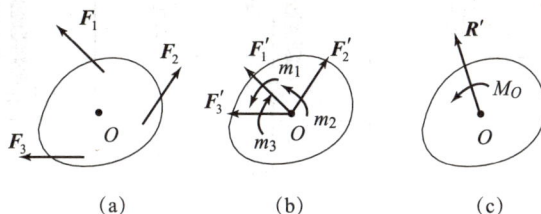

图 1-15

若作用于刚体上的力系变为力的数目为 n 的平面任意力系，依据上述思路，可将上述结论推广为

$$R' = \sum_{i=1}^{n} F_i$$

$$M_O = \sum_{i=1}^{n} m_O(F_i)$$

(1-5)

得结论如下：**平面任意力系向任一点简化，其一般结果为作用在简化中心的一个主矢量 R' 和一个作用在平面上的主矩 M_O。**

(2)平面力系的平衡条件及其应用。平面任意力系向任一点 O 简化，所得到的主矢和主矩同时等于零，则刚体处于平衡状态；反之，若某力系是平衡力系，则它向任意点简化的主矢和主矩也同时等于零。所以，平面任意力系平衡的必要和充分条件可以表示为

$$\left. \begin{array}{c} \boldsymbol{R}' = 0 \\ M_O = \sum m_O(\boldsymbol{F}) = 0 \end{array} \right\} \tag{1-6}$$

平面任意力系的平衡方程为

$$\left. \begin{array}{c} \sum F_x = 0 \\ \sum F_y = 0 \\ \sum m_O(\boldsymbol{F}) = 0 \end{array} \right\} \tag{1-7}$$

式(1-7)说明，平面任意力系平衡的必要和充分条件是力系中各力在任何方向的坐标轴上投影的代数和为零，力系中各力对平面内任一点之矩的代数和同时等于零。

【任务分析】

下面研究在开始典型案例中塔式起重机自身平衡问题。

【例 1-3】 已知图 1-16(a)所示的起重机身(包括横梁)重 $W = 100$ kN，其重心 C 距右轨道 B 为 $b = 0.6$ m，最大起重重量 $G = 36$ kN，距右轨道 B 为 $l_1 = 10$ m，起重机上平衡铁重为 Q，其重心距左轨道 A 为 $l_2 = 4$ m，轨距 $a = 3$ m。试求此起重机在满载与空载时都不致翻倒的平衡重 Q 值的范围。

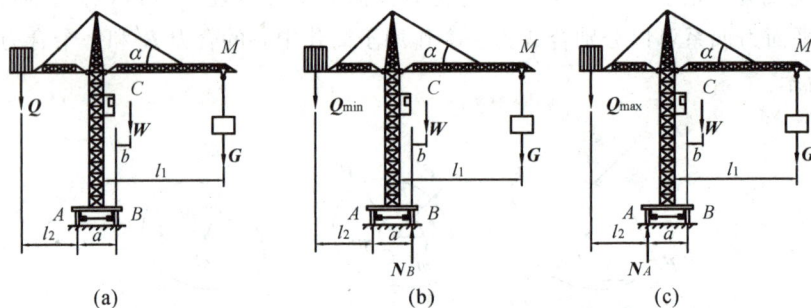

图 1-16

解：以起重机整体为研究对象。依题意可分为满载右翻与空载左翻两种临界情况，Q 值的范围应在两种情况要求的值之间。

(1)满载时，$G = G_{max} = 36$ kN，要求保障以最小的平衡重 Q_{min}。此时左轨道 A 必处于悬空状态，即只有右轨道 B 支撑全重，如图 1-16(b)所示。

取 B 为矩心，列平衡方程，有

$$\sum m_B(\boldsymbol{F}) = 0; \quad Q_{min}(l_2 + a) = Wb + Gl_1$$

$$Q_{min} = \frac{(Wb + Gl_1)}{(l_2 + a)} = \frac{(100 \times 0.6 + 36 \times 10)}{(4 + 3)} = 70 \text{(kN)}$$

$$\sum F_y = 0; \quad N_B = Q_{min} + W + G = 206 \text{(kN)}$$

(2)空载时，$G = 0$，要求保障的平衡重最大不能超过 Q_{max}。此时右轨道 B 必处于悬空状态，即只有左轨道 A 支撑全重，如图 1-16(c)所示。

取 A 为矩心，列平衡方程，有

$$\sum m_A(\boldsymbol{F}) = 0; \quad Q_{\max} \cdot l_2 = W(b+a)$$

$$Q_{\max} = \frac{W(b+a)}{l_2} = \frac{100 \times (0.6+3)}{4} = 90(\text{kN})$$

$$\sum F_y = 0; \quad N_A = W + Q_{\max} = 190(\text{kN})$$

所以，平衡重 Q 的范围为 70 kN≤Q≤90 kN。

【单元测试】

(1)力对物体的作用效应取决于力的大小、方向和_____三个要素。

(2)在力的作用下大小和形状都保持不变的物体，称之为_____。

(3)力使物体机械运动状态发生改变，这一作用称为力的_____。

(4)在两个力作用下处于平衡的物体称为_____。

(5)作用在一个刚体上三个互不平行的力达到平衡状态，则此三个力_____。

(6)力沿坐标轴方向的分力是_____量，而力在坐标轴上的投影是_____量。

(7)力矩是度量力使物体产生_____效应的物理量。在平面中，力对点之矩是一个代数量，其大小等于力的大小与_____的乘积，其正负号规定是：力使物体绕矩心_____方向转动时力矩取正号；反之为负。

(8)当力的作用线通过矩心时，力臂值为_____，则力矩值为_____；当力的大小为零时，力矩值为零。

(9)力偶由一对_____、_____、_____的平行力所构成。

(10)作用在同一平面内的两个力偶，若二者的_____相等且_____相同，则两个力偶对刚体的作用等效。

(11)作用在刚体上的力可以向平面内任意点平移，平移后除_____外，还会产生一个附加力偶，附加力偶的力偶矩值_____。

(12)试画出图 1-17 所示系统各构件的受力图。

(13)试画出图 1-18 所示系统各构件的受力图。

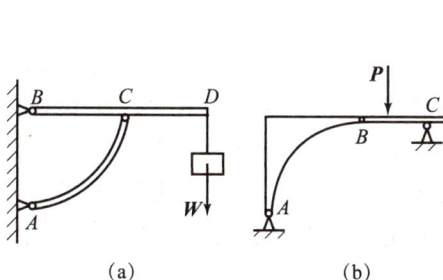

图 1-17

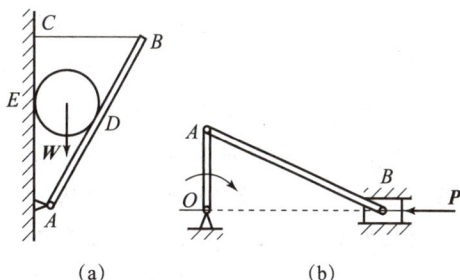

图 1-18

(14)试计算图 1-19 所示两种支架中 A、C 处的约束反力。已知悬重 $G=10$ kN，自重不计。

(15)如图 1-20 所示的一构架中，已知作用力 $P=10$ kN，$a=10$ cm。试求 A、B 两支座反力。

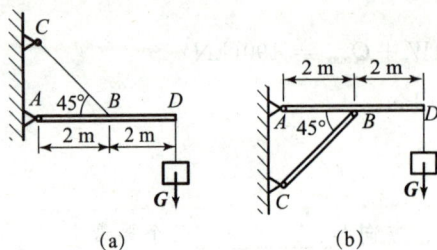

图 1-19

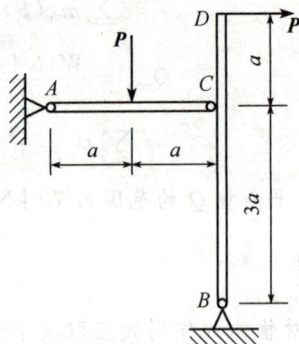

图 1-20

单元 1.2   构件承载能力分析基础的学习

【学习目标】

学习构件承载能力分析与设计的基本方法，对构件各种变形下的内力进行分析计算。解决杆件在拉伸(压缩)变形时的强度与刚度问题；解决梁弯曲变形时的强度与刚度问题；解决轮轴类构件扭转变形时的强度与刚度问题；解决连接件在剪切与挤压下的强度问题；解决受压缩杆件的稳定性问题。

【任务提出】

山东省某矿山公司的井巷工程公司重大坠井事故

1988 年 1 月 13 日中午，山东省某矿山公司所属的井巷工程公司安装队，发生了一起死亡 7 人，重伤多人的重大恶性事故。

当天上午 7 点半，安装队矿井执行吊桶改罐施工的落盘任务，要把在井深 434 m 的三层吊盘降到井深 506 m 处。参加施工的职工有 18 人在井内工作，其中 14 人在吊盘上工作。吊盘悬吊在井内，直径为 7.3 m。三层吊盘上分别站有 7 人、4 人、3 人，负责放电缆、看稳绳、通信、指挥。8 点左右，开始落盘(在井内作垂直下落)。在落盘过程中，盘上工作人员发现由 4 根钢丝绳悬吊的吊盘下落不平衡。井下指挥人员马上同地面电话联系，随即连续四次进行调整。上午 10 点 40 分，吊盘从井下 434 m 处落到井下 456 m 码头门(进巷道的口)时，盘上工人突然听到响声，随即西北角一根直径 34 mm 的悬吊钢丝绳发生断裂。刹那间，井内灯灭了，盘上与井口的信号联系中断，三层吊盘同时倾斜 75°以上，有 9 人坠入离作业面约 60 m 的"深渊"。

造成这起事故的直接原因是悬吊吊盘的钢丝绳断裂。那么，这根钢丝绳是怎么断裂的呢？

【任务实施】

1.2.1 材料变形与构件变形

1. 材料的变形形式

材料的变形有弹性变形和塑性变形两种。弹性变形是指在外力去除后能够消失的变形；而塑性变形是指在外力去除后不能消失的变形。

2. 构件的基本变形

杆件在不同的外力作用下产生的变形，主要有以下几种：

(1)轴向拉伸或压缩变形。如图 1-21 所示，当外力作用在杆的截面形心，并沿着杆的轴线方向时，杆件将沿轴向伸长或缩短，这就是轴向拉伸或压缩变形，简称拉伸或压缩。

（a）   （b）

图 1-21

(a)拉伸；(b)压缩

(2)弯曲变形。如图 1-22 所示，当外力作用在杆的某个纵向平面内并垂直于杆的轴线，或在这个纵向平面内有一对反向力偶作用时，杆件的轴线将由直线变为曲线，这种变形形式称为弯曲变形。

(3)扭转变形。如图 1-23 所示，在一对大小相等、转向相反、作用面与杆轴线垂直的力偶作用下，两力偶作用面间各横截面将绕轴线产生相对转动，这种变形形式称为扭转变形。

(4)剪切变形。如图 1-24 所示，当大小相等、方向相反且距离很近的两个力垂直作用于杆件的轴线方向时，杆件在二力间的截面发生相对错动，这种变形形式称为剪切变形。

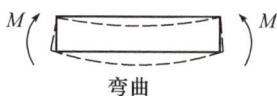
弯曲
图 1-22

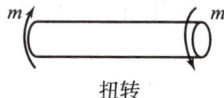
扭转
图 1-23

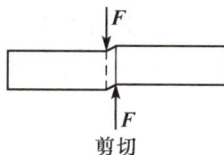
剪切
图 1-24

在实际工作问题中，除产生上述变形外，还有许多杆件会同时产生上述变形中的两种或两种以上的变形形式，这种情况称为组合变形。

3. 变形固体的基本假设

在研究与变形有关的问题时，抽象出来的模型为变形固体。变形固体的基本假设包括：

一是各向同性假设，即认为材料在各个不同的方向是有相同的力学性质；二是均匀连续性假设，即认为整个物体内充满了物质，没有任何空隙存在。同时，还认为物体内部的性质完全一样。

1.2.2 构件的承载能力分析

1. 构件的承载能力

工程中所有的构件能承受的外力都是有一定限度的，超过这一限度，构件就会丧失其正常功能，这种现象称为失效或破坏。杆件常见失效形式有强度失效、刚度失效和稳定性失效三类。

(1)强度失效。构件抵抗破断的能力称为构件的强度。因为强度不足而丧失正常功能，称为强度失效。

(2)刚度失效。构件抵抗变形的能力称为构件的刚度。因为刚度不足而丧失正常功能，称为刚度失效。

(3)稳定性失效。构件保持原有直线平衡状态的能力称为构件的稳定性。构件因为稳定性不足而丧失正常功能，称为稳定性失效。工程上受压力作用的细长杆一般都要进行稳定性分析。

2. 基本变形下杆件的强度准则和刚度准则

(1)杆件轴向拉伸(压缩)变形。

1)轴向拉伸(压缩)变形时横截面上的内力。拉压杆平衡时外力可以简化成作用在横截面形心位置的一对力，如图 1-25(a)所示。按截面法可求得图 1-25(b)所示的内力，可知，内力 N 必沿轴线且作用于横截面形心位置。通常将这个内力称为轴力，用 N 表示。

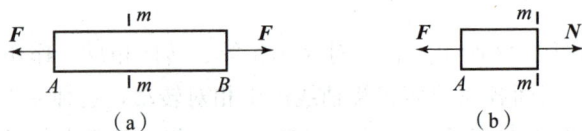

图 1-25

当轴力与横截面外法线方向一致时，轴力为正，称为拉力，杆件称为拉杆[图 1-26(a)]；反之，轴力为负，称为压力，杆件称为压杆[图 1-26(b)]。

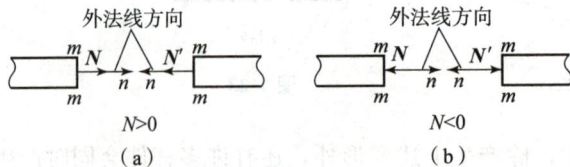

图 1-26

轴力可以应用平衡方程求解。表示轴力沿杆件轴线方向变化的图形，称为轴力图。

2)拉压杆横截面上的应力。应力是构件内部中某一点所受的内力的大小，是内力在构件内部分布的结果。

拉压杆横截面上的内力是轴力，它是横截面上分布内力系的合力。轴力在横截面上是均匀分布的，如图 1-27 所示。

拉压杆横截面上只有垂直于横截面的正应力，而且各点正应力大小完全相等，即

$$\sigma = \frac{N}{A} \qquad (1\text{-}8)$$

式(1-8)即轴向拉压杆横截面上任一点处应力的计算公式。

正应力的正负号规定如下：拉应力为正，其指向与截面外法线方向一致；压应力为负，其指向与截面外法线方向相反。

3)拉压杆件强度准则。为了确保拉压杆能安全工作，其最大正应力(即杆内所产生的最大应力)必须不超过材料的许用应力，即

$$\sigma_{\max} = \frac{N}{A} \leqslant [\sigma] \qquad (1\text{-}9)$$

式(1-9)称为拉压杆的强度准则(也称为拉压杆强度条件)。

4)拉压杆件刚度准则。如图 1-28 所示，拉压杆在受力时产生的变形，可分为绝对变形和相对变形(线应变)。

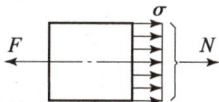
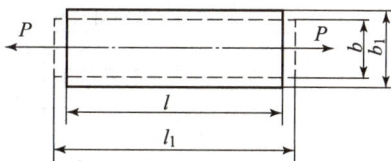

图 1-27　　　　　　　　图 1-28

①纵向绝对变形。$\Delta l = l_1 - l$，单位为 mm。拉伸时绝对变形为正；压缩时绝对变形为负。

②横向绝对变形。$\Delta b = b_1 - b$。

③纵向相对变形。沿轴线方向单位长度的变形称为纵向相对变形或纵向线应变，以 ε 表示，即

$$\varepsilon = \frac{\Delta l}{l} \qquad (1\text{-}10)$$

④横向相对变形。横向单位长度的变形称为横向相对变形或横向线应变，以 ε_1 表示，即

$$\varepsilon_1 = \frac{\Delta b}{b} \qquad (1\text{-}11)$$

拉伸时横向缩小，ε_1 为负值；压缩时横向增大，ε_1 为正值。

⑤胡克定律。轴向拉伸或压缩的杆件，当其应力不超过某一限度时，杆的轴向变形与轴向载荷及杆件长度成正比，与杆件横截面面积成反比。这一关系称为胡克定律，即

$$\Delta l = \frac{Nl}{EA} \qquad (1\text{-}12)$$

式中，比例常数 E 称为弹性模量，其常用单位与应力的单位相同。EA 称为抗拉(压)刚度。

将 $\frac{N}{A} = \sigma$、$\frac{\Delta l}{l} = \varepsilon$ 代入式(1-12)，可得

$$\sigma = E\varepsilon \qquad (1\text{-}13)$$

式(1-13)是胡克定律的又一表达形式，即胡克定律可以表述为当应力不超过某一极限

时，应力和应变成正比。

拉压杆件刚度准则：保证拉压杆件具有足够的刚度，就要求杆件的最大线应变不能超过材料允许的最大线应变，即

$$\varepsilon < [\varepsilon] \tag{1-14}$$

(2)梁弯曲变形。

1)平面弯曲变形与斜弯曲变形。当所有外力均作用在杆件的纵向对称面上且与杆件的轴线垂直时，杆件的轴线由原来的直线变成一平面曲线且仍位于纵向对称面上，这样的变形称为平面弯曲变形，如图 1-29 所示。

当所有外力未全部作用在杆件的纵向对称面上，杆件的轴线变形后未全部位于纵向对称面上，将这样的弯曲变形称为斜弯曲变形。

2)梁弯曲变形横截面上的内力。杆件发生弯曲变形时如图 1-30 所示。横截面上的内力分量存在两个，即剪力(用 Q 表示)、弯矩(用 M 表示)，如图 1-31 所示。

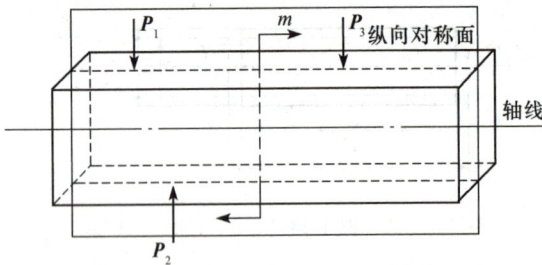

图 1-29

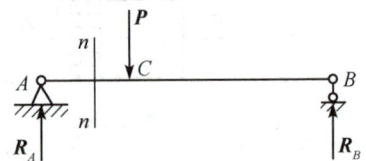

图 1-30

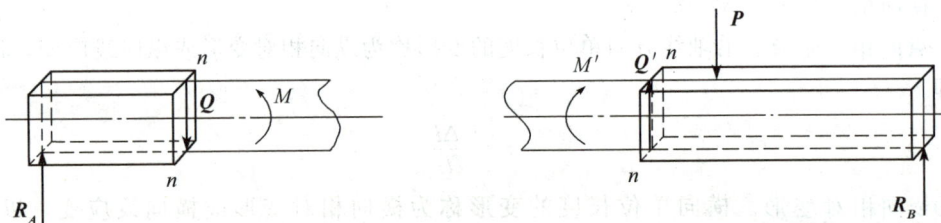

图 1-31

①剪力。剪力是指沿横截面且过横截面形心的内力(作用线与轴线垂直)。使该截面的临近微段有顺时针转动趋势时剪力取正号，反之取负号。

②弯矩。弯矩是指作用面垂直于横截面的内力偶矩(内力矩矢量与横截面平行、与轴向垂直)。使梁弯曲成下凸上凹形状时，弯矩为正，反之为负。

剪力 Q 和弯矩 M 可利用平衡方程来进行求解。

3)剪力图与弯矩图。表示剪力和弯矩沿杆件轴线方向变化的图形，分别称为剪力图和弯矩图。

4)纯弯曲梁横截面上的正应力。如图 1-32 所示，纯弯曲梁横截面上只有正应力，而且正应力沿梁高度呈线性分布，中性轴上各点正应力为零，距离中性轴越远正应力越大，梁横截面上任一点弯曲正应力计算公式为

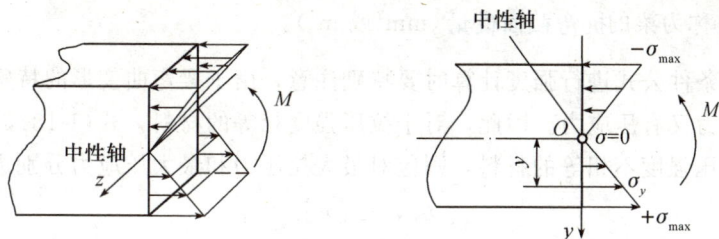

图 1-32

$$\sigma = \frac{My}{I_z} \tag{1-15}$$

式中　σ——横截面上某点处的正应力（MPa）；

　　　M——横截面上的弯矩（N·mm）；

　　　y——横截面上该点到中性的距离（mm）；

　　　I_z——横截面对中性轴 z 的惯性矩，$I_z = \int_A y^2 \, dA$（mm⁴）（具体计算方法可查询相关手

　　　　　册）。

由式（1-15）可以看出，中性轴上 $y=0$，则 $\sigma=0$；$y=y_{max}$ 时，$\sigma=\sigma_{max}$，最大正应力产生在离中性轴最远的边缘上，即

$$\sigma_{max} = \frac{My_{max}}{I_z} \tag{1-16}$$

5）梁横截面上的剪应力。当梁发生横力弯曲时，横截面上既有剪力还有弯矩。弯矩的影响可应用纯弯曲变形时，弯矩产生的弯曲正应力的特点来研究。横截面作用的剪力，在横截面上会产生剪应力。

如图 1-33 所示，对于高度大于宽度的截面来说，截面上各点处剪应力的方向均平行于横截面上的剪力 Q，剪应力沿截面宽度均匀分布，即距中性轴等距离各点的剪应力相等。可得到梁横截面上任一点的剪应力计算公式为

$$\tau = \frac{QS^*}{bI_z} \tag{1-17}$$

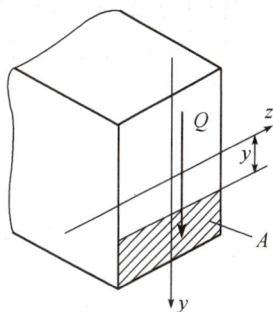

图 1-33

式中　τ——横截面上的剪应力（MPa）；

　　　Q——横截面上的剪力（N）；

　　　b——横截面的宽度（mm）；

　　　S^*——横截面上距中性轴为 y 处横截面外侧部分面积 A 对中性轴的静矩（mm³）。

矩形截面梁剪应力 τ 沿截面高度按二次抛物线规律变化，上下边缘处 $\tau=0$，中性轴上各点剪应力最大 $\tau_{max} = 1.5\dfrac{Q}{A}$。

6）梁的强度计算。弯曲正应力强度设计准则为

$$\sigma_{max} = \frac{M_{max}}{W_z} \leqslant [\sigma] \tag{1-18}$$

式中，$W_z = \dfrac{I_z}{y_{max}}$ 称为梁的抗弯截面模量（mm³ 或 m³）。

在应用强度条件公式进行强度计算时要特别注意，由于梁弯曲变形的特殊性，使同一横截面上既有拉应力又有压应力。因此，对于拉压强度相等的材料，式(1-18)的应用不存在任何问题；对于拉压强度不相等的材料，则应对最大拉压力和最大压应力分别进行计算，即

$$\sigma_{lmax} \leqslant [\sigma_l]$$
$$\sigma_{ymax} \leqslant [\sigma_y]$$

式中，$[\sigma_l]$为材料许用拉应力；$[\sigma_y]$为材料许用压应力。

弯曲剪应力强度设计准则为

$$\tau_{max} \leqslant [\tau] \tag{1-19}$$

（3）圆轴扭转变形。

1）圆截面轴扭转内力分析。在实际工程中，一般不直接给出作用于轴上的力偶矩值，而是根据所给定轴的转速和它所传递的功率，通过以下公式来确定的：

$$m = 9\,550\,\dfrac{P}{n} \tag{1-20}$$

式中，m 为外力偶矩(Nm)；P 为传递的功率(kW)；n 为轴的转速(rad/min)。

如图 1-34 所示，圆轴受扭转变形时横截面上的内力是作用在横截面上的一个力偶，通常称为扭矩，用 T 表示，用力偶平衡方程可求得扭矩的值。

扭矩的转向有两种可能，规定：按右手螺旋法则，将右手四指顺着扭矩转向，若大拇指所指的方向与截面外法线方向一致，则扭矩为正；反之扭矩为负，如图 1-35 所示。

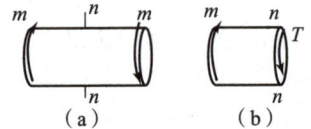

图 1-34

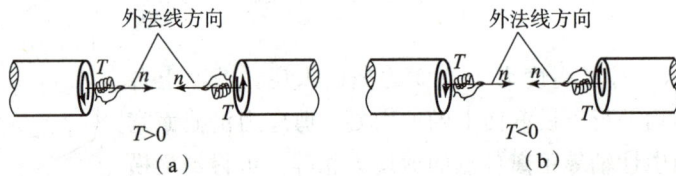

图 1-35

2）扭矩图。表示扭矩沿杆件轴线方向变化的图形称为扭矩图。这是表示受扭转变形杆件内力变化的图形。

3）圆轴扭转时横截面上的剪应力。横截面上任一点处剪应力的方向与半径垂直，大小与该点到圆心的距离 ρ 成正比。在截面上的圆心处剪应力为零，在周边上剪应力最大。在同一圆周上即所有与圆心等距离的点处，剪应力均相等。图 1-36(a)、(b)所示分别为实心圆轴和空心圆轴横截面上剪应力的分布规律图。

如图 1-36(c)所示，横截面上距圆心为 ρ 处的剪应力计算公式为

$$\tau_\rho = \dfrac{T\rho}{I_p} \tag{1-21}$$

式中，$I_p = \int_A \rho^2 \mathrm{d}A$ 与横截面的几何形状、尺寸有关，它表示截面的一种几何性质，称为横

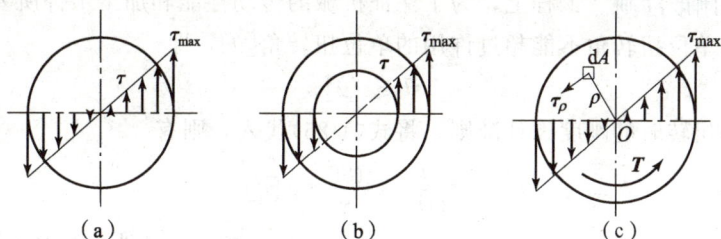

图 1-36

截面的极惯性矩，单位为 mm⁴ 或 m⁴。

最大剪应力出现在截面周边各点上，即 $\rho = D/2$ 时 $\tau_\rho = \tau_{\max}$，故

$$\tau_{\max} = \frac{T}{W_p} \tag{1-22}$$

式中，$W_p = \dfrac{I_p}{\dfrac{D}{2}}$ 称为抗扭截面模量（mm³ 或 m³）。

相关截面的 I_p 和 W_p，可查询相关设计手册。

4）扭转变形的分析。轴的刚度设计就是对轴变形的控制，主要有两个参数即扭转角和单位扭转角。

如图 1-37 所示，扭转角就是轴上两横截面间的相对转过的角度角，用符号 φ 来表示。

相距为 l 的两横截面间的扭转角计算公式为

$$\varphi = \frac{Tl}{GI_p} \tag{1-23}$$

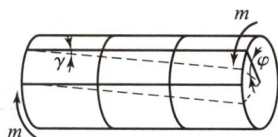

图 1-37

式中　T——横截面上的扭矩；

l——两横截面间的距离；

G——材料的剪切弹性模量；

I_p——横截面对圆心的极惯性矩。

扭转角的单位是弧度（rad）。在扭矩一定的情况下，GI_p 越大，单位长度上的扭转角越小。说明 GI_p 反映了圆轴抵抗扭转变形的能力，故称之为抗扭刚度。

圆轴单位长度上的扭转角称为单位长度扭转角，用 θ 表示，则

$$\theta = \frac{\varphi}{l} = \frac{T}{GI_p} \tag{1-24}$$

式中，单位长度扭转角 θ 的单位是弧度/米（rad/m）。工程上常用度/米（°/m）作为 θ 的单位，则式（1-24）变为

$$\theta = \frac{T}{GI_p} \times \frac{180}{\pi} \tag{1-25}$$

5）圆轴扭转强度准则。保证受扭转圆轴能安全可靠地工作，必须使轴横截面上的最大剪应力满足下列条件：

$$\tau_{\max} = \frac{T}{W_p} \leqslant [\tau] \tag{1-26}$$

6)圆轴扭转刚度准则。工程上,为了保证机械的传动性能和加工工件所要求的精度,通常要求轴的最大单位扭转角不能超过许用的单位扭转角$[\theta]$,即

$$\theta \leqslant [\theta] \qquad (1\text{-}27)$$

这就是圆轴扭转时的刚度设计准则。将式(1-25)代入,则有

$$\theta = \frac{T}{GI_p} \times \frac{180}{\pi} \leqslant [\theta] \qquad (1\text{-}28)$$

(4)连接件剪切与挤压。 在构件连接处起连接作用的部件,称为连接件,如螺栓、铆钉、键、法兰等。连接件虽小,但起着传递载荷的作用。

如图 1-38 所示,当构件受到一对等值、反向、不共线且作用线距离很近的平行力的作用时,构件将产生剪切破坏。由于连接件是起着连接构件和传递载荷的作用,系统中会存在传递载荷的接触面上(如螺栓、铆钉及键与被连接构件的接触面),相互接触的构件因表面

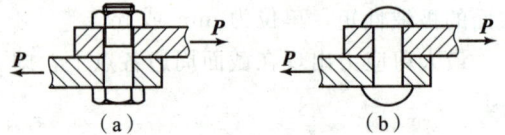

图 1-38

强度的差异,导致表面强度较弱的一方在表面上产生挤压破坏。

1)剪切假定计算。如图 1-39(a)所示的铆钉连接,其主要失效形式之一是沿两力之间的截面发生剪切破坏;如图 1-39(c)所示,该截面称为剪切面。这时在剪切面上既有弯矩又有剪力,但弯矩较小,故主要是剪力引起的剪切破坏。

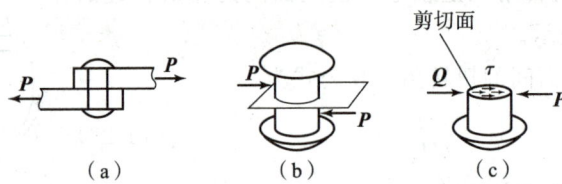

图 1-39

一般假定剪应力在截面上均匀分布,设计准则为

$$\tau = \frac{Q}{A} \leqslant [\tau] \qquad (1\text{-}29)$$

式(1-29)也称为剪切强度条件。式中,A 为剪切面的面积;Q 为剪切面上的剪力;$[\tau]$ 为连接件许用剪应力。

2)挤压假定计算。在承载的情形下,连接件所连接的构件相互接触并产生挤压,因而,在二者接触面的局部区域产生较大的接触应力,称为挤压应力,用符号 σ_{jy} 表示。当挤压应力过大时,可使接触的局部区域产生过量的塑性变形,从而导致失效。

挤压接触面上的应力分布比较复杂,工程计算中采用简化的方法,即假定挤压应力在有效挤压面上均匀分布。有效挤压面简称挤压面,为总挤压力作用面的正投影面,如图 1-40 所示。若连接件直径为 d,连接板厚度为 δ,则有效挤压面面积为 δd。挤压应力为

$$\sigma_{jy} = \frac{P_{jy}}{A} = \frac{P_{jy}}{\delta d} \qquad (1\text{-}30)$$

相应的强度设计准则为

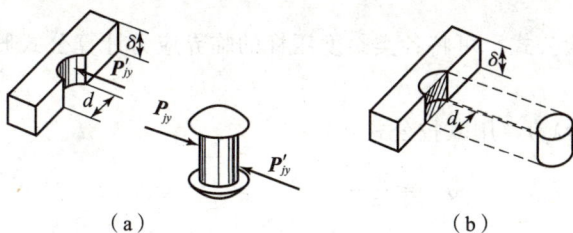

图 1-40

$$\sigma_{jy} = \frac{P_{jy}}{\delta d} \leqslant [\sigma_{jy}] \tag{1-31}$$

式中，P_{jy} 为作用在连接件上的总挤压力；$[\sigma_{jy}]$ 为挤压许用应力。

3. 轴向受压杆件稳定性

在工程上，轴向压缩杆件（简称压杆）是非常普遍的，对于压杆特别是细长压杆，除应考虑其强度与刚度外，还应考虑其稳定性问题。

(1)压杆稳定性的基本概念。如图 1-41 所示，其直线平衡状态是否稳定，与压力 **P** 有关。随着压力 **P** 的逐渐增大，压杆就会由稳定平衡状态过渡到不稳定平衡状态。将压杆从稳定平衡状态过渡到不稳定平衡状态时的压力称为临界力或临界载荷，以 P_{cr} 表示。

1)临界力与临界应力的欧拉公式。根据弯曲变形的理论可以求出临界力大小为

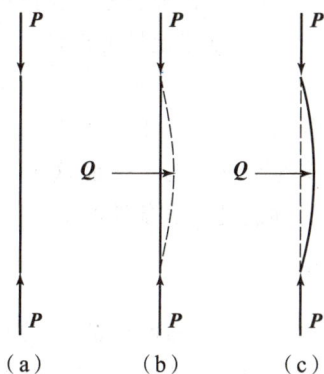

图 1-41

$$P_{cr} = \frac{\pi^2 EI}{(\mu l)^2} \tag{1-32}$$

式中　I——杆横截面对中性轴的惯性矩；

　　　μ——与支承情况有关的支撑系数，具体数值可查询相关设计手册；

　　　l——杆的长度，而 μl 称为相当长度。

压杆在临界力作用下，横截面上的应力称为临界应力，以 σ_{cr} 表示。即

$$\sigma_{cr} = \frac{P_{cr}}{A} = \frac{\pi^2 EI}{A (\mu l)^2} \tag{1-33}$$

式中　σ_{cr}——压杆的临界应力；

　　　A——压杆的横截面面积。

若以 $I/A = i^2$ 代入上式，则得

$$\sigma_{cr} = \frac{\pi^2 E}{\left(\dfrac{\mu l}{i}\right)^2} = \frac{\pi^2 E}{\lambda^2} \tag{1-34}$$

式(1-34)中，i 称为截面的惯性半径，而 $\lambda = \mu l/i$ 称为压杆的细长比，它是一个无量纲的量。

λ 称为压杆的柔度，λ 值越大，则杆件越细长；λ 值越小，则杆件越短粗。显然，λ 越大，杆件越易丧失稳定，其临界力越小；反之，λ 越小，杆件就不易丧失稳定，其临界力就

比较大。

2)临界应力的经验公式。可将各类柔度压杆的临界应力计算公式归纳如下：

①对于细长杆($\lambda \geqslant \lambda_p$)，用欧拉公式：

$$\sigma_{cr} = \frac{\pi^2 E}{\lambda^2}$$

②对于中、长杆($\lambda_s < \lambda \leqslant \lambda_p$)，用经验公式：

$$\sigma_{cr} = a - b\lambda$$

③对于短粗杆($\lambda \leqslant \lambda_s$)，用压缩强度公式：

$$\sigma_{cr} = \sigma_s$$

其中 a、b 及 λ_p 和 λ_s 都是和材料有关的参数。

如图 1-42 所示为经验公式临界应力总图。

相关力学基础知识

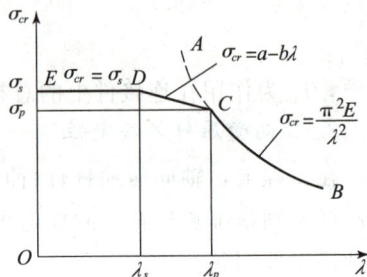

图 1-42

(2)压杆稳定性的设计。

1)稳定安全准则。为了使压杆具有足够的稳定性，不仅要使在压杆上的工作压力小于临界力，还应有一定的安全余度。为了保证这个余度，压杆所承受的工作载荷必须满足下述条件：

$$P \leqslant \frac{P_{\sigma}}{[n_W]} \quad 或 \quad \sigma \leqslant \frac{\sigma_{cr}}{[n_W]} \tag{1-35}$$

式(1-35)即稳定安全准则。P_{σ}、σ_{cr} 是压杆的临界力和临界应力；P、σ 是压杆的工作压力和工作压应力；$[n_W]$ 称为压杆的稳定安全系数。

2)安全系数法。基于稳定安全准则，有

$$n_W = \frac{P_{\sigma}}{P} \geqslant [n_W] \quad 或 \quad n_W = \frac{\sigma_{cr}}{\sigma} \geqslant [n_W] \tag{1-36}$$

式(1-36)中，σ 和 P 分别为杆件的工作应力和工作载荷；P_{σ} 和 σ_{cr} 分别为临界力和临界应力；n_W 为压杆的工作安全系数；$[n_W]$ 表示要求受压构件必须达到稳定储备程度，称为规定的稳定安全系数。

【任务分析】

山东省某矿山公司的井巷工程公司重大坠井事故分析

这根直径为 34 mm 的钢丝绳从 1978 年 7 月 2 日开始使用。一直到出事，只在 1982 年 6 月做了一次拉力试验。按《冶金矿山安全规程》规定，悬挂吊盘用的钢丝绳，每隔一年要试验一次。而这根钢丝绳在这以后就再没做过拉力试验，而是长期悬吊在潮湿的环境中，不上油，不维护保养。这次降盘时，施工组织者又让工人把第三个 3.1 吨重的大铁盘及盘上四五吨重的混凝土渣，一起吊在 4 根钢丝绳上，使钢丝绳的负荷大大增加，事故自然难以避免。

事故的另一个原因是矿山管理混乱，作业人员工作时没有系安全带。这次落盘改罐项目，编制施工组织设计和施工网络图表的不是施工队，而是安装队上级主管部门——井巷公司的一位负责人，然后交本公司副总工程师审批，再交安装队执行。而这份施工组织设计和施工网络图表，以及该井启封、开工报告单，都没有上报给矿山公司的各职能部门。施工组织设计中制定了几条安全措施，但井巷公司的有关职能部门没有很好执行，对系着十几条生命的钢丝绳没有进行技术检查，只是凭着昏暗的手电筒光束，用肉眼看看了事，对工人们的安全装备情况也没有过问。造成事故的这些原因，无论从哪方面分析，领导者的责任都是不可推卸的。

【单元测试】

(1)构件承载能力分析的任务就是在满足强度、_____和_____的要求下，为设计安全、可靠及经济的构件提供必要的理论基础和计算方法。

(2)强度是构件抵抗_____的能力，刚度是构件抵抗_____的能力。

(3)构件承载能力分析对变形固体作出的基本假设是_____和_____。

(4)应力是指_____，它分为_____和_____。

(5)当载荷不超过某一定范围时，多数材料在去除载荷后能恢复原有的形状和尺寸，材料的这种性质称为_____；去除载荷后能够消失的变形称为_____。

(6)当载荷超过某一定范围时，在去除载荷后，变形只能部分恢复而残留下一部分变形不能消失，不能复原而残留下来的变形称为_____。

(7)构件的强度就是指_____。

(8)构件的刚度就是指_____。

(9)衡量构件的强度必须以横截面上_____的大小进行度量。

(10)当所受压力达到某一临界值后，杆件发生突然弯曲，丧失工作能力，这种现象称为_____。

模块 2　平面机构及自由度分析

知识目标 ○○○ ➔

学习平面机构的分析方法，对平面机构运动简图进行分析，完成其自由度计算。

平面机构自由度实例分析

知识要点 ○○○ ➔

(1)自由度、约束、约束力；

(2)运动副、低副、高副；

(3)平面机构自由度计算、复合铰链、虚约束、局部自由度。

单元 2.1　运动副及其分类的学习

【学习目标】

学习运动副的概念及各种类型运动副的分析方法。

【任务提出】

汽车改变了人们的生活方式

汽车发展明显地改变了人们的生活方式，使人们的生活空间更加广阔，交流便利，生活半径增大。汽车的动力源泉是其发动机。

汽油发动机将汽油的能量转化为动能来驱动汽车。汽车的发动机一般采用 4 冲程，分别是进气、压缩、燃烧、排气。活塞通过活塞杆和曲轴相连。通过曲轴将活塞的直线往复运动转化为转动，最终驱动汽车行驶（发动机原理如图 2-1 所示）。

通过本单元的学习，请同学们分析，在发动机中存在什么类型的运动副及什么类型的约束？

【任务实施】

机械一般由若干常用机构组成，而机构是由两个或两个以上具有确定相对运动的构件组成的。若组成机构的所有构件都在同一平面或平行平面中运动，则该机构为平面机构。大多数的常用机构都是平面机构。本模块就平面机构进行分析讨论。

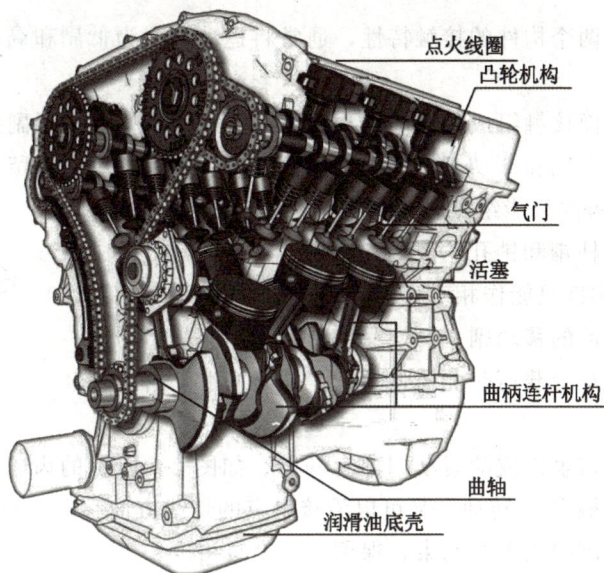

点火线圈
凸轮机构
气门
活塞
曲柄连杆机构
曲轴
润滑油底壳

图 2-1

2.1.1　自由度与运动副的概念

1. 自由度的概念

把构件相对参考系具有的独立运动参数的数目称为自由度。可在平面上作任意运动的自由体，它的"自由度"有 3 个，既有沿 x 轴、y 轴的移动，还有绕 O 点的转动，如图 2-2(a)所示；可在空间作任意运动的自由体，它的"自由度"有 6 个，既有沿 x 轴、y 轴、z 轴的移动，还有绕 x 轴、y 轴、z 轴的转动，如图 2-2(b)所示。

2. 运动副的概念

使两个构件直接接触并能产生一定相对运动的连接，称为运动副。如图 2-3(a)所示为轴承中的滚动体与内外滚道；如图 2-3(b)所示为啮合中的齿廓；如图 2-3(c)所示为滑块与导槽。构件上参与接触的点、线、面，称为运动副元素。按照运动副构件之间的相对运动是平面运动还是空间运动，可将运动副分为平面运动副和空间运动副。

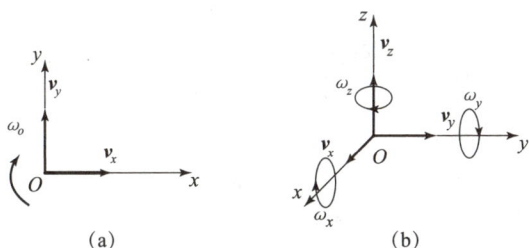

(a)　　　　　(b)

图 2-2

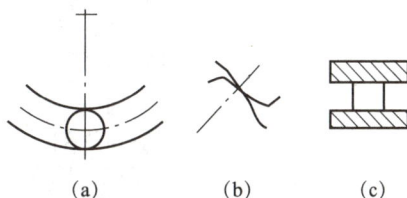

(a)　　　(b)　　　(c)

图 2-3

2.1.2 运动副的分类

按照组成运动副两个构件的接触特性，通常将运动副分为低副和高副两类。

1. 低副

两构件通过面与面接触组成的运动副称为低副。平面机构中的低副按照两个构件的相对运动性质，可分为转动副和移动副两种。平面低副引入 2 个约束，保留 1 个自由度。

(1)转动副。两构件只能绕某一轴线作相对转动的运动副。如图 2-4(a)所示为由圆柱销和销孔构成的转动副。

(2)移动副。两构件只能作相对直线移动的运动副。如图 2-4(b)所示为只能作直线运动的移动副。

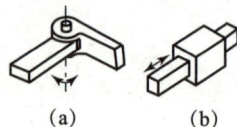

(a)　　　(b)

图 2-4

低副是面接触，承受载荷时的压强较低，便于润滑，磨损较轻。

2. 高副

两构件以点或线接触组成的运动副称为高副。如图 2-5 所示的齿轮副、凸轮副。构件 2 可以相对构件 1 绕接触点 A 转动，又可以沿接触点的切线方向移动，只有沿 $n-n$ 方向的运动受到限制，平面高副引入 1 个约束，保留了 2 个自由度。

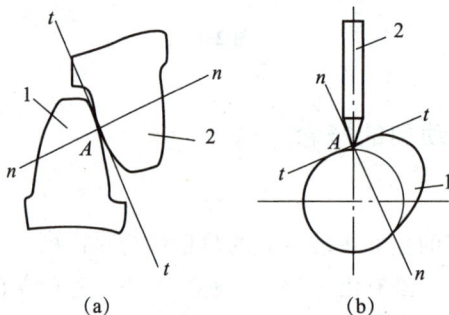

(a)　　　(b)

图 2-5

(a)齿轮副；(b)凸轮副

【任务分析】

汽车发动机里面都存在什么样的运动副与约束，如图 2-6 所示。

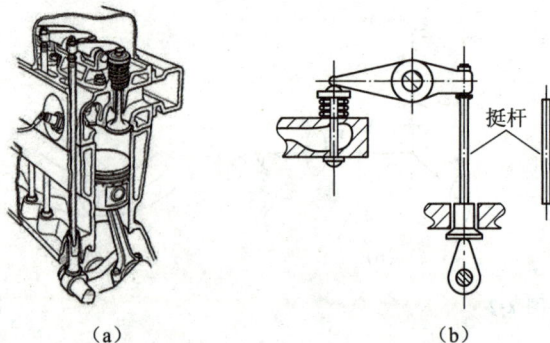

挺杆

(a)　　　(b)

图 2-6

(1)移动副：活塞与气缸之间的连接、挺杆与其支撑之间的连接等，其约束类型为光滑面约束；

(2)转动副：活塞与连杆之间的连接、连杆与曲轴之间的连接、曲轴与基体之间的连接等，其约束类型为铰链约束；

(3)高副：挺杆与凸轮之间的连接等，其约束类型为光滑面约束；

(4)皮带与链为柔性约束。

【单元测试】

(1)把构件相对参考系具有的独立运动参数的数目称为_____。

(2)使两个构件直接接触并能产生一定相对运动的连接，称为_____。

(3)平面机构中的低副按照两个构件的相对运动性质，可分为_____和_____两种。平面低副引入_____个约束，保留_____个自由度。

(4)平面高副引入_____个约束，保留_____个自由度。

单元 2.2　平面机构分析的学习

【学习目标】

学习平面机构运动简图的画法，绘制平面机构运动简图；学习平面机构自由度的分析方法，完成平面机构自由度的计算。

【任务提出】

机械手

机械手是能够模仿人手和臂的某些动作功能，按固定程序抓取、搬运物件或操作工具的自动操作装置。机械手是最早出现的工业机器人，也是最早出现的现代机器人，它可代替人进行繁重劳动以实现生产的机械化和自动化，能在有害环境下操作以保护人身安全，广泛应用于机械制造、冶金、电子、轻工和原子能等部门(图2-7)。

通过本单元的学习，试分析要想让机械手抓取空间中任意位置和方位的物体，需要多少个自由度？

【任务实施】

在研究机构运动特性时，只考虑与运动有关的构件数目、运动副类型及相对位置。用规定的线条和符号表示构件和运动副，并按一定比例确定运动副的相对位置及尺寸。这种用规定线条和符号表示构件和运动副，表达构件间相对运动关系的简单图形，称为机构运动简图。

机构运动简图中的内容应包括构件的数目、运动副的数目和类型、构件之间的连接关系、构件的尺寸参数、主动件及运动特性等。

图 2-7

2.2.1　平面机构运动简图

1. 平面机构的表示方法

(1)构件的表示方法。构件用线段或小方块表示，画有斜线的表示机架。如图 2-8(a)表示能组成两个转动副的构件；图 2-8(b)表示能组成一个转动副和一个移动副的构件；图 2-8(c)表示能组成三个转动副的构件。

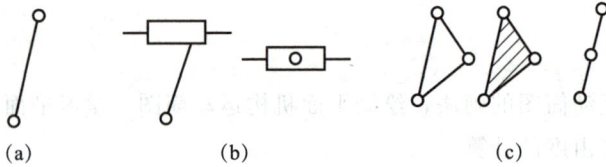

图 2-8

(2)运动副的表示方法。当机构中两个构件组成转动副时，如图 2-9 所示，用圆圈表示转动副，圆心代表相对转动轴线。如图 2-9(a)表示组成转动副的构件都是活动构件；如图 2-9(b)、(c)表示其中有一个构件固定作为机架，应在表示机架的构件上加上阴影线；如图 2-9(d)表示一个构件具有多个转动副，应在两条线交点处涂黑，或在其内部画上斜线。

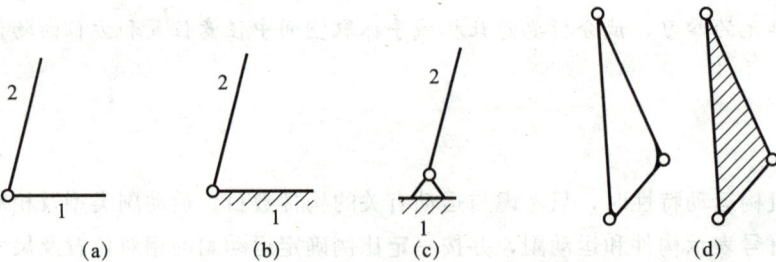

图 2-9

两构件组成移动副的表示方法如图 2-10 所示。其导路必须与相对移动方向一致。

当两构件组成高副时，如图 2-11 所示，应在简图中画出两构件接触处的曲线轮廓。对于凸轮，一般画出全部轮廓；对于齿轮，常画出其节圆。

图 2-10

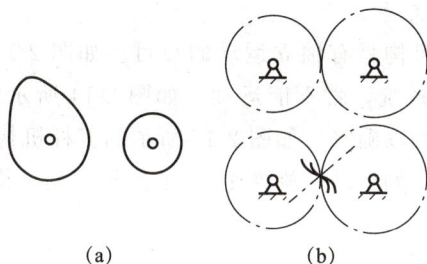

(a)　　　　　　(b)

图 2-11

2. 绘制平面机构运动简图的步骤

(1)研究机构的结构和运动，确定机架、原动件、从动件。

(2)从原动件开始，依次分析各构件的相对运动性质，确定运动副的类型和数目。

(3)确定运动副的相对位置。

(4)选择适当的比例尺 $\mu_L = \dfrac{\text{构件的实际长度}}{\text{构件的图示长度}}$ (m/mm)，按规定符号和线条，绘制机构运动简图。

【例 2-1】 绘制图 2-12 (a)所示颚式破碎机的机构运动简图。

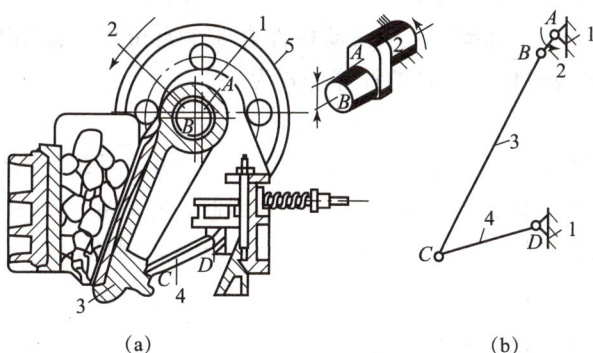

(a)　　　　　　　　(b)

图 2-12

1—机架；2—偏心轴；3—动颚板；4—肘板；5—带轮

解：(1)由图 2-12(a)可知，颚式破碎机主要构件由机架 1、偏心轴 2、动颚板 3、肘板 4 组成。电动机通过带轮 5 带动偏心轴 2 转动，进而使动颚板 3 产生运动，与定颚板一起压碎物料。故偏心轴2为原动件，动颚板3和肘板4为从动件。

（2）偏心轴2与机架相连，运动由偏心轴2传给动颚板3；动颚板与肘板4连接；肘板与机架相连。上述连接都构成转动副，其运动中心分别为 A、B、C、D。

（3）选择合适的比例尺，按规定的线条和符号，绘出机构简图，如图 2-12(b)所示。

2.2.2 平面机构的自由度的计算

机构的各构件之间应具有确定的相对运动，为了使机构实现预定的运动传递和变换，必须研究机构的自由度和机构具有确定运动的条件。

1. 机构具有确定运动的条件

平面机构的自由度是该机构具有独立运动的数目。如图 2-13 所示的三杆机构，由 3 个构件通过转动副连接起来的系统，就不能运动。如图 2-14 所示的四杆机构，当已知构件 1 的位置时，其余构件的位置可以确定。如图 2-15 所示的五杆机构，若已知一个构件的运动，其从动件的运动是不确定的；如果已知构件 1、4 的运动，其余构件的运动可以确定。

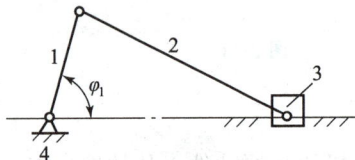

图 2-13　　　　图 2-14　　　　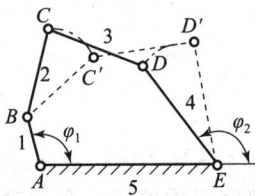

图 2-15

机构的自由度数大于零，且原动件数等于自由度数时，机构具有确定的运动。当机构的原动件数多于机构的自由度时，将导致机构损坏；当机构的原动件数少于机构的自由度时，机构的运动不确定。

2. 平面机构自由度的计算

设一个平面机构由 N 个构件组成，其中必有一个机架，则活动构件的数目为 $n=N-1$，另外形成 P_L 个低副，P_H 个高副。1 个活动构件有 3 个自由度，低副有 2 个约束，高副有 1 个约束。则该平面机构的自由度 F 的计算公式为

$$F=3n-2P_L-P_H \tag{2-1}$$

计算图 2-13 所示机构的自由度为 $F=3\times2-2\times3=0$，因此，该机构不能运动；计算图 2-14 所示机构的自由度为 $F=3\times3-2\times4=1$，因此，它只要一个原动件就具有确定的运动；计算图 2-15 所示机构的自由度为 $F=3\times4-2\times5=2$，因此，它需要 2 个原动件才具有确定的运动。

3. 计算平面机构自由度的注意事项

（1）复合铰链。两个以上的构件在同一轴线处构成的转动副，称为**复合铰链**。如图 2-16 所示为 3 个构件在 A 点形成复合铰链，从侧视图可见，该机构具有 2 个转动副。依此类推，由 K 个构件组成的复合铰链，具有 $K-1$ 个转动副。

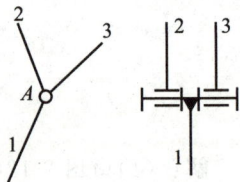

图 2-16

【例 2-2】 计算图 2-17 所示惯性筛机构的自由度。

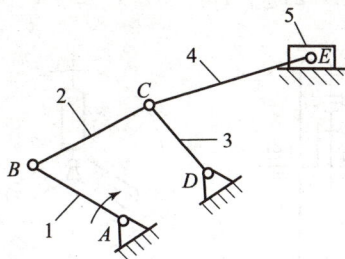

图 2-17

解：该机构中，C 处为复合铰链，具有 2 个转动副，由此可得 $n=5$，$P_L=7$，$P_H=0$，所以该机构的自由度为

$$F=3n-2P_L-P_H=3\times5-2\times7-0=1$$

（2）局部自由度。机构中不影响输入与输出运动关系的自由度，称为局部自由度。在计算机构自由度时，局部自由度应略去不计。

如图 2-18 所示的凸轮机构中，从动件上的滚子。滚子绕自身轴线的转动并不影响凸轮与从动件的相对运动，这种与机构运动无关的运动就是局部自由度。计算该机构自由度时，将滚子与从动件连成一体，消除局部自由度后，再计算该机构的自由度。该机构中 $n=2$，$P_L=2$，$P_H=1$，机构的自由度为

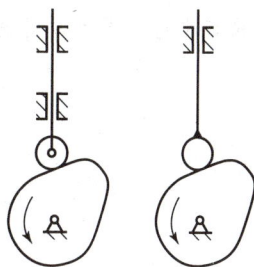

图 2-18

$$F=3n-2P_L-P_H=3\times2-2\times2-1=1$$

（3）虚约束。在机构中与其他约束重复，但对机构运动不起限制作用的约束称为虚约束。在计算自由度时应除去虚约束。平面机构的虚约束常出现在下列场合：

第一种情况，两构件连接点上的运动轨迹重合，这种连接将引入虚约束。

如图 2-19 所示的机车车轮联动系统，EF 杆平行于 AB 和 CD 杆，则杆 5 上 E 点的轨迹与杆 2 上的 E 点的轨迹重合。无论构件 5 和转动副 E、F 是否存在，对机构的运动都不发生影响，即杆 EF 引入的是虚约束，计算时应除去构件 5 和转动副 E、F。此时 $n=3$，$P_L=4$，$P_H=0$，机构的自由度为

$$F=3n-2P_L-P_H=3\times3-2\times4-0=1$$

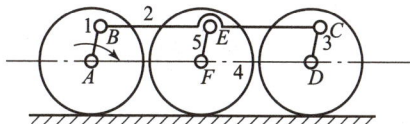

图 2-19

如果 EF 不平行于 AB、CD，就会成为实际约束，机构失去运动的可能。

第二种情况，机构中对运动不起作用的对称部分引入虚约束。

如图 2-20 所示的行星轮系，为使受力均匀，安装三个相同的行星轮对称布置。从运动关系看，只需一个行星轮 2 就能满足要求，其余行星轮引入的是虚约束。该机构的自由度为

$$F = 3n - 2P_L - P_H = 3 \times 4 - 2 \times 4 - 2 = 2$$

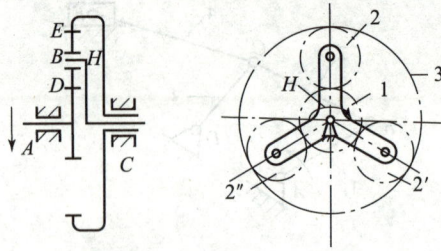

图 2-20

第三种情况，当两个构件组成多个轴线重合的转动副或导路平行的移动副时，只有一个运动副起约束作用，其余运动副引入的是虚约束。

如图 2-21 所示两个平行导路的移动副，计算时只看作一个移动副；如图 2-22 所示两个轴承支撑的一根轴，计算时只看作一个转动副。

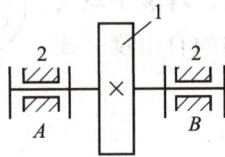

图 2-21

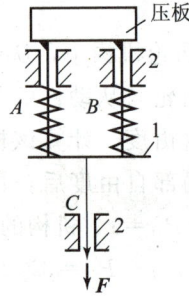

图 2-22

【例 2-3】 计算图 2-23 所示筛料机构的自由度。

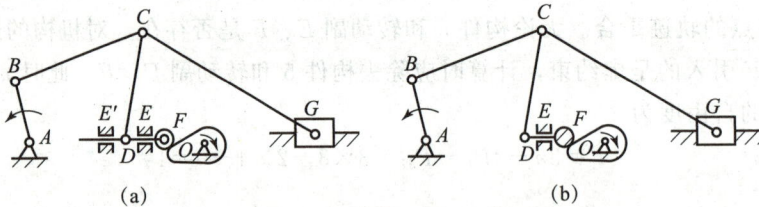

图 2-23

解：经分析机构中滚子自转为局部自由度，杆 DF 与机架组成导路重合的两个移动副 E、E'，其中之一为虚约束。C 处为复合铰链。去除局部自由度和虚约束，则可得该机构 $n = 7$，$P_L = 9$，$P_H = 1$，计算自由度为

$$F = 3n - 2P_L - P_H = 3 \times 7 - 2 \times 9 - 1 = 2$$

此机构有 2 个自由度，应该有 2 个原动件才能使该机构具有确定的运动。

【任务分析】

机械手主要由执行机构、驱动机构和控制系统三大部分组成。手部是用来抓持工件(或工具)的部件,根据被抓持物件的形状、尺寸、重量、材料和作业要求而有多种结构形式,如夹持型、托持型和吸附型等。运动机构使手部完成各种转动(摆动)、移动或复合运动来实现规定的动作,改变被抓持物件的位置和姿势。运动机构的升降、伸缩、旋转等独立运动方式,称为机械手的自由度。为了抓取空间中任意位置和方位的物体,需有6个自由度。自由度是机械手设计的关键参数。自由度越多,机械手的灵活性越大,通用性越广,其结构也越复杂。一般专用机械手有2~3个自由度。控制系统是通过对机械手每个自由度的电机的控制,来完成特定动作。同时接收传感器反馈的信息,形成稳定的闭环控制。控制系统的核心通常是由单片机或 dsp 等微控制芯片构成,通过对其编程实现所需功能。

对于机械手的结构设计及特定动作的编程,都需要本着精益求精的精神来做,只有这样才能促进车间的革命:"机器换人换出产品效益,带动工业制造自动化、精密化、智能化水平提升和产品品质的提高"。

【单元测试】

计算图 2-24 所示机构的自由度,并判断该机构的运动是否确定。

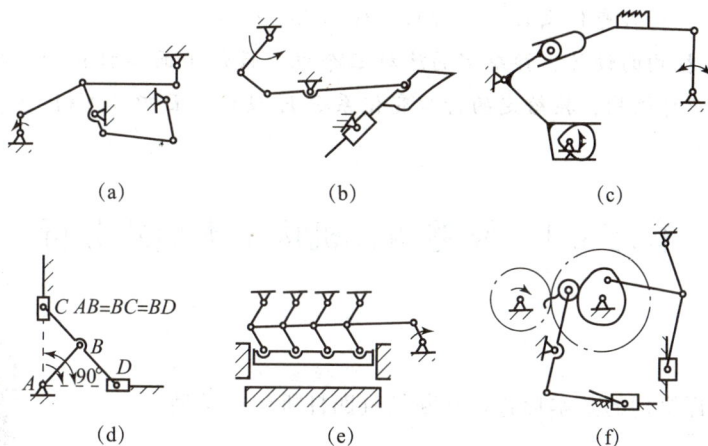

(a)   (b)   (c)

(d)   (e)   (f)

图 2-24

(a)联合收割机清除机构;(b)推土机机构;(c)缝纫机缝布机构;
(d)椭圆规机构;(e)压床机构;(f)冲压机构

模块 3 平面连杆机构分析与设计

知识目标 ◦◦◦

学习平面四杆机构的基本知识，判定四杆机构的类型，对铰链四杆机构特性进行分析，完成平面四杆机构的设计。

知识要点 ◦◦◦

(1)铰链四杆机构、曲柄、摇杆、曲柄摇杆机构、双曲柄机构、双摇杆机构；

(2)铰链四杆机构曲柄存在条件、铰链四杆机构的演化、曲柄滑块机构、偏心轮机构；

(3)曲柄滑块机构的演化、导杆机构、曲柄摇块机构、曲柄移动导杆机构；

(4)急回特性、行程变化系数、压力角、传动角、死点；

(5)平面四杆机构的设计、按给定的连杆三个位置设计平面四杆机构、按给定连杆的两个位置设计平面四杆机构、按给定的行程变化系数 K 设计平面四杆机构。

单元 3.1 铰链四杆机构基本形式分析

【学习目标】

学习铰链四杆机构的基本形式，判断铰链四杆机构的类型。

【任务提出】

我们每天都接触形形色色的汽车，但是你注意到了吗？公交车司机按动气压按钮，车门就会左右对开，如图 3-1(a)所示；雨刷器左右摆动，汽车前面风挡玻璃上的异物就会被清除，如图 3-1(b)所示。这些动作的工作原理是什么呢？

平面连杆机构分析
（基本形式及演化）

【任务实施】

当平面四杆机构各构件之间都是以转动副连接时，则称该机构为铰链四杆机构。铰链四杆机构是平面四杆机构的基本形式，其他平面四杆机构都可看作在其基础上演化而成的。如图 3-2所示，固定不动的 AD 杆为机架，与机架相连的 AB 杆和 CD 杆为连架杆，连接两连

架杆的 *BC* 杆为连杆。其中，能作整周回转的连架杆称为曲柄；不能作整周回转的连架杆称为摇杆。

根据铰链四杆机构有无曲柄，可将其分为曲柄摇杆机构、双曲柄机构、双摇杆机构三种形式。

（a）　　　　　　　　　　（b）

图 3-1

(a)公交车门；(b)雨刷器

3.1.1　曲柄摇杆机构

两连架杆，一个为曲柄，另一个为摇杆的四杆机构，称为曲柄摇杆机构。

在曲柄摇杆机构中，当曲柄为主动件时，可将主动曲柄的等速运动转换为从动摇杆的往复摆动，如图 3-2 所示的搅拌机。也可将摇杆为主动件，曲柄为从动件，将主动摇杆的往复运动转换为从动曲柄的整周转动，如图 3-3 所示的缝纫机机构。

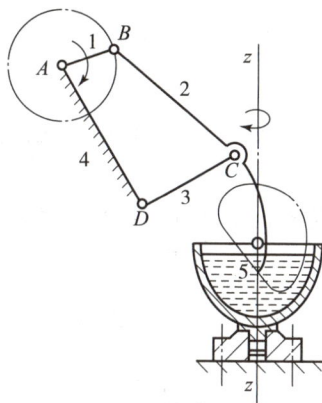

图 3-2

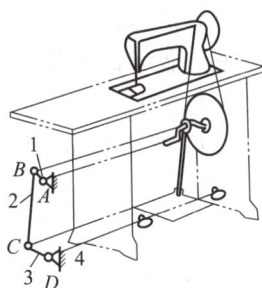

图 3-3

3.1.2　双曲柄机构

两连架杆均为曲柄的四杆机构，称为双曲柄机构。主动曲柄作等速运动，从动曲柄作变速运动。如图 3-4 所示的惯性筛就是利用曲柄 3 的变速运动工作的。

在双曲柄机构中，常见的还有平行四边形机构和反平行四边形机构。

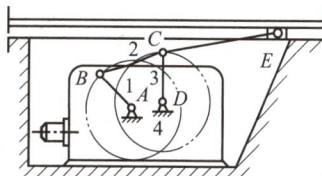

图 3-4

1. 平行四边形机构

如图 3-5 所示，两个曲柄长度相等且连杆和机架的长度也相等，呈平行四边形，两曲柄的转动速度和方向相同。如图 3-6 所示的机车车辆机构，其内含有一个虚约束。

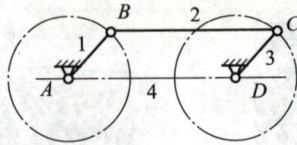

图 3-5

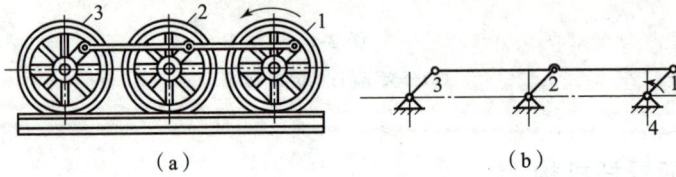

（a）　　　　　　　　　　（b）

图 3-6

2. 反平行四边形机构

如图 3-7 所示，两曲柄长度相同，连杆与机架的长度也相同但不平行。公交车车门开启机构就是应用反平行四边形机构，当主动曲柄 1 转动，从动曲柄 3 作反向转动，使两扇车门同时开启和关闭。

3.1.3　双摇杆机构

两连架杆均为摇杆的四杆机构称为双摇杆机构。在双摇杆机构中，两摇杆都可作为主动件，常用于操纵机构、仪表机构等。

如图 3-8 所示的起重机，当主动摇杆 AB 摆动时，从动摇杆 CD 随之摆动，使连杆 BC 上悬挂重物处的 M 点，在近似水平的直线上移动，避免上下升降额外做功而消耗能量。

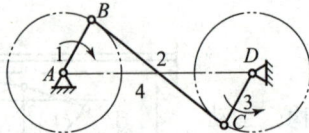

图 3-7

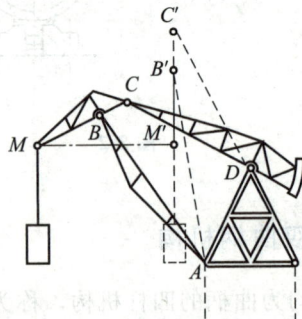

图 3-8

【任务分析】

公交车车门的开启利用的是双曲柄机构，如图 3-9(a)所示，主动曲柄顺时针转动两门打开，逆时针转动两门关闭。

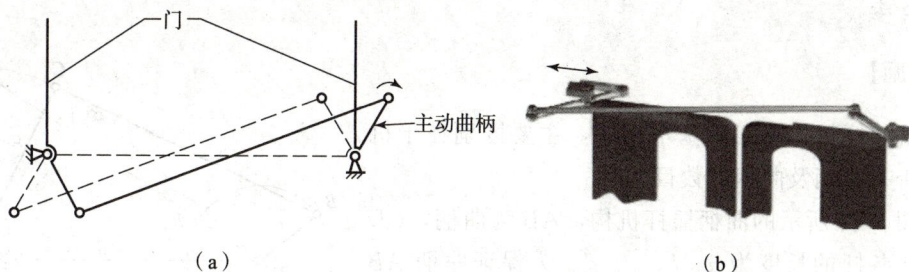

（a）　　　　　　　　　　　　　　　（b）

图 3-9

关于汽车雨刷器的工作原理，请自行进行分析。

【单元测试】

(1)当四杆机构各构件之间都是以转动副连接时，则称该机构为_____。

(2)两连架杆，一个为曲柄，另一个为摇杆的四杆机构，称为_____。

(3)两连架杆均为曲柄的四杆机构，称为_____。

(4)两连架杆均为摇杆的四杆机构，称为_____。

单元 3.2　铰链四杆机构曲柄存在条件分析

【学习目标】

学习铰链四杆机构曲柄存在条件，判断铰链四杆机构曲柄存在可能性。

【任务提出】

人们知道，用 3 根木条钉成的木框是稳定的，即使把钉子换成转动副(铰链)，三角形也不会运动，如图 3-10(a)所示。而用 4 根木条钉成的木框是不稳定的，如果把钉子换成铰链，四边形即可以运动，如图 3-10(b)、(c)所示。依次类推，五边形等也是可以运动的。因此，三角形是不能运动的最基本图形，而四边形是能运动的最基本图形。把四边形各顶点安装上铰链，把一边作为机架，即构成平面四杆机构。因此，四杆机构是最基本的连杆机构。复杂的多杆机构(多边形)也可由其组成。

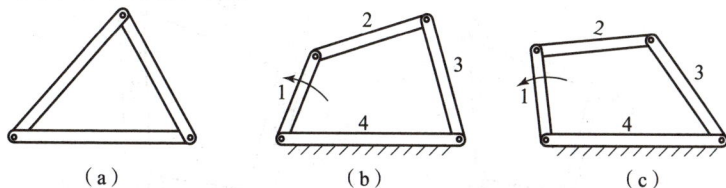

（a）　　　　　　　　　（b）　　　　　　　　　（c）

图 3-10

通过本单元的学习，应了解平面四杆机构的特性，认识这类机构千变万化的应用并掌握其设计方法。

【任务实施】

铰链四杆机构的三种基本形式，主要区别在于机构中是否有曲柄及曲柄的数目。

如图 3-11 所示的曲柄摇杆机构，AB 为曲柄，CD 为摇杆，各杆的长度为 a、b、c、d。为保证曲柄 AB 作整周旋转运动，必须顺利通过与连杆共线的两个位置 AB_1C_1 和 AB_2C_2。通过分析得出四杆机构曲柄存在条件：

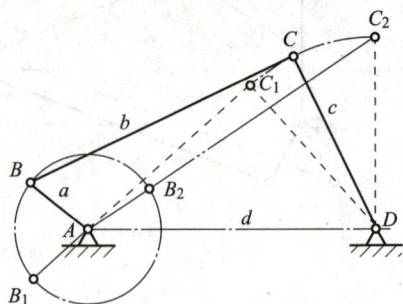

图 3-11

(1)最长杆与最短杆之和小于或等于其余两杆之和；

(2)最短杆或其相邻杆为机架。

通过分析可得出如下推论：

(1)当最长杆与最短杆之和小于其余两杆之和时，根据机架选取的不同，可得以下三种情况：

1)最短杆为机架时得到双曲柄机构；

2)最短杆的相邻杆为机架时得到曲柄摇杆机构；

3)最短杆的对面杆为机架时得到双摇杆机构。

(2)当最长杆与最短杆之和大于其余两杆之和时，无论取任何杆为机架，都只能得到双摇杆机构。

【任务分析】

通过上面内容的学习，了解了平面四杆机构曲柄存在的条件，下面再讲述一个儿时的游戏。幼儿园手工课上，小明用木条和图钉制作了图 3-12 所示的玩具，请你教教小明这个玩具有几种玩法。

小明的玩具恰好构成了平面四杆机构，经测量该玩具图钉中心间的距离尺寸如图 3-13 所示，因为 $AB+BC<CD+AD$，当用手握 AB 时，AB 为最短杆，该机构组成了双曲柄机构，其余三个杆可以整周回转，这是第一种玩法；手拿 AD 或 BC（最短杆的邻杆），变成了曲柄摇杆机构，这是第二种玩法；手拿着 CD 杆（最短杆的对面杆），变成了双摇杆机构，这是第三种玩法。

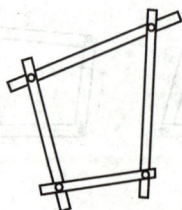

图 3-12

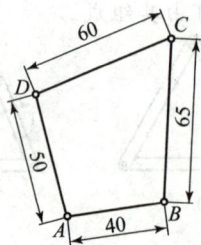

图 3-13

【单元测试】

(1)四杆机构曲柄存在条件是_____与_____之和小于或等于其余两杆之和；最短杆或其相邻杆为_____。

(2)根据机架选取的不同，可得三种情况：①_____得到双曲柄机构；②_____得到曲柄摇杆机构；③_____得到双摇杆机构。

单元 3.3　铰链四杆机构的演化

【学习目标】

学习铰链四杆机构的演化方式，判断铰链四杆机构的演化类型。

【任务提出】

日常生活中清扫用的胶棉拖把，如图 3-14 所示。拉动手柄，胶棉滚子就作往复运动，实现自动清洗，这个机构属于什么类型呢？

【任务实施】

在生产中，由于各种工作的需要，连杆机构的外形与构造是多种多样的，但它们与铰链四杆机构之间往往具有相同的运动特性和一定的内在联系，并且都可看作是从铰链四杆机构演化而来的。下面通过实例介绍四杆机构的演化过程。

图 3-14

3.3.1　曲柄滑块机构

如图 3-15(a)所示的曲柄摇杆机构中，曲柄 1 为主动件，摇杆 3 为从动件，C 点的轨迹是以 D 为圆心，以摇杆 CD 长为半径的圆弧。现把杆 4 做成环形槽，摇杆 3 转化成滑块，与环形槽相配合，如图 3-15(b)所示。由于杆 3 仅在环形槽的一部分中运动，因此环形槽的其余部分可以去除，如图 3-15(c)所示。此时转动副 D 的类型发生了变化，但机构的运动特性并未改变。若将环形槽的半径增至无穷大，即转动副 D 的中心移至无穷远，环形槽变为直槽，转动副变成了移动副，如图 3-15(d)所示，机构演化成偏置曲柄滑块机构。

图 3-15(d)中，e 为曲柄中心 A 至直槽中心线的垂直距离，称为偏距。当 e＝0 时，滑块的运动轨迹通过曲柄的转动中心，称为对心曲柄滑块机构；当 e≠0 时，称为偏置曲柄滑块机构。

曲柄滑块机构可将主动曲柄的连续转动转化为从动滑块的往复直线运动，如气体压缩机、液体泵等机械；也可将主动滑块的往复直线运动转化为从动曲柄的连续转动，广泛应用于活塞式内燃机中，如图 3-16 所示。

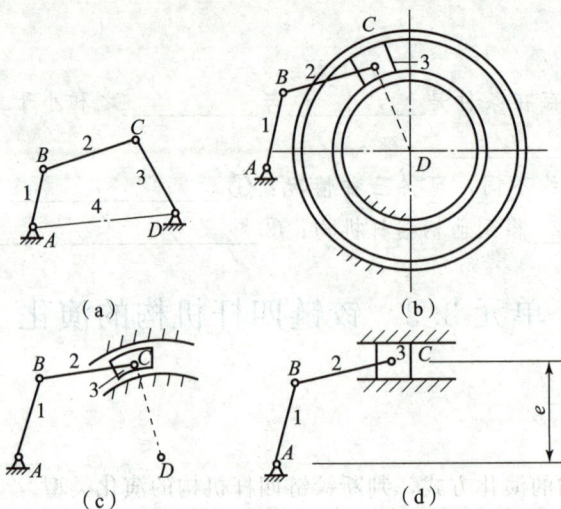

图 3-15

3.3.2　偏心轮机构

在曲柄滑块机构中，当曲柄较短时，往往用一个旋转中心与几何中心不重合的偏心轮代替，称为偏心轮机构，如图 3-17 所示。转动中心 A 到偏心轮中心 B 的距离称为偏心距，相当于曲柄滑块机构中的曲柄长度。

图 3-16

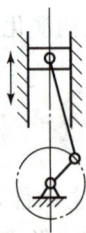

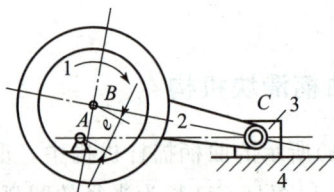

图 3-17

偏心轮机构可用于承受较大冲击载荷或滑块行程较短的机器中，如小型反复泵、冲床、剪床及颚式破碎机等机械设备中。

3.3.3　曲柄滑块机构的演化

如图 3-18 所示的曲柄滑块机构，各构件间具有不同的相对运动，取不同的构件为机架或改变构件长度时，可以得到不同形式的机构。

1. 导杆机构

如图 3-18(b)所示，当以构件 1 为机架，构件 2 和 4 为连架杆，可得到导杆机构。由于构件 4 充当构件 2 的导路，称为导杆；当曲柄 2 的长度大于机架 1 长度时，构件 2 和 4 均可作整周转动，称为转动导杆机构。常用于简易刨床、插床等机械中。

如图 3-18(c)所示，当机架 1 长度大于曲柄 2 长度，导杆只能来回摆动，称为**摆动导杆机构**。

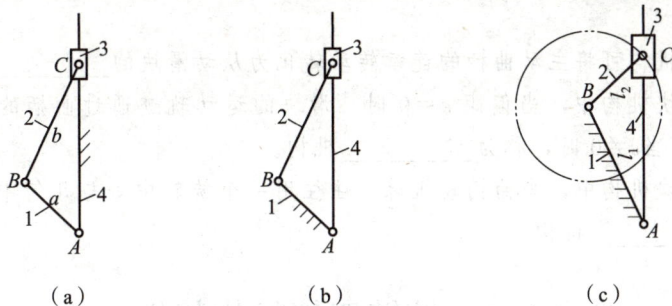

（a）　　　　　　　　　（b）　　　　　　　　　（c）

图 3-18

2. 曲柄摇块机构

如图 3-19(a)所示，当取曲柄滑块机构中的连杆 2 为机架时，滑块 3 只能绕 C 点摆动，得到曲柄摇块机构。该机构中杆 1 绕 B 点回转时，杆 4 相对摇块 3 滑动，并与摇块 3 一起绕 C 点摆动，如图 3-19(b)所示。插齿机的驱动机构就是它的应用实例。

3. 曲柄移动导杆机构

如图 3-20 所示，当以滑块 3 为机架时，构件 2 成为绕 C 点摆动的摇杆，AC 杆作往复移动，得到曲柄移动导杆机构。

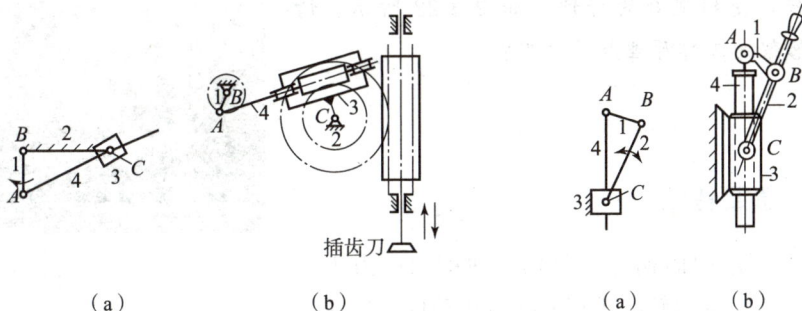

插齿刀

（a）　　　　　　　　　（b）　　　　　　　　　（a）　　　　　　（b）

图 3-19　　　　　　　　　　　　　　　　图 3-20

【任务分析】

胶棉拖把属于对心曲柄滑块机构，手柄是该机构的曲柄，胶棉滚刷是滑块，滚轮属于滑槽，胶棉滚刷往复进出滚轮滑槽，使胶棉滚刷内部的水分被挤出，上面的脏物被清洗掉，如图 3-21 所示。

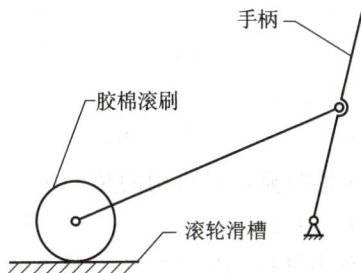

手柄

胶棉滚刷

滚轮滑槽

图 3-21

【单元测试】

（1）曲柄滑块机构可将主动曲柄的连续转动转化为从动滑块的_____。

（2）在曲柄滑块机构中，当偏距 $e＝0$ 时，滑块的运动轨迹通过曲柄的转动中心，称为_____机构；当 $e≠0$ 时，称为_____机构。

（3）在曲柄滑块机构中，当曲柄较短时，往往用一个旋转中心与几何中心不重合的偏心轮代替，称为_____机构。

单元 3.4 铰链四杆机构特性分析

【学习目标】

学习铰链四杆机构的特性，对铰链四杆机构特性进行分析。

【任务提出】

电影《紧急迫降》讲述了 1999 年 9 月 11 日中国蓝天航空公司的一架麦道—11 型飞机在上海虹桥机场起飞后起落架出现故障的故事，电影情节跌宕起伏，受到观众的好评，如图 3-22 所示。请问，飞机起落架的工作原理是什么呢？

【任务实施】

平面连杆机构设计实例(铰链四杆机构传动特性、设计实例)

3.4.1 急回特性

如图 3-23 所示的曲柄连杆机构，曲柄 AB 为主动件，并作等角速度 ω 回转，摇杆 CD 为从动件，作往复摆动。曲柄在转动一周过程中有 2 次与连杆共线的位置，曲柄在两位置所在直线夹的锐角，称为极位夹角 θ。

当曲柄等角速度回转时，摇杆往复摆动的速度不同，返回时的速度大于工作行程的速度，这个性质称为机构的急回特性。将回程平均速度与行程平均速度比值用 K 表示，称为行程变化系数。

图 3-22

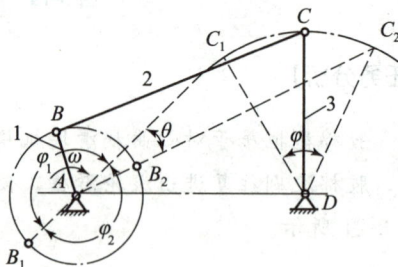

图 3-23

$$K = \frac{从动件回程平均速度}{从动件工作平均速度} = \frac{v_2}{v_1} = \frac{t_1}{t_2} = \frac{180°+\theta}{180°-\theta}$$

(3-1)

K 值越大，机构的急回程度越明显，但机构的传动平稳性下降。在设计时应根据工作要求，合理选择 K 值，通常取 $K＝1.2～2.0$。

如图 3-24 所示的偏置曲柄滑块机构和导杆机构，具有急回特性。当曲柄滑块机构的偏距 $e＝0$ 时，$\theta＝0$，则 $K＝1$，机构无急回特性。

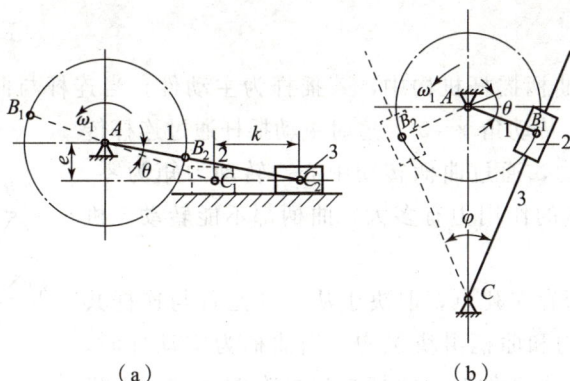

（a）

（b）

图 3-24

（a）偏置曲柄滑块机构；（b）导杆机构

3.4.2 压力角和传动角

平面连杆机构不仅要实现预期的运动，而且应当运转轻便、效率高，并具有良好的传力特性。通常以压力角或传动角表明连杆机构的这种特性。

如图 3-25 所示的曲柄摇杆机构中，主动曲柄 AB 通过连杆对从动杆 CD 的作用力 F 沿 BC 方向。从动件 C 点力 F 方向与 C 点速度方向所夹的锐角 α，称为压力角。它的余角 γ 称为传动角（连杆与摇杆所夹的锐角）。

压力角和传动角是反映机构传递特性的重要指标。压力角越小或传动角越大，对机构的传动越有利；而压力角大或传动角小，会使转动副中的压力增大，摩擦加剧，降低机构传动效率。为了保证机构的传动特性良好，规定工作行程中的传动角 $\gamma \geqslant 40° \sim 50°$。

对于图 3-25 所示的曲柄摇杆机构，在曲柄与机架共线的两个位置处之一，会出现最小传动角 γ_{min}。如图 3-26 所示，对于曲柄滑块机构，当曲柄为原动件时，传动角 γ 为连杆与导路垂直线所夹的锐角，在曲柄与机架垂直的位置，出现最小传动角 γ_{min}。如图 3-27 所示，对于曲柄导杆机构，当曲柄 AB 为原动件时，滑块对导路的作用力始终垂直于导杆，所以传动角恒为 90°，说明导杆机构具有良好的传力特性。

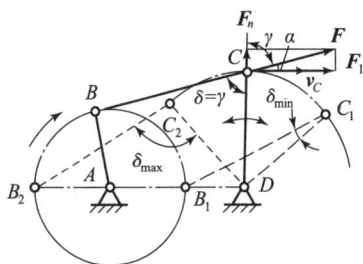

图 3-25

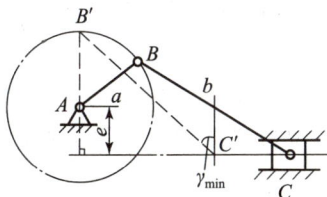

图 3-26

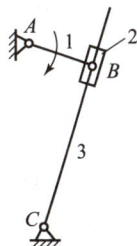

图 3-27

3.4.3 死点

在图 3-28 所示的曲柄摇杆机构中,若摇杆为主动件,当连杆与曲柄处于共线位置时,曲柄的压力角 $\alpha=90°$,传动角 $\gamma=0°$,这时主动摇杆通过连杆传递给从动曲柄的作用力,通过曲柄转动中心,转动力矩为零。因此,无论连杆对曲柄的作用力有多大,曲柄都不能转动。机构的这个位置称为死点。

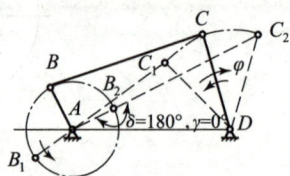

图 3-28

平面四杆机构是否存在死点,取决于从动件是否与连杆共线。对于曲柄连杆机构和曲柄滑块机构,当曲柄为主动件时,机构无死点;当摇杆为主动件时,曲柄与连杆有共线位置,机构出现死点。

机构存在死点,对于连续运转的机器是不利的,常采取以下措施使机构度过死点:

(1)利用从动件的惯性通过死点;

(2)采用机构错位排列度过死点,当一个机构处于死点位置时,可借助另一机构来越过死点。

工程上有时也利用机构的死点来进行工作,如图 3-29 所示的机床夹具,当扳动连杆 BC 使其与曲柄 CD 共线时,机构达到死点位置,机构加工的切削力不能使 CD 反转而起到夹紧的作用。

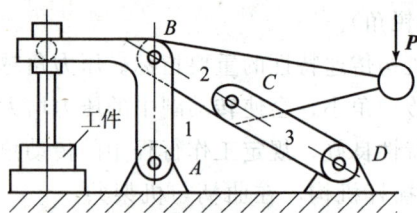

图 3-29

【任务分析】

如图 3-30 所示,飞机起落架是一个曲柄摇杆机构,当飞机放下起落架时,BC 杆与 CD 杆共线,机构处于死点位置,所以,机轮着地时产生的冲击力不会使 CD 杆反转,使降落可靠;起飞后,液压系统转动 CD 使起落架收回。电影《紧急迫降》中 C 点的销轴断裂,CD 卡死,不能转动,所以起落架无法收回。因此,在四杆机构设计过程中,应对每个构件的强度和刚度进行校核,这将在本模块的后续内容中进行学习。

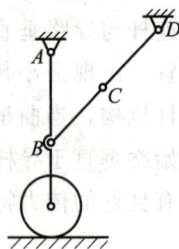

图 3-30

【单元测试】

(1)当曲柄等角速度回转时,摇杆往复摆动的速度不同,而返回时的速度大于工作行程的速度,这个性质称为机构的_____。

(2)把回程平均速度与行程平均速度比值用 K 表示,称为_____。

(3)压力角和传动角是反映机构传递特性的重要指标。压力角_____或传动角

_____，对机构的传动越有利。

(4)对于曲柄连杆机构和曲柄滑块机构，当_____为主动件时，机构无死点；当_____为主动件时，曲柄与连杆有共线位置，机构出现死点。

单元 3.5　平面四杆机构设计

【学习目标】

学习平面四杆机构的设计方法，根据给定的运动条件确定绘制机构运动简图所需的尺寸参数，应用图解法对平面四杆机构进行设计。

【任务提出】

在生活中平面四杆机构无处不在，为人们的生活带来方便。如图 3-31 所示，常用的订书器，通过学习请分析，它包含着怎样的机构？

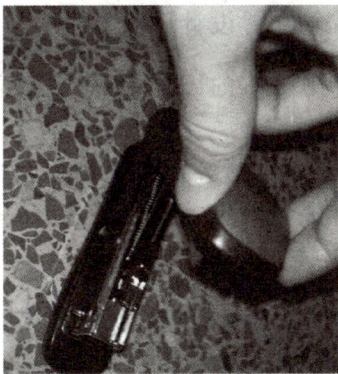

图 3-31

【任务实施】

平面四杆机构的设计，主要是根据给定的运动条件，确定绘制机构运动简图所需的尺寸参数。生产实践中的要求是多种多样的，给定的条件也各不相同，通常可归纳为以下两类问题：

(1)按照给定从动件的运动规律(速度、位置、加速度)设计平面四杆机构；

(2)按照给定点的运动轨迹设计平面四杆机构。

平面四杆机构的设计方法有图解法、解析法和实验法。图解法直观，简单易行，精度较差；实验法也有类似之处，但工作烦琐；解析法精确，计算较复杂。在本次任务中将重点介绍图解法。

设计时一般先按运动条件设计平面四杆机构，再检验其他条件，如最小传动角是否满足曲柄存在条件，机构的几何尺寸等。

3.5.1　按给定的连杆三个位置设计平面四杆机构

【例 3-1】　如图 3-32 所示，已知铰链四杆机构连杆 BC 的长度及所处的三个位置 B_1C_1、B_2C_2、B_3C_3，设计该铰链四杆机构。

解：由于连杆上 B、C 两点的轨迹是以 A、D 为圆心的圆弧，此圆弧的圆心就是连架杆与机架组成的转动副的中心。实质上变为已知圆弧上三点求圆心。设计步骤如下：

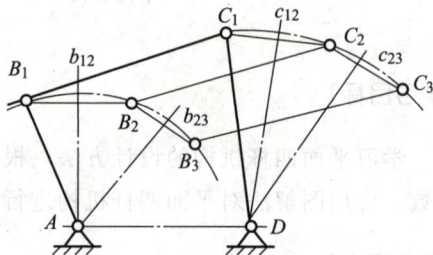

图 3-32

(1)选择适当的比例尺，按连杆长度及位置画出 B_1C_1、B_2C_2、B_3C_3。

(2)分别连接 B_1B_2、B_2B_3、C_1C_2、C_2C_3，作 B_1B_2 和 B_2B_3、C_1C_2 和 C_2C_3 的垂直平分线，得到交点 A、D，即铰链的中心点。

(3)连接 AB_1C_1D 就是所求的四杆机构。

3.5.2　按给定连杆的两个位置设计四杆机构

【例 3-2】　已知铰链四杆机构中连杆的长度及两个预定位置，要求确定四杆机构的其余构件尺寸。

解：设计时两连架杆与机架组成转动副的中心 A、D 可分别在 B_1B_2 和 C_1C_2 的中垂线上任意选取，得到无穷多解(参照图3-32)。在实际设计中，还需结合其他辅助条件，如限制最小传动角后，两杆中心 A、D 便只有一个确定的解。

3.5.3　按给定的行程变化系数 K 设计四杆机构

1. 曲柄摇杆机构

【例 3-3】　已知曲柄摇杆机构摇杆长度 L，摆角 ψ 和行程速度变化系数 K，设计该曲柄摇杆机构。

解：此题的关键是首先确定铰链中心 A 的位置，再求出其他尺寸，如图 3-33 所示。设计步骤如下：

(1)由行程变化系数 K，按公式 $\theta = 180° \dfrac{K-1}{K+1}$，计算极位夹角 θ。

(2)取适当的比例尺 μ，任取转动副 D 的位置，根据摇杆长度 L 和摆角 ψ，作出摇杆的两个极限位置 C_1D 和 C_2D。

(3)连接 C_1C_2 两点，作 $\angle C_1C_2O = \angle C_2C_1O = 90° - \theta$，得交点 O。以 O 为圆心，OC_1 为半径作圆，弦 C_1C_2 所对应的圆心角为 $\angle C_1OC_2 = 2\theta$。

(4)在圆周上适当选取 A 点，$\angle C_1AC_2 = \theta$，则 AC_1、AC_2，即曲柄与连杆的两个共线位置。

(5)因极限位置为曲柄与连杆共线，故有 $AC_1 = BC - AB$、$AC_2 = BC + AB$，计算可得

$$AB = \frac{AC_2 - AC_1}{2} \quad ; \quad BC = \frac{AC_2 + AC_1}{2}$$

因此，曲柄、连杆、机架的实际长度为

$$L_{AB} = \mu AB; \qquad L_{BC} = \mu BC; \qquad L_{AD} = \mu AD$$

由于 A 点是在圆周上任意选取，所以可得无穷多解。A 点不同，机构的传动角也不同。为了获得良好的传动质量，可由其他辅助条件，如机架长度 L 或最小传动角 $\gamma_{\min}$ 等，确定 A 点的位置。

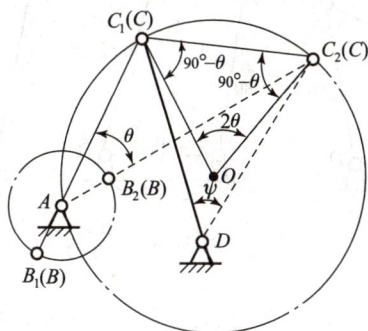

图 3-33

2. 曲柄摆动导杆机构

【例 3-4】　已知摆动导杆机构的机架长度 L 和行程变化系数 K，设计该机构。

解：曲柄摆动导杆的极位夹角 θ 与导杆的摆角 ψ 相等，主要需确定曲柄的长度，其设计步骤如下：

(1)由行程变化系数 K 计算出极位夹角 θ。

(2)选取适当的比例尺 μ，作出 AD，由极位夹角 θ 等于导杆的摆角 ψ，作 $\angle ADB_1 = \angle ADB_2 = \theta/2$，如图 3-34 所示。

(3)过点 A 作 AB_1（或 AB_2）垂直于 B_1D（或 B_2D），即导杆机构的曲柄。测量 AB，求出曲柄长度。

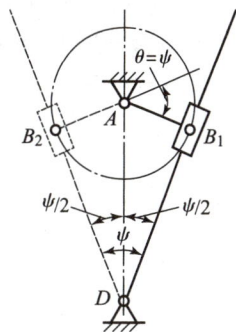

图 3-34

【任务分析】

通过上述学习，不难分析，在订书器中，平面四杆机构出现在订书器的启盖处。

由图 3-35 所示机构运动简图可以看出，此机构属于曲柄滑块机构。原动件是简图中 1 杆（即订书器上盖），此机构主要应用滑块来固定订书器。

如图 3-35 所示，其工作原理为连杆 1 逆时针转动，通过连杆 3 带动滑块 2 向左运动，拉开空间将钉书针装入订书器，连杆 1 顺时针转动带动滑块 2 向右运动固定住订书器。

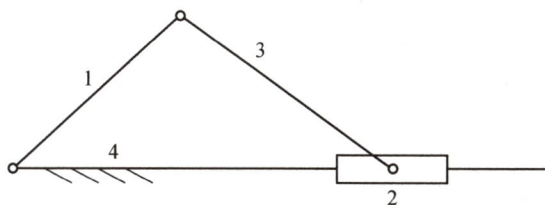

图 3-35

【单元测试】

(1)根据图 3-36 所示的尺寸，判别各机构属于铰链四杆机构的哪种形式？

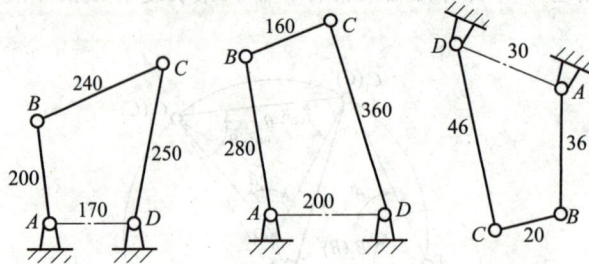

图 3-36

(2)现有偏置曲柄滑块机构，已知曲柄 AB 长为 30 mm，连杆 BC 长为 120 mm，偏心距 $e=15$ mm，试用图解法求：滑块的两个极限位置；滑块的行程；机构的行程变化系数 K；最小传动角 $\gamma_{\min}$。

(3)如图 3-37 所示的曲柄摇杆机构，各杆的长度分别为 $a=150$mm，$b=300$ mm，$c=250$ mm，$d=350$ mm，AD 为支架，AB 为原动件，试求：摇杆的摆角 ψ；行程变化系数 K；最小传动角 $\gamma_{\min}$。

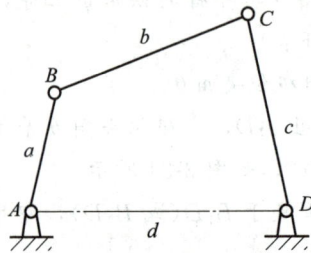

图 3-37

模块 4　凸轮机构分析与设计

知识目标 ○○○

学习凸轮机构基本类型及从动件常用的运动规律。运用"图解法"对凸轮轮廓曲线进行设计；确定凸轮结构的基本尺寸及凸轮材料的选用；完成凸轮传动结构的设计。

知识要点 ○○○

(1)凸轮机构的分类；

(2)基圆、基圆半径、推程、回程、推程运动角、远休止角、回程运动角、近休止角；

(3)等速运动、等加速等减速运动、余弦加速度运动及正弦加速度运动规律；

(4)盘形凸轮轮廓曲线设计、反转法；

(5)凸轮机构基本尺寸确定(包括滚子半径、压力角、基圆半径的确定)；

(6)凸轮机构的材料、凸轮的结构(包括凸轮轴、整体式凸轮、组合式凸轮)。

单元 4.1　凸轮机构的应用和类型

【学习目标】

学习凸轮机构的应用范围及环境；学习按凸轮形状、从动件端部结构、从动件的运动形式及按锁合形式分类的方法。

【任务提出】

发动机配气的灵魂——凸轮轴

人类对凸轮机构的认识由来已久。但直到 19 世纪末，对凸轮机构还未曾有过系统的研究。随着工业化的发展，对高效的自动机械的需求大大增加，需要改善内燃机配气机构的工作性能，所以直至 20 世纪初，凸轮机构的研究才开始受到重视。在 20 世纪 40 年代以后，由于内燃机转速增加，引起故障增多，才开始对配气凸轮机构进行深入研究，并从经验设计过渡到有理论根据的运动学与动力学分析。

如图 4-1 所示，凸轮轴是活塞发动机里的一个部件。其作用是控制气门的开启和闭合。虽然在四冲程发动机里凸轮轴的转速是曲轴的一半(在二冲程发动机中凸轮轴的转速与曲轴相同），但是通常它的转速依然很高，而且需要承受很大的扭矩，因此，设计中对凸轮轴在强度和支撑方面的要求很高，其材质一般是特种铸铁，偶尔也有采用锻件的。由于气门运动规律关系到一台发动机的动力和运转特性，因此凸轮轴设计在发动机的设计过程中占据着十分重要的地位。

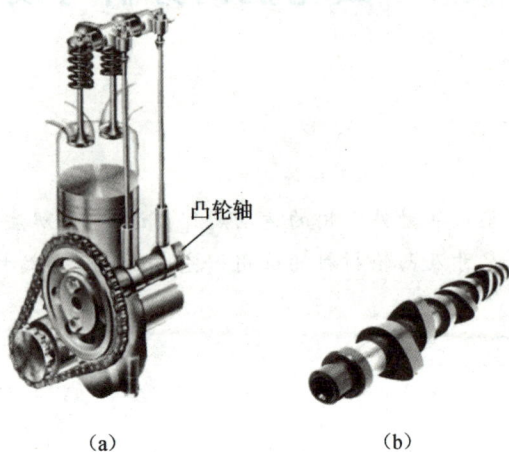

（a）   （b）

图 4-1
（a）部分结构示意；（b）凸轮轴

通过本单元的学习将对凸轮机构的形式和应用场合有一个清晰的认识。

【任务实施】

凸轮机构是机械中的一种常用机构，主要由凸轮、从动件和机架组成，用来实现预期的运动规律，广泛应用在各种机械和自动控制装置中。凸轮与从动件以点或线接触，属于高副机构，易于磨损，适用于传递动力不大的场合。

4.1.1　凸轮机构的应用

凸轮机构常用于传递功率不大，低速自动或半自动机械的控制。

图 4-2 所示为内燃机配气机构，凸轮 1 以等角速度转动，通过其轮廓曲线驱动从动件气阀 2 上下往复运动，实现有规律地控制气阀开闭；图 4-3 所示为车床靠模机构，工件 1 回转，凸轮固定在床身上，刀架 2 沿靠模凸轮 3 的轮廓曲线运动，刀具切削出与靠模曲线一致的轨迹；图 4-4 所示为自动送料机构，带有凹槽的凸轮 1 转动时，通过槽中的滚子带动从动件 2 作往复移动，将毛坯推送到加工位置完成送料动作。

凸轮机构的优点是结构简单、设计方便，只需设计适当的凸轮轮廓，就可使从动件实现预期的运动规律；缺点是凸轮轮廓与从动件之间为点或线接触，易于磨损。其主要应用在自动机床进刀机构、上料机构、内燃机配气机构和各种电气开关中。

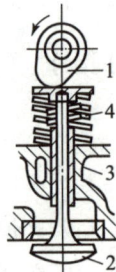

图 4-2
1—凸轮；2—气阀；
3—缸体；4—弹簧

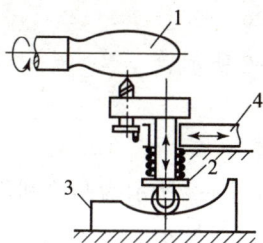

图 4-3
1—工件；2—凸轮从动件；
3—靠模凸轮；4—刀架

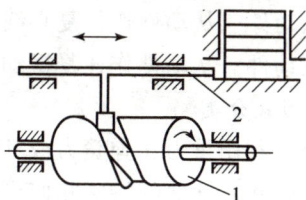

图 4-4
1—凸轮；2—从动件

4.1.2　凸轮机构的分类

根据凸轮和从动件的不同形状和运动形式，可按下列方法分类。

1. 按凸轮形状分类

（1）盘形凸轮。盘形凸轮是具有径向廓线尺寸变化并绕其轴线旋转的凸轮，是凸轮的基本形式。盘形凸轮是绕固定轴线转动且具有半径变化的盘形零件，如图 4-2 所示。

（2）移动凸轮。移动凸轮可视为回转中心在无穷远处的盘形凸轮，相对机架作往复直线运动，如图 4-3 所示。

（3）圆柱凸轮。圆柱凸轮是一种在圆柱面上开有曲线凹槽或在圆柱端面上作出曲线轮廓的构件。其可看作是将移动凸轮卷成圆柱体演化而成的，可看作是移动凸轮绕在圆柱体上形成，属于空间凸轮，如图 4-4 所示。

2. 按从动件端部结构分类

（1）尖顶从动件。如图 4-5(a)所示，这种从动件的机构最简单，尖顶能与复杂的凸轮轮廓保持接触，可以实现任意运动规律。尖顶与凸轮是点接触，易磨损，只适用于低速、轻载的机构中。

（2）滚子从动件。如图 4-5(b)所示，从动件的端部装有可自由转动的滚子，它与凸轮轮廓间为滚动摩擦，磨损小，可以承受较大的载荷，广泛应用在中速、中载的场合。

（3）平底从动件。如图 4-5(c)所示，从动件的端部为一平底，凸轮与从动件之间的作用力始终和平底垂直，传动效率高，且接触处易形成油膜，利于润滑，传动效率高，常用于高速重载的凸轮机构中。

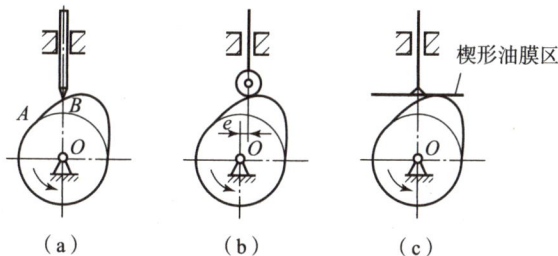

图 4-5

3. 按从动件的运动形式分类

凸轮传动的工作原理是依靠凸轮与从动件接触点的推力来传递运动与动力，按从动件的运动形式分类可分为以下几项：

(1)移动从动件。从动件作往复直线运动，如图 4-2 所示。

(2)摆动从动件。从动件作往复摆动。

4. 按锁合形式分类

(1)力锁合。利用重力、弹簧力或其他力锁合。如图 4-2 所示为凸轮利用弹簧力锁合。

(2)利用凸轮和从动件的特殊几何形状锁合，如图 4-4 所示。

【任务分析】

凸轮轴的常见故障包括异常磨损、异响及断裂，异响和断裂发生之前往往先出现异常磨损的症状。

(1)凸轮轴几乎位于发动机润滑系统的末端，因此润滑状况不容乐观。当机油泵因为使用时间过长等原因出现供油压力不足，或润滑油道堵塞造成润滑油无法到达凸轮轴，或轴承盖紧固螺栓拧紧力矩过大造成润滑油无法进入凸轮轴间隙，均会造成凸轮轴的异常磨损。

(2)凸轮轴的异常磨损会导致凸轮轴与轴承座之间的间隙增大，凸轮轴运动时会发生轴向位移，从而产生异响。异常磨损还会导致驱动凸轮与液压挺杆之间的间隙增大，凸轮与液压挺杆接合时会发生撞击，从而产生异响。

(3)凸轮轴有时会出现断裂等严重故障，常见原因有液压挺杆碎裂或严重磨损、严重的润滑不良、凸轮轴质量差及凸轮轴正时齿轮破裂等。

(4)有些情况下，凸轮轴的故障是人为原因引起的，特别是维修发动机时对凸轮轴没有进行正确的拆装。

【单元测试】

(1)按凸轮形状分类，可将凸轮分为＿＿＿＿＿＿＿＿、＿＿＿＿＿＿＿＿、＿＿＿＿＿＿＿＿。

(2)按从动件端部结构分类，可将凸轮分为＿＿＿＿＿＿＿、＿＿＿＿＿＿＿、＿＿＿＿＿＿＿。

(3)按从动件的运动形式分类，可将凸轮分为＿＿＿＿＿＿＿＿、＿＿＿＿＿＿＿＿。

单元 4.2　从动件常用运动规律

【学习目标】

学习凸轮机构的基本尺寸和运动参数及从动件常用的运动规律，完成从动件运动规律的选择。

【任务实施】

4.2.1　凸轮机构的基本尺寸和运动参数

在凸轮机构中，从动件的运动规律取决于凸轮轮廓曲线的形状。

如图 4-6 所示为偏心直动尖顶从动件凸轮机构。从动件移动导路至凸轮转动中心的偏置

距离为 e。以凸轮轮廓上最小向径 r_0 为半径所作的圆，称为基圆，r_0 称为基圆半径。凸轮以等角速度 ω 逆时针转动。

在图示位置，尖顶与 A 点接触，A 点为凸轮轮廓曲线的起始点，凸轮转角为零，从动件尖顶距离凸轮轴心最近。凸轮转动，从动件被凸轮按一定的运动规律由 A 点推至最高位置 B' 点，从动件在这过程中经过的距离 h，称为推程。与之对应的转角称为推程运动角 φ。接着尖顶与圆弧 BC 接触，从动件在最高位置静止不动，对应的转角称为远休止角 φ_s。凸轮继续转动，从动件按一定规律下降至最低位置处，这段行程称为回程，对应转角称为回程运动角 φ'_s。当尖顶与圆弧 DA 接触时，从动件在最近处静止不动，对应的转角称为近休止角 φ'_2。凸轮连续转动，从动件重复上述升—停—降—停的运动过程。

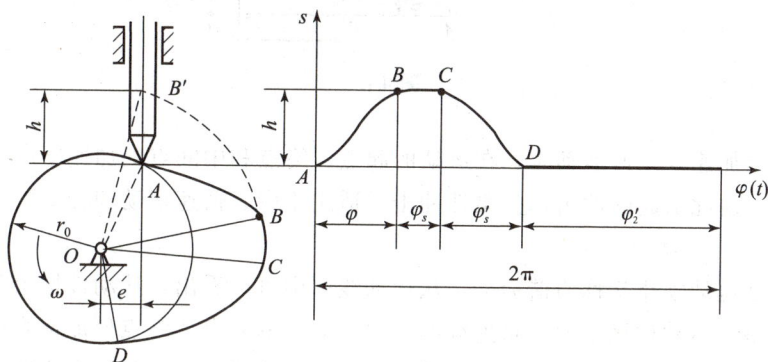

图 4-6

设计凸轮轮廓曲线时，首先根据工作要求选定从动件的运动规律，然后再按从动件的位移曲线设计相应的凸轮轮廓曲线。

4.2.2　从动件常用的运动规律

凸轮的轮廓曲线取决于从动件的运动规律，故从动件的运动规律是设计凸轮的重要依据。常用的从动件运动规律有以下几种。

1. 等速运动规律

从动件在运动过程中，运动速度为定值的运动规律，称为等速运动规律。当凸轮以等角速度 ω 转动时，从动件在推程或回程的速度为常数，如图 4-7 所示。

对于等速运动，在运动的起点和终点处速度产生突变，加速度可以达到无穷大，产生极大的惯性力，导致机构有强烈的刚性冲击，只能用于低速轻载的场合，或者在运动开始和终止段用其他运动规律过渡，消除刚性冲击。

2. 等加速等减速运动规律

当凸轮以等角速度转动时，从动件在前半行程作等加速运动，后半行程作等减速运动，从动件的加速度为常数，这种运动规律为等加速等减速运动规律，如图 4-8 所示。

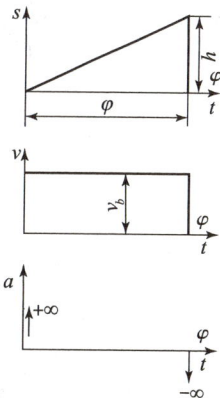

图 4-7

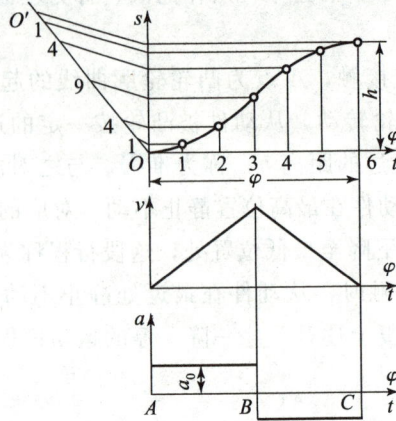

图 4-8

从动件作等加速等减速运动时，在运动的起点、终点和中间点处加速度产生突变，产生较大的惯性力，由此引起的冲击称为柔性冲击，适用于中、低速运动和轻载的场合。

3. 余弦加速度运动规律

余弦加速度运动规律又称简谐运动，从运动线图中可以看出，从动件按余弦加速度运动时，从动件在整个运动过程中速度是连续的，但在运动的起点、终点处加速度产生突变，导致机构产生柔性冲击。其适用于中速运动场合。但从动件仅作升—降—升连续运动，加速度曲线变为连续曲线，则无柔性冲击，可适用于高速场合，如图 4-9 所示。

4. 正弦加速度运动规律

正弦加速度运动规律是从动件在整个运动过程中速度和加速度连续无突变，避免了刚性和柔性冲击。其适用于高速运动场合，如图 4-10 所示。

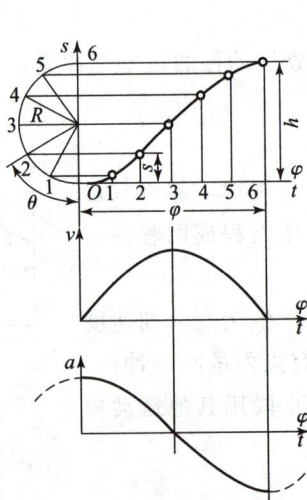

图 4-9

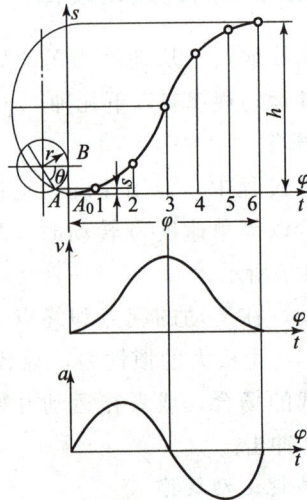

图 4-10

4.2.3　从动件运动规律的选择

在选择从动件的运动规律时，应根据机器工作时的运动要求来确定。例如，机床中控制刀架进刀的凸轮机构，要求刀架进刀时作等速运动，则从动件应选择等速运动规律，至于行程始末，可以通过连接其他运动规律的曲线来消除冲击。对于需要从动件有一定位移量的凸轮机构，如夹紧送料等凸轮机构，可考虑加工方便，采用圆弧、直线等组成的凸轮轮廓。对于高速机构，应减小惯性力、改善动力性能，选用正弦加速度运动规律或其他改进型的运动规律。

【单元测试】

(1)从动件的常用运动规律有哪几种？各有什么特点？适用于什么场合？

(2)在图 4-11 所示的凸轮中，标出从当前位置转到 B 点与从动件接触时凸轮的转角 φ。

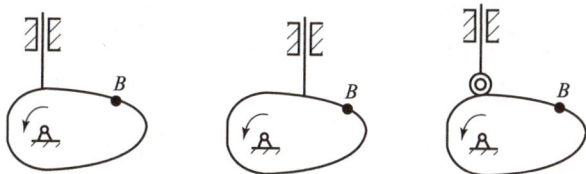

图 4-11

单元 4.3　盘形凸轮轮廓曲线设计

【学习目标】

学习盘形凸轮设计流程，完成盘形凸轮轮廓曲线的设计、凸轮机构的基本尺寸确定，完成凸轮结构形式的确定及凸轮材料的选择。

【任务实施】

盘形凸轮设计实例

4.3.1　盘形凸轮轮廓曲线设计

根据工作条件要求，确定从动件的运动规律、凸轮的转向、基圆的半径后，就可以进行凸轮轮廓设计。其设计方法有图解法和解析法。下面主要介绍图解法。

图解法的原理是利用"反转法"原理来完成，"反转法"原理如下：

如图 4-12 所示为一对心尖顶直动从动件盘形凸轮机构，$r_{\min}$ 为凸轮的基圆半径，凸轮以等角速度 ω 绕轴心转动。根据相对运动原理，给整个机构加上一个与凸轮角速度 ω 大小相等、方向相反的角速度 $-\omega$，则凸轮相对静止，

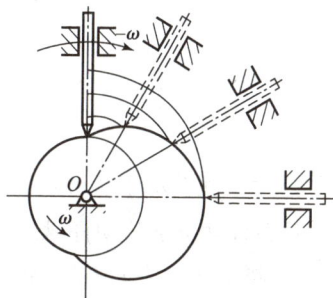

图 4-12

而从动件与导路一起以角速度 $-\omega$ 绕凸轮转动，且又相对导路移动或摆动。

此时，凸轮机构中各构件的相对运动并未改变。由于从动件尖顶始终与凸轮相接触，所以反转后尖顶的运动轨迹就是凸轮的轮廓曲线。利用与凸轮转向相反的方法，逐点按位移曲线绘制凸轮轮廓曲线的方法称为反转法，如图4-12所示。

绘制凸轮轮廓时，应先根据工作要求选择从动件运动规律和基圆半径 r_{min}，作出位移曲线后，便可通过图解法绘制凸轮的轮廓曲线。

1. 偏置直动尖顶从动件盘形凸轮轮廓设计

已知基圆半径为 r_0，偏距为 e，凸轮以角速度 ω 顺时针转动，从动件的位移曲线如图4-13所示，设计该凸轮轮廓曲线。设计步骤如下：

(1)用与位移曲线相同的比例尺绘制基圆及偏置圆。过偏置圆上任意点作切线为从动件的导路线。该线与基圆的交点 B_0，为从动件的起始位置。

(2)从 OB_0 开始沿 $-\omega$ 方向在基圆上取推程运动角180°、远休止角30°、回程运动角90°、近休止角60°，并将其等分，得分点 C_1、C_2、C_3、C_4、……

(3)过各分点向偏置圆作切线，作为从动件反转后的导路线。

(4)在导路线上，从基圆上点 C_1、C_2、C_3、……向外量取从动件的位移量，即 $B_1C_1 = 11'$、$B_2C_2 = 22'$、$B_3C_3 = 33'$、……得出从动件反转后的位置。

(5)将点 B_1、B_2、B_3、……连接成光滑曲线，即得所求的凸轮轮廓曲线。

当偏距 $e = 0$ 时，直接由各分点向中心 O 作径向线，即可得到从动件反转后的导路线，其余方法不变，可设计出对心尖顶直动从动件盘形凸轮的轮廓曲线。

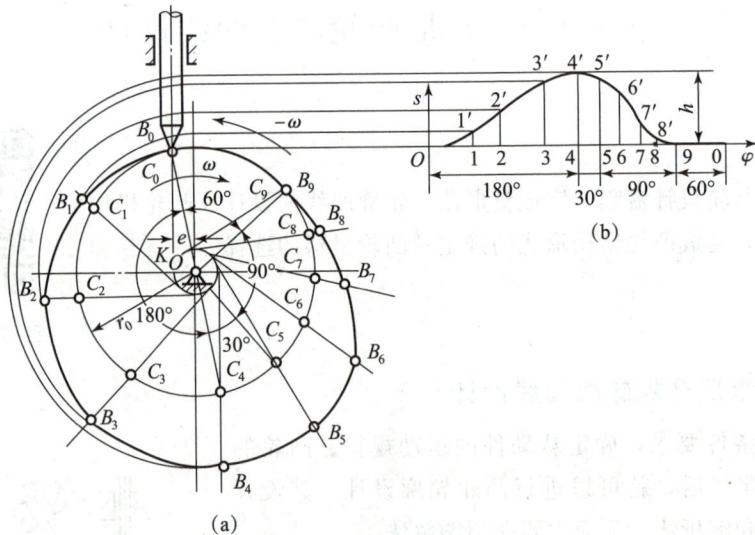

图 4-13

2. 对心直动滚子从动件盘形凸轮设计

对心直动滚子从动件盘形凸轮轮廓曲线的绘制可分为以下两个步骤，如图4-14所示。

(1)将滚子的中心看作是尖顶从动件的尖顶，按上述方法，绘制尖顶从动件凸轮轮廓曲线，称为理论轮廓曲线。

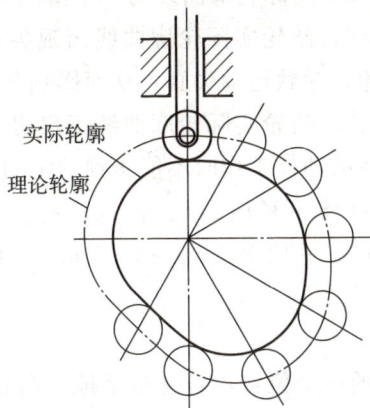

图 4-14

（2）以理论轮廓曲线上各点为圆心，以滚子半径 r_T 为半径，作一系列的滚子圆，最后作出滚子圆的内包络线，即滚子从动件凸轮轮廓曲线，称为凸轮的实际轮廓曲线。

图解法设计凸轮时应注意，基圆是指凸轮理论轮廓曲线的基圆，理论轮廓曲线与实际轮廓曲线为等距曲线。滚子从动件凸轮机构工作时，滚子中心的位置就是尖顶从动件的尖顶位置，从动件的运动规律与位移曲线的运动规律相一致。

4.3.2　凸轮机构基本尺寸的确定

设计凸轮机构时，不仅要保证传动角实现预定的运动规律，还要求整个机构传力性能良好，结构紧凑。这些要求与凸轮的滚子半径、压力角、基圆半径等有关。

1. 滚子半径的选择

设计滚子从动件时从强度和耐用度考虑，滚子的半径应取大些。但增大滚子半径对凸轮轮廓曲线影响很大，所以，滚子半径不能任意增加。

设理论轮廓曲线上最小曲率半径为 ρ_{min}，滚子半径为 r_T，实际轮廓曲率半径为 ρ_a。

（1）理论轮廓曲线内凹。如图 4-15（a）所示，可得

$$\rho_a = \rho_{min} + r_T$$

由上式可知，实际轮廓曲线半径总大于理论轮廓曲线半径。无论选择多大直径的滚子，都能作出实际轮廓曲线。

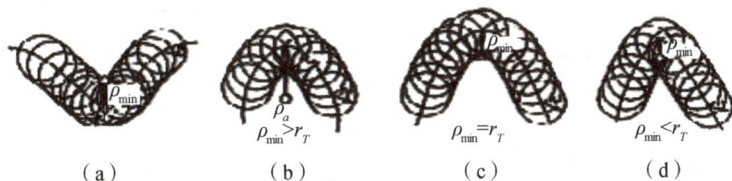

（a）　　　　　（b）　　　　　（c）　　　　　（d）

图 4-15

（2）理论轮廓曲线外凸。如图 4-15（b）、（c）、（d）所示，可得

$$\rho_a = \rho_{min} - r_T$$

1)当 $\rho_{\min} > r_T$ 时，则有 $\rho_a > 0$，实际轮廓曲线为一平滑的曲线。

2)当 $\rho_{\min} = r_T$ 时，则有 $\rho_a = 0$，凸轮实际轮廓曲线出现尖点，这种尖点极易磨损，磨损后会改变从动件预定的运动规律，导致运动失真，从而影响凸轮机构的工作寿命。

3)当 $\rho_{\min} < r_T$ 时，则有 $\rho_a < 0$，凸轮实际轮廓曲线不仅出现尖点，而且相交，相交部分的轮廓在实际加工中被切去，使从动件工作时不能达到预定的工作位置，产生运动失真。

推荐滚子半径与理论轮廓曲线半径应满足 $r_T \leqslant 0.8\rho_{\min}$。若从结构上考虑，可使 $r_T = (0.1 \sim 0.5)r_0$。为避免出现尖点，一般要求 $r_T > 3 \sim 5$ mm。对于一般机械，滚子直径可取 $20 \sim 35$ mm。

2. 凸轮机构的压力角

图 4-16 所示为凸轮在推程的一个位置，若忽略摩擦，凸轮作用在从动件上的力 **F** 沿凸轮轮廓的法线方向。从动件受到的力 **F** 方向与该点的速度方向的夹角，称为凸轮机构的压力角 α。

可将力 **F** 分解为两个分力：F_1 为驱动从动件运动的有效分力；F_2 为使从动件压紧导路的分力。当 α 增大时，凸轮的驱动力 F_1 减小，摩擦阻力 F_2 增加，机构的传力性能下降。当 α 增加到某一数值时，摩擦阻力超过有效分力，凸轮无法推动从动件，机构发生自锁。

设计凸轮机构时，最大压力角 $\alpha_{\max}$ 应小于许用压力角 $[\alpha]$。一般情况下，推程时直动从动件凸轮机构取 $[\alpha] = 30° \sim 40°$；摆动从动件取 $[\alpha] = 40° \sim 50°$；回程时一般取大些，$[\alpha] = 70° \sim 80°$。

凸轮轮廓绘制后，必须校验凸轮的压力角。常用的方法如图 4-17 所示。在凸轮理论轮廓较陡的地方取几点，过这些点作法线和从动件速度方向线，测量是否超过许用值。如果超过许用值，通常采用加大凸轮基圆半径的方法减小压力角。

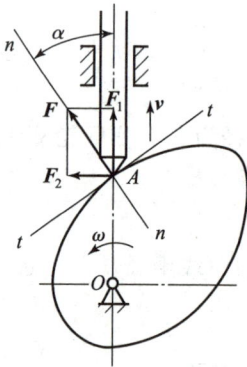

图 4-16

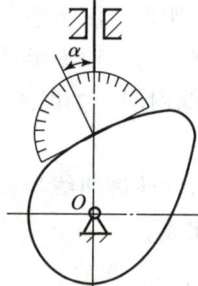

图 4-17

3. 基圆半径的确定

设计凸轮机构时，一般先根据机构的布局和结构初步选定基圆半径 r_0，再绘制凸轮轮廓。基圆半径越小，凸轮机构越紧凑。但半径过小，会引起压力角增大，影响机构传动。

当凸轮与轴制成一体时，基圆半径应略大于轴的半径；单独制造凸轮时，一般取 $r_0 = (0.8 \sim 1.0)d$（d 为凸轮轴的直径）。根据 r_0 设计凸轮轮廓后，如果 $\alpha_{\max} > [\alpha]$，则应适当增大 r_0，重新设计。

4.3.3　凸轮的结构形式

凸轮结构设计应考虑安装时便于调整凸轮与轴相对位置的需要。凸轮尺寸较小时，可与轴制成一体。凸轮的常用结构形式有以下几种。

1. 凸轮轴

当凸轮的直径尺寸与轴的直径尺寸相差不大时，凸轮与轴做成一体，这种凸轮结构紧凑，工作可靠，如图 4-18 所示。

2. 整体式凸轮

当凸轮与轴直径尺寸相差较大时，将凸轮与轴分别制造，可用键和销与轴连接，这种结构称为整体式，如图 4-19 所示。

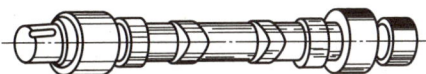

图 4-18

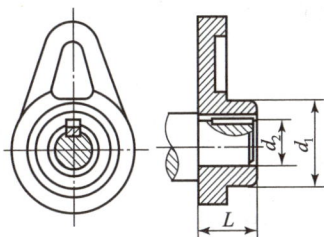

图 4-19

3. 组合式凸轮

如图 4-20 所示，组合式凸轮用螺栓将凸轮和轮毂连成一体，可以方便地调整凸轮与从动件起始的相对位置。

凸轮在轴上固定，除采用键连接外，也可以采用紧定螺钉和圆锥销固定，如图 4-21(a)所示，初调时用紧定螺钉定位，然后用圆锥销固定；如图 4-21(b)所示，采用开槽锥形套固定，调整灵活，但传递转矩不能太大。

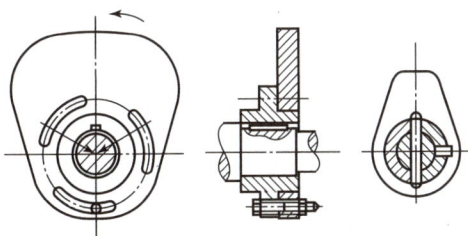

图 4-20

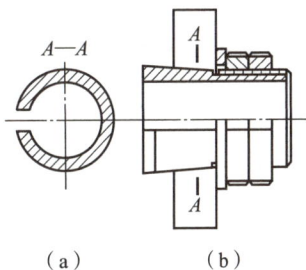

（a）　　　　（b）

图 4-21

4.3.4　凸轮机构的材料

凸轮机构主要的失效形式是磨损和疲劳点蚀，这就要求凸轮和滚子的工作表面硬度高、耐磨且有足够的表面接触强度。对于经常受到冲击的凸轮机构要求凸轮芯部有较高的韧性。低速、中小载荷的场合，凸轮通常采用 45 钢、40Cr，表面淬火（硬度 40～50 HRC），也可采用 15 钢、20Cr、20CrMnTi，经渗碳淬火，硬度可达 56～62 HRC；滚子材料可用 20Cr，经渗碳淬火，表面硬度可达 56～62 HRC，也可用滚动轴承作为滚子。

【单元测试】

某对心尖顶直动从动件盘形凸轮机构，凸轮按逆时针方向转动，其基圆半径 r_0＝40 mm，从动件的行程 h＝40 mm，运动规律如下：

凸轮转角 θ	0°～90°	90°～150°	150°～240°	240°～360°
从动件运动规律	等加速等减速上升 40 mm	停止不动	等加速等减速至原来位置	停止不动

要求：作从动件的位移曲线；利用反转法，画出凸轮的轮廓曲线；校核压力角，要求 $\alpha_{max} \leqslant 30°$。

模块 5　齿轮系传动分析与设计

知识目标 ○○○

　　学习齿轮传动的特点和基本类型；学习渐开线标准直齿圆柱齿轮基本参数的计算方法及正确啮合条件；学习渐开线斜齿圆柱齿轮传动的特点；学习蜗轮蜗杆传动参数的计算方法；学习齿轮系传动的特点与分类方法及轮系传动比的计算方法；对齿轮传动相关内容进行有效的设计。

知识要点 ○○○

　　(1)齿轮传动特点、齿轮传动基本类型；

　　(2)渐开线的形成和性质、基圆、压力角、节圆、传动比、中心距、啮合角；

　　(3)渐开线标准直齿圆柱齿轮的基本参数及几何尺寸计算、齿数、模数、压力角、齿顶高系数、顶隙系数、分度圆、齿距、倾斜角、弦齿厚度、公法线长度、基圆齿距、基圆齿厚、渐开线齿轮正确啮合条件、齿轮连续传动条件；

　　(4)渐开线齿廓的切削仿形法和范成法、根切、最小齿数；

　　(5)变位齿轮、不发生根切的条件、变位系数及最小变位系数、变位齿轮的几何尺寸计算、变位齿轮啮合传动的无侧隙啮合条件、变位齿轮传动的类型；

　　(6)渐开线斜齿圆柱齿轮齿廓曲面的形成及其啮合特点、斜齿圆柱齿轮的基本参数和尺寸计算、斜齿轮正确啮合条件和重合度；

　　(7)圆锥齿轮的齿廓曲线、背锥和当量齿数；标准直齿圆锥齿轮的几何尺寸计算；

　　(8)齿轮结构、精度等级、润滑；

　　(9)蜗杆传动的类型和特点、蜗杆的头数、蜗轮齿数、传动比、模数、压力角、螺旋角、蜗杆的导程角、分度圆直径、直径系数、蜗杆传动的几何尺寸计算；

　　(10)齿轮系及其分类、定轴轮系与行星轮系传动比计算、转化机构法、组合齿轮系传动比的计算、齿轮系的应用。

单元 5.1　齿轮传动参数计算

【学习目标】

　　学习齿轮传动特点、齿轮传动基本类型；学习渐开线圆柱直齿、斜齿及直齿圆锥齿轮传动的设计计算。

【任务提出】

中国青铜齿轮

渐开线直齿圆柱齿轮(渐开线齿廓的形成、渐开线直齿圆柱齿轮基本参数)

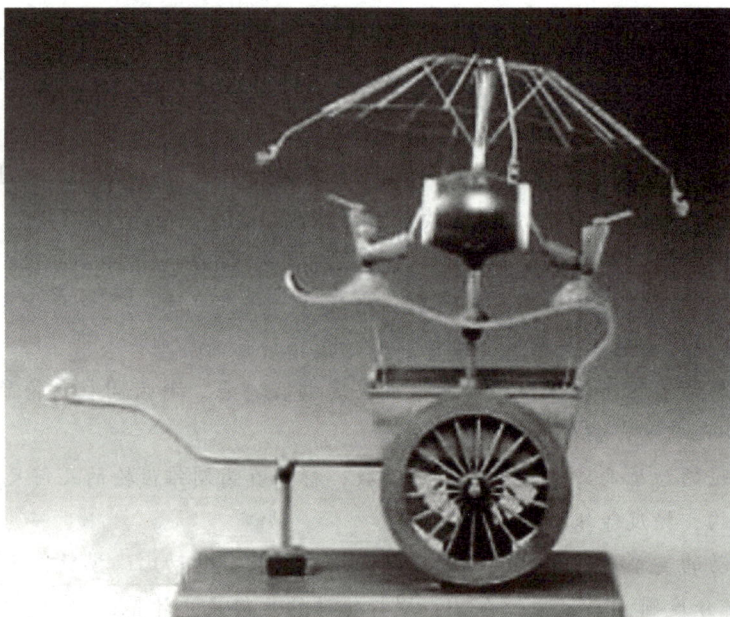

早在 2 400 多年前的东周时代,我国已经有了铜铸的齿轮。山西侯马东周晋国铸铜遗址就曾经发现了成套的齿轮陶范,有不同规格的 4 套,齿轮中间有孔,周围 8 个齿,这是迄今所知最早的齿轮铸件。专家研究认为,早期的齿轮大多用于止动,就是古人为了使那些作回转运动的机械(如辘轳)停下来并防止其滑动。

汉代时,我国已经有了比较先进的齿轮。多年来,在陕西、河南、河北、山西等省的许多地方都出土了汉代的齿轮,有铜铸的,还有铁质的。这时的齿轮有很多是作为传动齿轮。

从三国时开始,历代史书有了关于记里鼓车和指南车的记载,但是都比较简略。直到几百年后的《宋史》中才较详细地记载了它们的内部齿轮结构。图 5-1 所示为记里鼓车模型,现收藏于中国国家博物馆,王振铎复原制作。

图 5-1

【任务实施】

5.1.1 齿轮传动的特点和基本类型

齿轮机构一般用于传递任意两轴之间的运动和动力,它是通过轮齿的啮合来实现传动要求的,其显著特点:适用的圆周速度和功率范围广、效率较高、传动比稳定、寿命较长、工作可靠性较高;可实现任意两轴之间的传动。

齿轮虽然具有其固有的优点，但是也有一定的不足之处，如制造、安装精度要求较高，故成本高，不适宜作为轴间距过大的传动。

(1)按一对啮合齿轮轴线的相对位置，齿轮传动可分为平面齿轮传动和空间齿轮传动。

(2)按轮齿齿廓曲线的形状，齿轮传动可分为渐开线齿轮传动、圆弧齿轮传动和摆线齿轮传动等。本单元仅讨论渐开线齿轮的相关知识。

(3)按工作条件的不同，齿轮传动可分为开式齿轮传动和闭式齿轮传动两种。前者轮齿外露，灰尘易于落入齿面；后者轮齿封闭在箱体内。

(4)按齿廓表面的硬度，齿轮传动可分为软齿面(硬度≤350 HBS)齿轮传动和硬齿面(硬度＞350 HBS)齿轮传动。

齿轮的类型如图 5-2 所示。

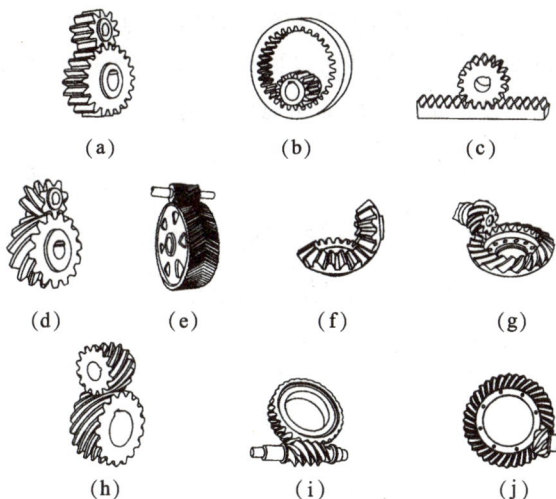

图 5-2

(a)外啮合；(b)内啮合；(c)齿轮与齿条；(d)斜齿轮；(e)人字齿轮；
(f)直齿圆锥齿轮；(g)曲齿圆锥齿轮；(h)交错轴斜齿轮；(i)蜗轮蜗杆；(j)准双曲面齿轮

5.1.2 渐开线齿廓

1. 渐开线的形成

如图 5-3 所示，当一直线 BK 沿一圆周作纯滚动时，直线上任意点 K 的轨迹 AK 称为该圆的渐开线。这个圆称为渐开线的基圆，它的半径用 r_b 表示。直线 BK 称为渐开线的发生线。渐开线上任一点 K 的向径 OK 与起始点 A 的向径 OA 间的夹角 $\angle AOK$ 称为渐开线上 K 点的展角，用 θ_K 表示。不同基圆的渐开线如图 5-4 所示。

2. 渐开线齿廓的啮合特点

(1)瞬时传动比恒定。图 5-5 所示为一对渐开线齿廓在任意点 K 啮合，O_1、O_2 分别为两轮的转动中心，C_1、C_2 为两轮上

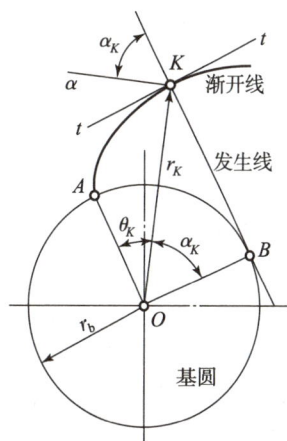

图 5-3

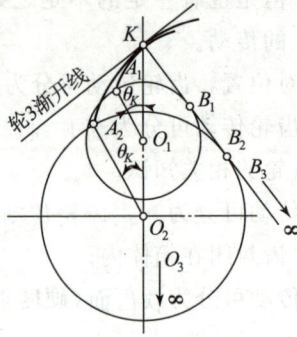

图 5-4

相互啮合的一对齿廓。N_1N_2 为点 K 的两齿廓的公法线、两基圆的内公切线，其与两轮连心线 O_1O_2 的交点 P 为一定点，P 点称为节点；以 O_1、O_2 为圆心，过节点 P 所作的圆称为节圆，其半径用 r_1'、r_2' 表示。设该瞬时两轮的角速度分别为 ω_1、ω_2，则两轮瞬时传动比为

$$i_{12} = \frac{\omega_1}{\omega_2} = \frac{\overline{O_2K}\cos\alpha_{K2}}{\overline{O_1K}\cos\alpha_{K1}} = \frac{\overline{O_2N_2}}{\overline{O_1N_1}} = \frac{r_{b2}}{r_{b1}} = 常数 \qquad (5-1)$$

由式(5-1)可知，瞬时传动比恒定，又因 $\triangle O_1PN_1 \backsim \triangle O_2PN_2$，可得

$$i_{12} = \frac{\omega_1}{\omega_2} = \frac{\overline{O_2N_2}}{\overline{O_1N_1}} = \frac{\overline{O_2P}}{\overline{O_1P}} = \frac{r_2'}{r_1'} \qquad (5-2)$$

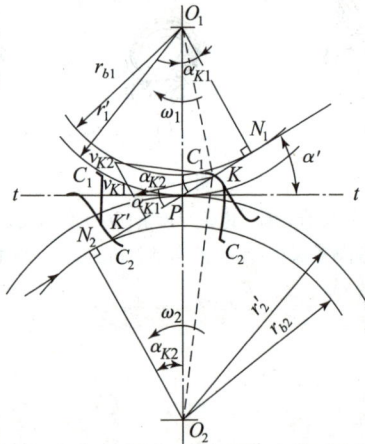

图 5-5

(2)中心距可分性。由式(5-1)可知，渐开线齿轮的传动比等于两轮基圆半径的反比。齿轮在加工完成后，基圆半径就确定了，因此，在安装时若中心距略有变化也不会改变传动比的大小，这一特性称为中心距可分性。该特性对于渐开线齿轮装配和使用都是十分有利的。

(3)啮合角和传力方向不变。一对渐开线齿廓在任何位置啮合时，直线 N_1N_2 是两齿廓啮合点的轨迹，故称它为渐开线齿轮传动的啮合线。啮合线 N_1N_2 与两轮节圆公切线 $t-t$ 之间所夹的锐角称为啮合角，以 α' 表示，由于 N_1N_2 位置固定，因此啮合角 α' 不变。啮合线 N_1N_2 又是啮合点的公法线，两啮合齿廓的正压力是沿公法线方向，故齿廓间的正压力方

向始终不变。

由此可知，啮合线、公法线、正压力方向线和基圆的内公切线四线合一。

3. 齿轮各部分名称和符号

图 5-6 所示为直齿圆柱齿轮的一部分，其各部分的名称和符号如下：

(1)齿顶圆。齿顶圆是指过轮齿顶端所作的圆，其半径用 r_a 表示。

(2)齿根圆。齿根圆是指过轮齿槽底所作的圆，其半径用 r_f 表示。

(3)齿厚。沿任意圆周所量得的轮齿的弧线厚度称为该圆周上的齿厚，以 s_i 表示。

(4)齿槽宽。相邻两轮齿之间的齿槽沿任意圆周所量得的弧线宽度，称为该圆周上的齿槽宽，以 e_i 表示。

(5)齿距。沿任意圆周所量得的相邻两齿上同侧齿廓之间的弧长称为该圆周上的齿距，以 p_i 表示，且 $p_i = s_i + e_i$。

(6)分度圆。为了便于计算齿轮各部分的尺寸，在齿轮上选择一个圆作为计算基准，这个圆称为齿轮的分度圆。其半径用 r 表示。分度圆上的所有参数和尺寸均不带下标。

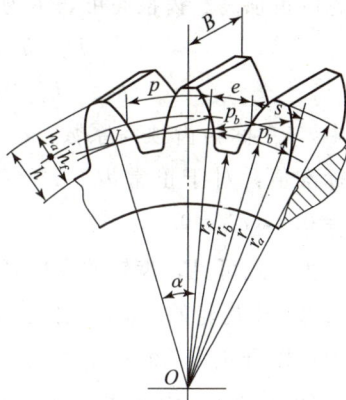

图 5-6

(7)齿顶高。齿顶高是指分度圆与齿顶圆之间的径向距离，以 h_a 表示。

(8)齿根高。齿根高是指分度圆与齿根圆之间的径向距离，以 h_f 表示。

(9)全齿高。全齿高是指齿顶圆与齿根圆之间的径向距离，以 h 表示，显然 $h = h_a + h_f$。

4. 齿轮的基本参数及几何尺寸计算

(1)标准直齿圆柱齿轮的基本参数。标准直齿圆柱齿轮的基本参数有 z、m、α、h_a^*、c^* 五个。

1)齿数。齿轮整个圆周上轮齿的总数称为齿数，以 z 表示。

2)模数。由于齿轮分度圆的周长等于 zp，故分度圆的直径 d 表示为 $d = zp/\pi$。为了便于计算、制造和检验，将分度圆上的比值 p/π 人为地规定为一些简单的标准值(表 5-1)，并用 m 表示，称为齿轮的模数。

表 5-1 标准模数系列(GB 1357—2008)

第一系列	1, 1.25, 1.5, 2, 2.5, 3, 4, 5, 6, 8, 10, 12, 16, 20, 25, 32, 40, 50
第二系列	1.75, 2.25, 2.75, (3.25), 3.5, (3.75), 4.5, 5.5, (6.5), 7, 9, (11), 14, 18, 22
注: 1. 选取时优先采用第一系列，括号内的模数尽可能不用。 2. 对斜齿轮，该表所示为法面模数。	

齿轮的模数是齿轮尺寸计算中一个重要的基本参数。当齿数相同时，模数越大，尺寸越大，因而，承载能力也就越高，如图 5-7 所示。

3)压力角。如前所述，齿轮齿廓上的各点压力角不同。通常所说的压力角是指分度圆上的压力角，以 α 表示。

$$\alpha = \arccos(r_b/r) \qquad (5-3)$$

我国规定标准齿轮压力角为 20°。在某些场合，也有采用其他值的情况。

至此，可以给分度圆一完整定义：分度圆就是齿轮上具有标准模数和标准压力角的圆。

4)齿顶高系数 h_a^* 和顶隙系数 c^*。当齿轮模数确定后，齿轮的齿顶高、齿根高可表示为

$$h_a = h_a^* m$$
$$h_f = (h_a^* + c^*)m$$

式中，h_a^* 称为齿顶高系数；c^* 称为顶隙系数。我国规定的标准值：对于正常齿，$h_a^*=1$，$c^*=0.25$；对于短齿，$h_a^*=0.8$，$c^*=0.3$。

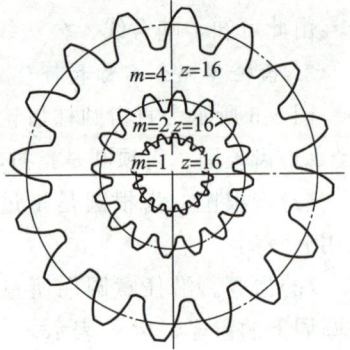

图 5-7

由上式可见，齿轮的齿根高大于齿顶高。这是为了齿轮传动时，能保证一个齿轮的齿顶圆与另一个齿轮的齿根圆之间具有一定的径向间隙，此间隙称为顶隙，用 c 表示，即 $c=c^* m$。顶隙可以避免传动时一个齿轮的齿顶与另一个齿轮的齿根互相顶撞，且有利于贮存润滑油。

（2）标准直齿圆柱齿轮的几何尺寸计算。所谓标准齿轮是指 m、α、h_a^*、c^* 均为标准值，且 $e=s$ 的齿轮。现将标准直齿圆柱齿轮几何尺寸计算公式列于表 5-2 中。

表 5-2　标准直齿圆柱齿轮几何尺寸计算公式

序号	名称	符号	计算公式
1	齿顶高	h_a	$h_a=h_a^* m$
2	齿根高	h_f	$h_f=(h_a^* + c^*)m$
3	全齿高	h	$h=h_a+h_f=(2h_a^* +c^*)m$
4	顶隙	c	$c=c^* m$
5	分度圆直径	d	$d=mz$
6	基圆直径	d_b	$d_b=d\cos\alpha$
7	齿顶圆直径	d_a	$d_a=d\pm 2h_a=(z\pm 2h_a^*)m$
8	齿根圆直径	d_f	$d_f=d\mp 2h_f=(z\mp 2h_a^* \mp 2c^*)m$
9	齿距	p	$p=\pi m$
10	齿厚	s	$s=\dfrac{p}{2}=\dfrac{\pi m}{2}$
11	齿槽宽	e	$e=\dfrac{p}{2}=\dfrac{\pi m}{2}$
12	标准中心距	a	$a=\dfrac{1}{2}(d_2\pm d_1)=\dfrac{1}{2}m(z_2\pm z_1)$

注：表中正负号处，上面符号用于外齿轮，下面符号用于内齿轮。

在齿轮传动的设计计算中，有时尚需计算齿轮相邻两齿同侧齿廓间沿公法线方向度量的距离(称为齿轮的法向齿距)。根据渐开线的性质可知，它与基圆上的齿距 p_b 是相等的。所以，今后无论是法向齿距还是基圆齿距均以 p_b 表示，且

$$p_b = \pi d_b / z = \pi m \cos\alpha = p\cos\alpha \qquad\qquad\qquad (5\text{-}4)$$

英、美等国家不采用模数制，而采用径节制，径节（DP）和模数成倒数关系。径节 DP 的单位为 in^{-1}，可由下式将径节换算成模数：

$$m = \frac{25.4}{DP}$$

5. 齿条和内齿轮

（1）齿条。如图 5-8 所示，齿条与齿轮相比有两个主要特点：第一，齿条的齿廓是直线，齿廓上各点的法线是平行的，由于传动时齿条是作直线移动的，所以齿条齿廓上各点的压力角相同，其大小等于齿廓直线的倾斜角（称为齿形角）；第二，由于齿条上各齿同侧的齿廓是平行的，所以无论在分度线上或与其平行的其他直线上，其齿距都相等，即

$$p_i = p = \pi m$$

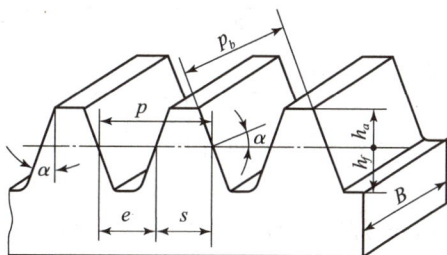

图 5-8

齿条的基本尺寸（如 h_a、h_f、s、e、p、p_b 等）均可参照齿轮几何尺寸的计算公式来计算。

（2）内齿轮。图 5-9 所示为一内齿圆柱齿轮。由于内齿轮的轮齿是分布在空心圆柱体的内表面上，所以它与外齿轮相比较有下列不同点：第一，内齿轮的轮齿相当于外齿轮的齿槽，内齿轮的齿槽相当于外齿轮的轮齿。所以，外齿轮的齿廓是外凸的，而内齿轮的齿廓是内凹的。第二，内齿轮的齿根圆大于齿顶圆，这与外齿轮正好相反。第三，为了使内齿轮齿顶的齿廓全部为渐开线，则其齿顶圆必须大于基圆。

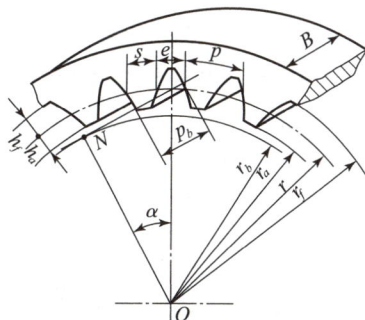

图 5-9

基于内齿轮与外齿轮的上述不同点，其基本尺寸也不难予以计算，例如，内齿轮的分度圆直径仍为 $d=mz$；而齿顶圆直径 $d_a=d-2h_a$；齿根圆直径 $d_f=d+2h_f$ 等。

【例 5-1】 一对标准渐开线齿轮，$z_1=20$，$z_2=60$，$m=4$ mm，试求两齿轮的齿距 p_1、p_2，基圆齿距 p_{b1}、p_{b2}，基圆半径 r_{b1}、r_{b2}，齿顶圆直径 d_{a1}、d_{a2}，齿根圆直径 d_{f1}、d_{f2}。

解：根据渐开线标准直齿圆柱齿轮的几何关系公式，可计算如下：

(1)齿距。
$$p_1=\pi m=3.141\,6\times4=12.566\,4(\text{mm})$$
$$p_2=\pi m=3.141\,6\times4=12.566\,4(\text{mm})$$

(2)基圆齿距。
$$p_{b1}=p_1\cos\alpha=\pi m\cos\alpha=12.566\,4\times\cos20°=11.808\,5(\text{mm})$$
$$p_{b2}=p_2\cos\alpha=\pi m\cos\alpha=12.566\,4\times\cos20°=11.808\,5(\text{mm})$$

(3)基圆半径。
$$r_{b1}=r_1\cos\alpha=(mz_1/2)\cos\alpha=(4\times20/2)\cos20°=37.587\,7(\text{mm})$$
$$r_{b2}=r_2\cos\alpha=(mz_2/2)\cos\alpha=(4\times60/2)\cos20°=112.763\,1(\text{mm})$$

(4)齿顶圆直径。
$$d_{a1}=d_1+2h_a^*m=mz_1+2h_a^*m=4\times20+2\times1\times4=88(\text{mm})$$
$$d_{a2}=d_2+2h_a^*m=mz_2+2h_a^*m=4\times60+2\times1\times4=248(\text{mm})$$

(5)齿根圆直径。
$$d_{f1}=d_1-2(h_a^*+c^*)m=mz_1-2(h_a^*+c^*)m=4\times20-2\times1.25\times4=70(\text{mm})$$
$$d_{f2}=d_2-2(h_a^*+c^*)m=mz_2-2(h_a^*+c^*)m=4\times60-2\times1.25\times4=230(\text{mm})$$

6. 渐开线直齿圆柱齿轮的弦齿厚度及公法线长度

在工程上，齿轮的弧齿厚度无法直接准确测量，常采用弦齿厚度或公法线长度进行测量，以保证齿轮精度。

(1)弦齿厚度。任意圆周上的弧齿厚度不仅涉及轮齿的强度，在切制齿轮时也关系到齿轮尺寸的检验。用 s_k 表示半径为 r_k 的圆周上的弧齿厚度，根据渐开线的性质，由图 5-10 可推得任意圆周上的弧齿厚度 s_k 的计算公式为

$$s_k=r_k\varphi=r_k\left[\frac{s}{r}-2(\text{inv}\alpha_k-\text{inv}\alpha)\right]\qquad(5\text{-}5)$$

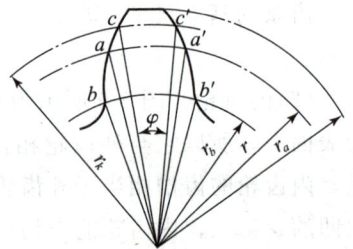

图 5-10

基圆上的齿厚为

$$s_b=s\frac{r_b}{r}-2r_b(\text{inv}\alpha_b-\text{inv}\alpha)=m\cos\alpha\left(\frac{\pi}{2}+z\text{inv}\alpha\right)\qquad(5\text{-}6)$$

分度圆弦齿厚 $\bar{s}$ 和弦齿高 $\bar{h}$，如图 5-11 所示，分度圆齿厚 s 所对应的中心角为

$$\delta=\frac{s}{r}\frac{180°}{\pi}$$

因此

$$\bar{s}=2r\sin\frac{\delta}{2}=2r\sin\left(\frac{s}{r}\frac{90°}{\pi}\right)\qquad(5\text{-}7)$$

$$\bar{h}=r-r\sin\left(\frac{90°}{z}\right)+h_a\qquad(5\text{-}8)$$

分度圆弦齿厚 $\bar{s}$ 和弦齿高 $\bar{h}$ 的值可在机械设计手册中直接查得。

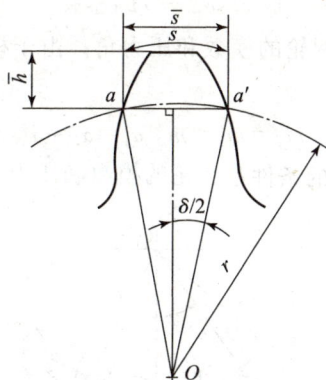

图 5-11

（2）公法线长度。如图 5-12 所示，卡尺的两个卡脚跨过 k 个齿（图中 $k=3$），与渐开线齿廓相切于 A、B 两点，此两点间的距离 AB 就称为被测齿轮跨 k 个齿的公法线长度，以 W_k 表示。由于 AB 是 A、B 两点的法线，所以 AB 必与基圆相切。由图 5-12 可知

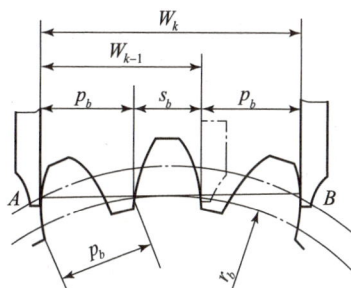

图 5-12

$$W_k = (k-1)p_b + s_b \qquad (5\text{-}9)$$

式中，p_b 为基圆齿距；s_b 为基圆齿厚，且

$$W_{k+1} - W_k = p_b = \pi m\cos\alpha \qquad (5\text{-}10)$$

式（5-10）可用于齿轮参数测定。将 p_b、s_b 代入式（5-9），可得 W_k 的计算公式为

$$W_k = m\cos\alpha[(k-0.5)\pi + z\,inv\alpha] \qquad (5\text{-}11)$$

虽然跨 k 齿后，卡尺在任何位置测得的公法线长度 W_k 都相同。但若跨齿数太多，卡尺的卡脚就会在齿廓的顶部接触；若跨齿数太少，则在根部接触。这两种情况下所测得的公法线长度都不准确。因此，确定跨齿数时，应尽可能使卡尺的卡脚与齿廓在分度圆附近相切，这样测得的尺寸精度最高。按此条件可推出合理的跨齿数 k 为

$$k = z\frac{\alpha}{180°} + 0.5 \qquad (5\text{-}12)$$

式中，α 为分度圆压力角；z 为齿轮的齿数。计算出的 k 值四舍五入取整数。

5.1.3　渐开线直齿圆柱齿轮啮合传动

1. 渐开线齿轮正确啮合条件

渐开线齿廓能够满足定传动比传动，但这不等于任意两个渐开线齿轮都能搭配起来正确地啮合传动。

如图 5-13 所示，一对渐开线齿轮在传动时，它们的齿廓啮合点都应位于啮合线 N_1N_2 上，因此要齿轮能正确啮合传动，应使处于啮合线上的各对轮齿都能同时进入啮合，为此两齿轮的法向齿距应相等，即

$$p_{b1} = \pi m_1 \cos\alpha_1 = p_{b2} = \pi m_2 \cos\alpha_2$$

$$m_1\cos\alpha_1 = m_2\cos\alpha_2$$

式中，m_1、m_2 及 α_1、α_2 分别为两轮的模数和压力角。由于模数和压力角均已标准化，为满足上式应使

$$m_1=m_2=m,\ \alpha_1=\alpha_2=\alpha \tag{5-13}$$

故一对渐开线齿轮正确啮合的条件是两轮的模数和压力角应分别相等。

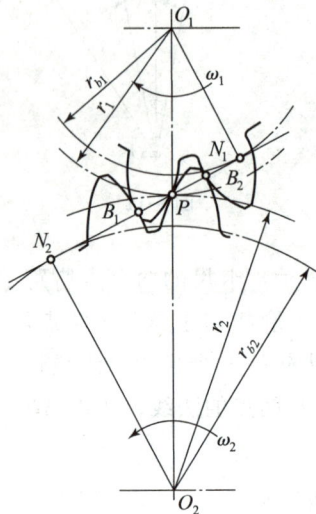

图 5-13

2. 渐开线齿轮连续传动条件及重合度

图 5-14 所示为一对渐开线齿轮啮合情况。设轮 1 为主动轮，轮 2 为从动轮，直线 N_1N_2 为这对齿轮传动的啮合线。下面分析这对轮齿的啮合过程。

如图 5-14 所示，两轮轮齿在点 B_2（从动轮 2 的齿顶圆与啮合线 N_1N_2 的交点）开始进入啮合。随着传动的进行，两齿廓的啮合点将沿着主动轮的齿廓，由齿根逐渐移向齿顶；沿着从动轮的齿廓，由齿顶逐渐移向齿根。当啮合进行到点 B_1（主动轮 1 的齿顶圆与啮合线 N_1N_2 的交点）时，两轮齿即将脱离啮合。从一对轮齿的啮合过程来看，啮合点实际所走过的轨迹只是啮合线 N_1N_2 上的一段 $\overline{B_1B_2}$，故称 $\overline{B_1B_2}$ 为实际啮合线段。若将两轮的齿顶圆加大，则 B_1、B_2 分别趋近于 N_1、N_2。但因基圆以内无渐开线，所以两轮的齿顶圆与啮合线的交点不得超过点 N_1 及 N_2。因此，啮合线 N_1N_2 是理论上可能达到的最长啮合线段，故称为理论啮合线段。N_1、N_2 称为啮合极限点。

由此可见，为了两轮能够连续传动，必须保证在前一对轮齿尚未脱离啮合时，后一对轮齿就要及时进入啮合。而为了达到这一目的，则实际啮合线段 $\overline{B_1B_2}$ 应大于或至少等于齿轮的法向齿距，如图 5-15 所示。

通常将 $\overline{B_1B_2}$ 与 p_b 的比值 ε_a 称为齿轮传动的重合度。于是可得到齿轮连续传动的条件为

$$\varepsilon_a = \overline{B_1B_2}/p_b \geqslant 1 \tag{5-14}$$

从理论上讲，重合度 $\varepsilon_a=1$ 就能保证一对齿轮连续传动。但因齿轮的制造、安装难免有误差，为了确保齿轮传动的连续，应使 $\varepsilon_a>1$。一般机械制造中 $\varepsilon_a=1.1\sim1.4$。对于 $\alpha=20°$、$h_a^*=1$ 的标准直齿圆柱齿轮 $\varepsilon_{amax}=1.981$。

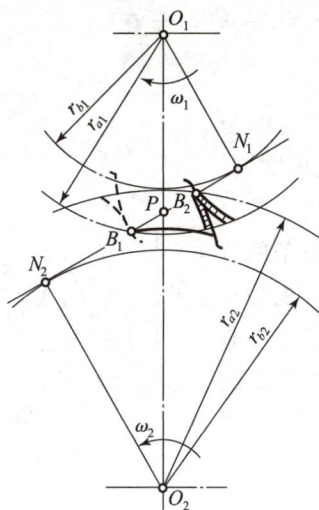

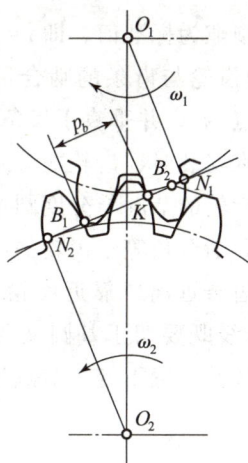

图 5-14　　　　　　　　　　　图 5-15

齿轮传动的重合度大小，实质上表明了同时参与啮合轮齿的对数的平均值。增大齿轮传动的重合度，意味着同时参与啮合轮齿的对数增多，这对于提高齿轮传动的平稳性，提高承载能力具有重要的意义。

3. 齿轮传动的无侧隙啮合和标准中心距

图 5-16(a)所示为一对标准齿轮外啮合传动。在齿轮传动时，为避免齿轮反转时产生空程和冲撞，理论上要求齿轮传动为无侧隙啮合。

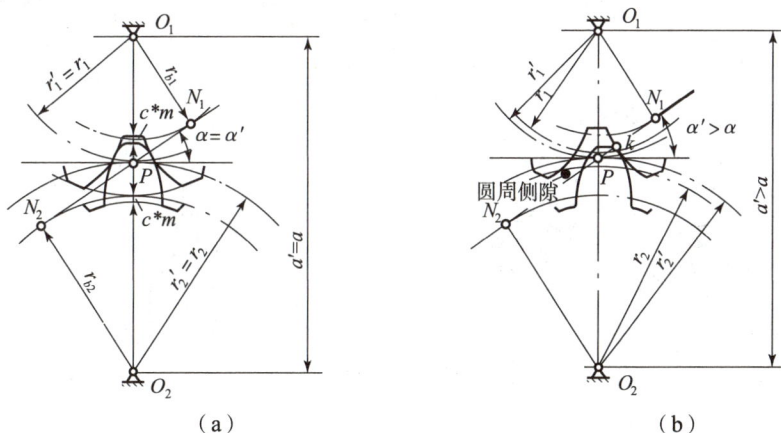

（a）　　　　　　　　　　　（b）

图 5-16

因齿轮传动相当于一对节圆作纯滚动，这就要求相互啮合的两轮中一轮节圆的齿槽宽与另一轮节圆的齿厚相等，即 $e_1' = s_2'$。而对于标准齿轮只有分度圆上的齿厚等于齿槽宽，即 $s = e = \dfrac{\pi m}{2}$。所以，若要保证无侧隙啮合，只有节圆与分度圆重合，此时 $e_1' = s_2'$，$s = e = \dfrac{\pi m}{2}$，$r_1' = r_1$，$r_2' = r_2$，$a' = a$。这种安装称为标准安装，此时的中心距为标准中心距。

$$a = r_1' + r_2' = r_1 + r_2 = \frac{1}{2}m(z_1 + z_2) \tag{5-15}$$

标准安装时，顶隙为标准值，即 $c = c^* m$。

图 5-17 所示为齿轮与齿条的啮合情况。啮合线与齿轮的基圆相切于点 N_1，并垂直于齿条的直线齿廓。

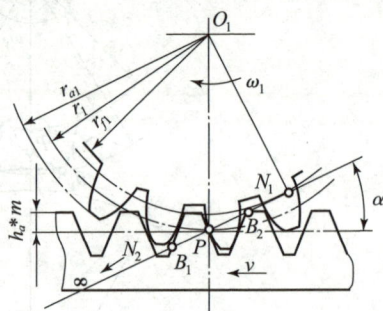

图 5-17

齿轮与齿条标准安装时，齿轮的分度圆与齿条的分度线相切，所以，齿轮的节圆与分度圆重合，齿条的节线与分度线也重合，啮合角等于齿轮的压力角，也等于齿条的齿形角。当齿条远离或靠近齿轮时（相当于中心距改变），由于啮合线既要切于基圆又要保持与齿条的直线齿廓相垂直，故其位置不变，节点位置也不变，啮合角不变。

5.1.4 渐开线齿轮的切削原理与根切现象

1. 渐开线齿轮的切削原理

齿轮的加工方法较多，有铸造、模锻、热轧、冲压、切削加工等。在一般机械制造中，最常用的是切削加工法。切削加工法根据原理不同，可分为仿形法和范成法两种。

（1）仿形法。仿形法是在普通铣床上，用轴向剖面形状与被切齿轮齿槽形状完全相同的铣刀切制齿轮的方法，如图 5-18 所示。铣完一个齿槽后，分度头将齿坯转过 $360°/z$，再铣下一个齿槽，依次进行，直至铣出全部齿槽。

常用的刀具有盘状铣刀[图 5-18（a）]和指状铣刀[图 5-18（b）]两种。（扫码见配套资源表 5-1）

表 5-1

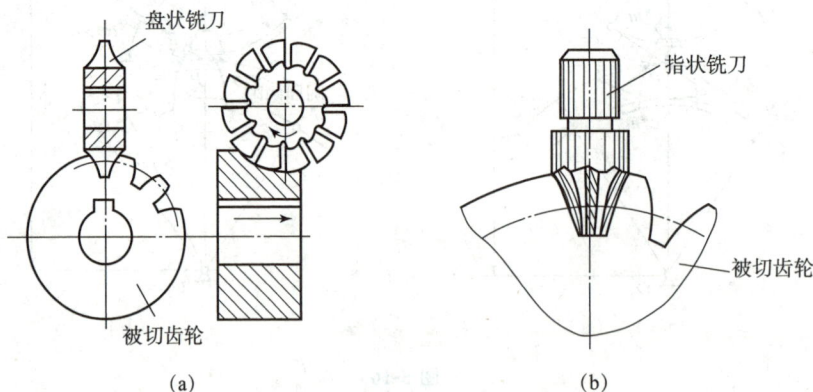

(a)　　　　　　　　(b)

图 5-18

（2）范成法。范成法是利用一对齿轮无侧隙啮合时，两齿轮的齿廓互为包络线的原理加工齿轮的方法。常用的刀具有齿轮插刀、齿条插刀和齿轮滚刀三种。

1）第一种加工方法，齿轮插刀加工。图 5-19 所示为用齿轮插刀加工齿轮的情况。

2）第二种加工方法，齿条插刀加工。图 5-20 所示为用齿条插刀加工齿轮的情况。切制齿廓时，刀具与轮坯的范成运动相当于齿条与齿轮啮合运动。其切齿原理与用齿轮插刀加工齿轮的原理相同。

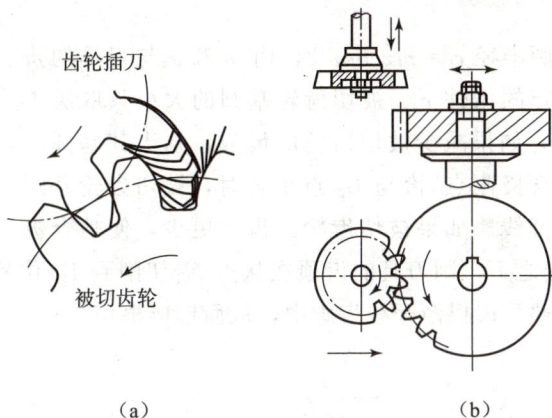

图 5-19

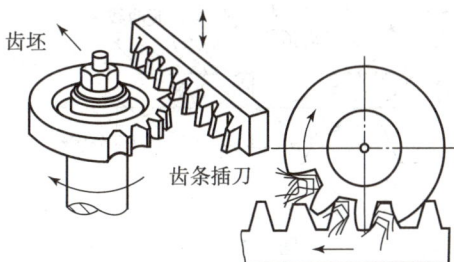

图 5-20

3）第三种加工方法，齿轮滚刀加工。图 5-21 所示为用齿轮滚刀来切制齿轮的情况。

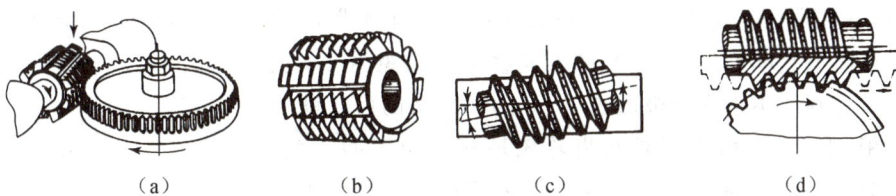

图 5-21

　　用范成法加工齿轮时，只要刀具与被加工齿轮的模数 m、压力角 α 相同，则无论被加工齿轮的齿数多少，都可以用同一把齿轮刀具来加工，所以，在大批量生产过程中多采用范成法。

2. 根切现象及最小齿数

　　用范成法加工齿轮时，有时会出现刀具的顶部切入齿根，将齿根部分渐开线齿廓切去的情况，如图 5-22 所示，这种现象称为根切现象。

　　如图 5-23 所示，当切制标准齿轮时，齿条形刀具的分度线必须与被切齿轮的分度圆相切。由于齿条形刀具在其分度线上的齿厚与齿槽宽相等，故这样切削出来的齿轮的齿厚与齿槽宽也是相等的。根据一对轮齿的啮合过程可知，刀具的刀刃将从啮合线与被切齿轮齿顶圆

的交点 B_1 处开始切削，切制到啮合线与刀具齿顶线的交点 B_2 处结束。即当刀具的刀刃从点 B_1 移至点 B_2 时，被切齿轮渐开线齿廓部分已被全部切出。

由于被切齿轮的基圆半径 $r_b = mz\cos\alpha/2$，而 m 和 α 与刀具的 m 和 α 相同，所以在其一定的条件下，被切齿轮基圆的大小只取决于齿数 z。如图 5-23 所示，如果减少被切齿轮的齿数，则当其基圆与啮合线的切点 N_1'（即啮合极限点）恰与 B_2 点重合时，被切齿轮基圆以外的齿廓将全部为渐开线。如果被切齿轮的齿数更少，使啮合极限点 N_1'' 落在刀具齿顶线之下，则刀具的齿顶在从点 N_1'' 切削到 B_2 位置的过程中，就会切入被切齿轮本已切好的一部分齿根渐开线齿廓中，从而形成根切。

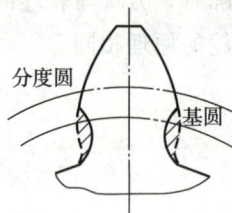

图 5-22

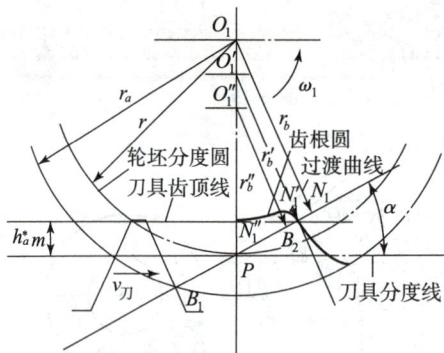

图 5-23

5.1.5　变位齿轮传动

如图 5-24 所示，当刀具在虚线位置时，因为齿顶线超过极限点 N_1，切出来的齿轮会产生根切。若将刀具向远离轮心 O_1 的方向移动一段距离 xm 至实线位置，齿顶线不再超过极限点 N_1，则切出来的齿轮就不会再发生根切现象。由于刀具与齿轮轮坯相对位置的改变，使刀具的分度线与齿轮轮坯的分度圆不再相切，这样加工出来的齿轮称为变位齿轮。齿条刀具分度线与齿轮轮坯分度圆之间的距离 xm 称为径向变位量，其中 m 为模数，x 为变位系数。刀具远离轮心的变位称为正变位，$x>0$，这样加工出来的齿轮称为正变位齿轮；刀具移近轮心的变位称为负变位，$x<0$，这样加工出来的齿轮称为负变位齿轮。标准齿轮就是变位系数 $x=0$ 的齿轮。由图 5-24 可知，加工变位齿轮时，齿轮的模数、压力角、齿数及分度圆、基圆均与标准齿轮相同，所以，两者的齿廓曲线是相同的渐开线，只是截取了不同的部位。正变位齿轮齿根部分的齿厚增大，提高了齿轮的抗弯强度，但齿顶减薄；负变位齿轮则与其相反（各类变位齿轮传动的类型及性能比较，扫

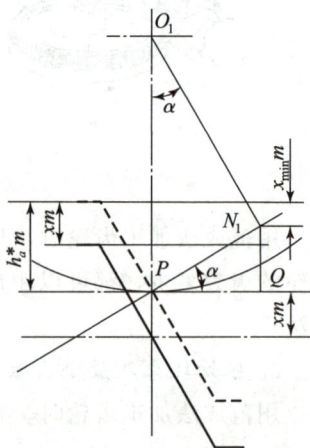

图 5-24

码见配套资源表 5-2）。

5.1.6　渐开线斜齿圆柱齿轮传动

1. 齿廓曲面的形成及其啮合特点

斜齿圆柱齿轮齿廓曲面的形成原理和直齿轮相似，如图 5-25(a)所示。所不同的是形成渐开线齿面的直线 KK' 不再与轴线平行，而是与其成 β_b 角。当发生面 S 在基圆柱上作纯滚动时，其上与母线 NN' 成一倾斜角 β_b 的斜直线 KK' 在空间所走过的轨迹，即斜齿轮的渐开线齿面。该曲面是渐开线螺旋面，β_b 称为基圆柱上的螺旋角。

表 5-2

斜齿圆柱齿轮啮合传动时，无论齿廓在何位置啮合，其接触线都是与轴线倾斜的直线，如图 5-25(b)所示。轮齿沿齿宽是逐渐进入啮合，逐渐脱离啮合的。齿面接触线的长度也由零逐渐增加，又逐渐缩短，直至脱离接触。因此，斜齿轮传动的平稳性比直齿要好，减少了冲击、振动和噪声，在高速大功率的传动中广泛应用。

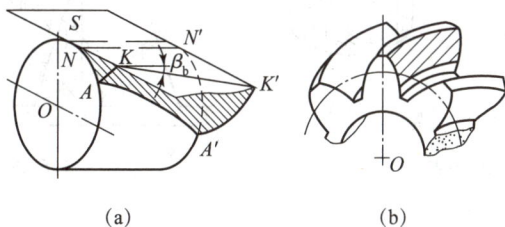

(a)　　　　　　　(b)

图 5-25

2. 斜齿圆柱齿轮的基本参数和尺寸

由于斜齿圆柱齿轮的齿廓曲面是渐开线螺旋面，在垂直于齿轮轴线的端面（下标以 t 表示）和垂直于齿廓螺旋面的法面（下标以 n 表示）齿形不同，所以参数应有法面和端面之分。计算斜齿轮的几何尺寸一般是按端面参数进行的。

(1)螺旋角。将斜齿轮沿分度圆柱展开，得到如图 5-26(a)所示的矩形。其高是斜齿轮的齿宽 b，长为分度圆周长 πd，分度圆上轮齿的螺旋线展开成一条斜直线，此斜直线与轴线的夹角 β 称为斜齿轮在分度圆柱上的螺旋角，简称斜齿轮的螺旋角。其表示轮齿的倾斜程度。由图 5-26(b)得

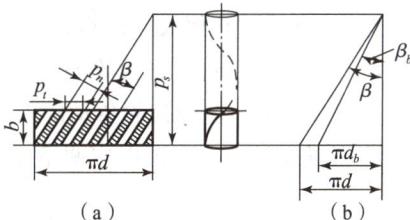

(a)　　　　(b)

图 5-26

$$\tan\beta = \frac{\pi d}{p_s}$$

式中　p_s——螺旋线的导程，即螺旋线绕一周时沿齿轮轴线方向前进的距离。

对于同一斜齿轮，各圆柱上螺旋线的导程相等，因此，基圆柱上的螺旋角 β_b 为

$$\tan\beta_b = \frac{\pi d_b}{p_s}$$

联立以上两式得

$$\tan\beta_b = \tan\beta\left(\frac{d_b}{d}\right) = \tan\beta\cos\alpha_t \qquad (5\text{-}16)$$

式中　　α_t——斜齿轮端面压力角。

斜齿轮按其齿廓螺旋线的旋向不同，可分为左旋和右旋。将齿轮轴线置于铅垂位置，轮齿线左高右低为左旋齿轮，右高左低为右旋齿轮，如图 5-27 所示。

（2）模数。由图 5-26 可知，法面齿距 p_n 与端面齿距 p_t 的几何关系为 $p_n = p_t\cos\beta$，而 $p_n = \pi m_n$，$p_t = \pi m_t$。因此

$$m_n = m_t\cos\beta \qquad (5\text{-}17)$$

（3）压力角。如图 5-28 所示，斜齿轮的法面压力角 α_n 和端面压力角 α_t 的关系：

$$\tan\alpha_n = \tan\alpha_t\cos\beta \qquad (5\text{-}18)$$

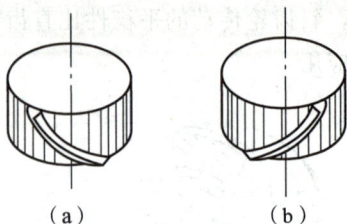

（a）　　　　　　（b）

图 5-27

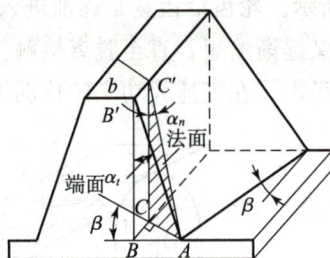

图 5-28

（4）齿顶高系数及顶隙系数。斜齿轮的齿顶高和齿根高，无论从端面还是法面看都是相等的。即

$$h_{an}^* m_n = h_{at}^* m_t ; \qquad c_n^* m_n = c_t^* m_t$$

将式（5-17）代入以上两式得

$$h_{at}^* = h_{an}^*\cos\beta ; \qquad c_t^* m_n = c_t^*\cos\beta$$

式中　　h_{an}^* 和 c_n^*——法面齿顶高系数和顶隙系数（标准值）；

　　　　h_{at}^* 和 c_t^*——端面齿顶高系数和顶隙系数（非标准值）。

（5）斜齿轮的几何尺寸计算。由于斜齿轮传动在端面上相当于一对直齿轮传动，因此将斜齿轮的端面参数代入直齿轮的计算公式，就可以得到斜齿轮的相应尺寸，见表 5-3。

由表 5-3 可知，斜齿轮传动的中心距与螺旋角 β 有关。当一对斜齿轮的 z_1、z_2 和 m_n 一定时，可以通过在一定范围内调整螺旋角 β 的大小来凑配中心距。

表 5-3　外啮合标准斜齿圆柱齿轮传动的几何尺寸计算公式

名称	符号	计算公式
端面模数	m_t	$m_t = \dfrac{m_n}{\cos\beta}$
端面压力角	α_t	$\alpha_t = \arctan\dfrac{\tan\alpha_n}{\cos\beta}$
分度圆直径	d	$d = m_t z = (m_n/\cos\beta)z$

名称	符号	计算公式
齿顶高	h_a	$h_a = m_n h_{an}^*$
齿根高	h_f	$h_f = (h_{an}^* + c_n^*) m_n$
全齿高	h	$h = h_a + h_f = (2h_{an}^* + c_n^*) m_n$
齿顶圆直径	d_a	$d_a = d + 2h_a$
齿根圆直径	d_f	$d_f = d - 2h_f$
中心距	a	$a = \dfrac{1}{2}(d_1 + d_2) = \dfrac{1}{2}(z_1 + z_2) = \dfrac{m_n}{2\cos\beta}(z_1 + z_2)$

3. 斜齿轮正确啮合条件和重合度

(1)正确啮合条件。一对外啮合圆柱齿轮的正确啮合条件为两斜齿轮的法面模数和法面压力角分别相等，螺旋角大小相等，旋向相反。即

$$\begin{cases} m_{n1} = m_{n2} = m \\ \alpha_{n1} = \alpha_{n2} = \alpha \\ \beta_1 = -\beta_2 \text{（内啮合时 } \beta_1 = \beta_2 \text{）} \end{cases}$$

(2)斜齿轮传动的重合度。图 5-29(a)所示为直齿轮传动啮合面；图 5-29(b)所示为斜齿轮传动的啮合面，$B_1 B_1 B_2 B_2$ 为啮合区。

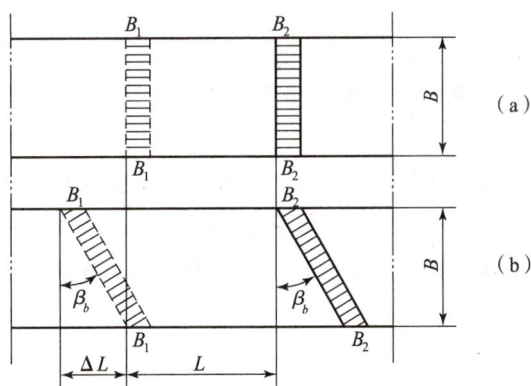

图 5-29

直齿轮传动轮齿在 $B_2 B_2$ 处进入啮合时，沿整个齿宽接触，在 $B_1 B_1$ 处脱离啮合时，沿整个齿宽同时分开，故直齿轮传动的重合度 $\varepsilon_a = L / p_b$。

斜齿轮传动轮齿在 $B_2 B_2$ 处进入啮合时，不是沿整个齿宽同时进入啮合，而是由轮齿的

一端先进入啮合，在 B_1B_1 处脱离啮合时也是由轮齿的一端先脱离啮合，直到该轮齿转到图中虚线位置时，这对轮齿才完全脱离接触。斜齿轮传动的实际啮合区就比直齿的增大 ΔL，因此，斜齿轮传动的重合度也就比直齿的大，设其增加的一部分重合度以 ε_β 表示，$\varepsilon_\beta = \Delta L / p_b$，则斜齿轮传动的重合度为

$$\varepsilon_\gamma = \varepsilon_\alpha + \varepsilon_\beta = \varepsilon_\alpha + \frac{B\tan\beta}{p_b} \tag{5-19}$$

式中　ε_α——端面重合度；

　　　ε_β——轴向重合度(即由于轮齿的倾斜而产生的附加重合度)。

显然，ε_γ 随 β 和 B 的增大而增大。其值可以很大，即可以有很多对轮齿同时啮合。因此，斜齿轮传动较平稳，承载能力也较大。

4. 斜齿圆柱齿轮的当量齿数

在进行强度计算及用仿形法加工斜齿轮选择刀具时，必须知道斜齿轮的法面齿形。通常采用下述近似方法分析斜齿轮的法面齿形。

如图 5-30 所示，过分度圆柱上齿廓的任意一点 C 作垂直于分度圆柱螺旋线的法面 $n-n$，该法面与分度圆柱的交线为一椭圆，其长半轴 $a = \dfrac{d}{2\cos\beta}$，短半轴 $b = \dfrac{d}{2}$。椭圆在 C 点的曲率半径为

$$\rho = \frac{a^2}{b} = \frac{d}{2\cos^2\beta}$$

以 ρ 为半径作圆，此圆与 C 点附近的一段椭圆非常接近，故以 ρ 为分度圆半径，m_n 为模数，α_n 为标准压力角，作一假想直齿圆柱齿轮，该齿轮的齿形与斜齿圆柱齿轮的法面齿形十分接近。这个假想的直齿圆柱齿轮称为该斜齿圆柱齿轮的当量齿轮，其齿数称为当量齿数，用 z_v 表示，即

$$z_v = \frac{2\rho}{m_n} = \frac{d}{m_n\cos^2\beta} = \frac{m_n z}{m_n\cos^3\beta} = \frac{z}{\cos^3\beta} \tag{5-20}$$

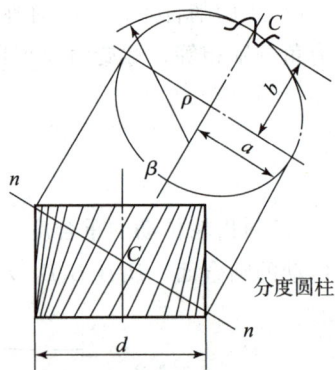

图 5-30

由式(5-20)可知，z_v 一般不是整数，也不需圆整，它是虚拟的，且 z_v 大于 z。

当量齿轮不发生根切的最少齿数 $z_{v\min} = 17$。所以，标准斜齿轮不产生根切的最少齿数为

$$z_{\min} = z_{v\min}\cos^3\beta$$

标准斜齿轮不产生根切的最少齿数小于 17，因此，斜齿轮传动机构紧凑。

5.1.7　直齿圆锥齿轮传动

1. 圆锥齿轮传动概述

圆锥齿轮传动传递两相交轴的运动和动力。锥齿轮的轮齿分布在锥体上，从大端到小端逐渐收缩。如图 5-31(a)所示，一对圆锥齿轮的运动可以看成是两个锥顶共点的节圆锥作纯滚动。与圆柱齿轮相对立，在圆锥齿轮上有齿顶圆锥、分度圆锥和齿根圆锥等。通常取圆锥齿轮大端的参数为标准值，即大端的模数按表 5-4 选取，其压力角一般为 20°。

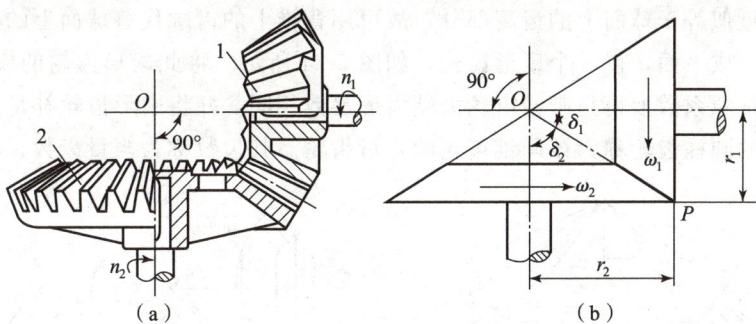

图 5-31

表 5-4　圆锥齿轮模数(GB 12368—1990)

…, 1, 1.125, 1.25, 1.375, 1.5, 1.75, 2, 2.25, 2.5, 2.75, 3, 3.25, 3.5, 3.75, 4, 4.5, 5, 5.5, 6, 6.5, 7, 8, 9, 10, …

　　一对锥齿两轴之间的交角 $\sum$ 可根据传动的实际需要来确定。在一般机械中,多采用 $\sum$ =90°的传动;而在某些机械中,也常采用 $\sum$ ≠90°的圆锥齿轮传动。

　　圆锥齿轮的轮齿有直齿、斜齿及曲齿(圆弧齿、螺旋齿)等多种形式。由于直齿圆锥齿轮的设计、制造和安装均较简便,应用最为广泛。曲齿锥齿轮由于其传动平稳,承载能力较强,故常用于高速重载的传动。本节只讨论直齿圆锥齿轮传动。

　　图 5-31(b)所示为一对正确安装的标准圆锥齿轮。节圆锥与分度圆锥重合,两齿轮的分度圆锥角分别为 δ_1 和 δ_2,大端分度圆半径分别为 r_1 和 r_2,两轮的传动比为

$$i = \frac{\omega_1}{\omega_2} = \frac{n_1}{n_2} = \frac{z_2}{z_1} = \frac{r_1}{r_2} = \frac{\overline{OP}\sin\delta_2}{\overline{OP}\sin\delta_1} = \frac{\sin\delta_2}{\sin\delta_1} \qquad (5\text{-}21)$$

当 $\sum = \delta_1 + \delta_2 = 90°$ 时

$$i = \tan\delta_2 = \cot\delta_1 \qquad (5\text{-}22)$$

2. 圆锥齿轮的齿廓曲线、背锥和当量齿数

　　(1)圆锥齿轮的齿廓曲线。直齿圆锥齿轮齿廓曲线的形成如图 5-32 所示。一圆平面 S(发生面)与一基圆锥相切于 ON,设该圆平面的半径与基圆锥的锥距 R 相等,同时圆心 O 与锥顶重合。当发生面 S 绕基圆锥作纯滚动时,该平面上的任一点 B 将在空间展出一条渐开线。显然渐开线位于以锥距 R 为半径的球面上,故曲线称为球面渐开线。由于圆锥齿轮的齿廓曲线为球面曲线,而球面无法展开成平面,这给圆锥齿轮的设计和制造带来了很大困难。所以,工程中采用近似的方法来研究圆锥齿轮的齿廓曲线。

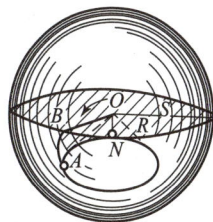

图 5-32

　　(2)背锥和当量齿数。图 5-33 所示为一个圆锥齿轮的轴向半剖面图。OAB 为分度圆锥,Oaa 为齿根圆锥,Obb 为齿顶圆锥。过分度圆锥上的点 A 作球面的切线 AO_1 与分度圆锥的轴线交于 O_1 点,以 OO_1 为轴,O_1A 为母线作一圆锥体,此圆锥称为圆锥齿轮的背锥。显然背锥与球面相切于圆锥齿轮大端的分度圆上。将锥齿轮大端的球面渐开线齿廓向背锥上投影,a、b 点的投影为 a'、b' 点,由图 5-33 可以看出,$a'b'$ 与 ab 相差极小,$ab \approx a'b'$。即背锥

上的齿高部分近似等于球面上的齿高部分，故可用背锥上的齿廓代替球面上的齿廓。

将背锥展开成平面，得一个扇形齿轮，如图 5-34 所示。将此扇形齿轮的模数、压力角、齿顶高系数、顶隙系数取得与圆锥齿轮大端齿形参数相同，并将扇形齿轮补足为完整的圆柱齿轮，该虚拟的圆柱齿轮称为该圆锥齿轮的当量齿轮。其齿数称为当量齿数，用 z_v 表示。

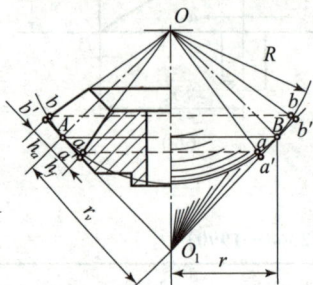

图 5-33

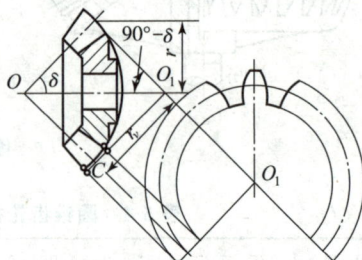

图 5-34

由图 5-35 可得，当量齿轮的分度圆半径为

$$r_v = \frac{r}{\cos\delta} = \frac{mz}{2\cos\delta}$$

又因为

$$r_v = \frac{mz_v}{2}$$

所以

$$z_v = \frac{z}{\cos\delta}$$

式中　δ——圆锥齿轮的分度圆锥角。

一般 z_v 不是整数。

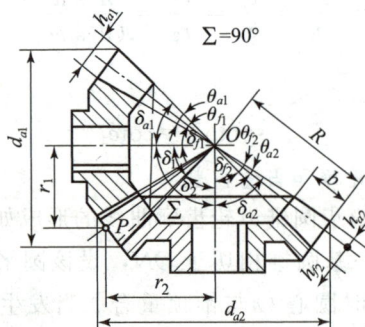

图 5-35

在研究圆锥齿轮的啮合传动和加工中，当量齿轮有着极其重要的作用。如：

1）用仿形法加工圆锥齿轮时，根据 z_v 来选择铣刀。

2）直齿圆锥齿轮的重合度，可按当量齿轮的重合度计算。

3）用范成法加工时，可根据 z_v 来计算直齿圆锥齿轮不发生根切的最少齿数，$z_{min} = z_{v min}\cos\delta$。当 $\alpha = 20°$，$h_a^* = 1$ 时，$z_{v min} = 17$，故 $z_{min} = 17\cos\delta$。

直齿圆锥齿轮正确啮合条件可以从当量圆柱齿轮的正确啮合条件得到，即两轮的大端模数、压力角必须相等，$m_1 = m_2 = m$；$\alpha_1 = \alpha_2 = \alpha$。

(3)标准直齿圆锥齿轮的几何尺寸计算。对于 $\sum = 90°$ 的标准直齿圆锥传动(图 5-35),其基本尺寸计算见表 5-5。对于正常齿轮,大端上齿顶高系数 $h_a^* = 1$,顶隙系数 $c^* = 0.2$。

表 5-5 标准直齿圆锥齿轮传动($\sum = 90°$)的主要几何尺寸计算公式

名称	符号	计算公式
分度圆锥角	δ	$\delta_1 = \operatorname{arccot} \dfrac{z_2}{z_1}$;$\delta_2 = 90° - \delta_1$
分度圆直径	d	$d_1 = mz_1$;$d_2 = mz_2$
齿顶高	h_a	$h_{a1} = h_{a2} = h_a^* m$
齿根高	h_f	$h_{f1} = h_{f2} = (h_a^* + c^*)m$
齿顶圆直径	d_a	$d_{a1} = d_1 + 2h_a \cos\delta_1$;$d_{a2} = d_2 + 2h_a \cos\delta_2$
齿根圆直径	d_f	$d_{f1} = d_1 - 2h_f \cos\delta_1$;$d_{f2} = d_2 - 2h_f \cos\delta_2$
锥距	R	$R = \dfrac{1}{2}\sqrt{d_1^2 + d_2^2}$
齿宽	b	$b \leqslant \dfrac{1}{3}R$
齿顶角	θ_a	$\theta_{a1} = \theta_{a2} = \arctan \dfrac{h_a}{R}$
齿根角	θ_f	$\theta_{f1} = \theta_{f2} = \arctan \dfrac{h_f}{R}$
齿顶圆锥角	δ_a	$\delta_{a1} = \delta_1 + \theta_{a1}$;$\delta_{a2} = \delta_2 + \theta_{a2}$
齿根圆锥角	δ_f	$\delta_{f1} = \delta_1 - \theta_{f1}$;$\delta_{f2} = \delta_2 - \theta_{f2}$
当量齿数	z_v	$z_{v1} = \dfrac{z_1}{\cos\delta_1}$;$z_{v2} = \dfrac{z_2}{\cos\delta_2}$

5.1.8 齿轮的结构、精度等级

1. 齿轮的结构

通过齿轮传动的强度计算后,已确定了齿轮的主要参数和尺寸。而齿轮的轮毂、轮辐、轮缘等部分的尺寸大小,通常都是由结构设计来确定的。

齿轮的结构形式主要与齿轮的尺寸大小、毛坯材料、加工工艺、使用要求及经济性等因素有关。进行齿轮结构设计时,必须综合考虑上述各方面的因素。通常是先按齿轮的直径大小选定合适的结构形式,再由经验公式确定有关尺寸,绘制零件工作图。

常用的齿轮结构形式有以下几种:

(1)齿轮轴。当圆柱齿轮的齿根圆至键槽底部的距离 $x \leqslant (2\sim2.5)m_n$ 或当圆锥齿轮小端的齿根圆至键槽底部的距离 $x \leqslant (1.6\sim2)m$ 时,应将齿轮与轴制成一体,称为 齿轮轴,如图 5-36 所示。

（2）实体式齿轮。当齿轮的齿顶圆直径 $d_a \leqslant 200$ mm 时，可采用实体式结构，如图 5-37 所示。此种齿轮常用锻钢制造。

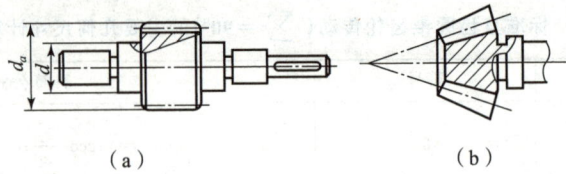

图 5-36

(a)圆柱齿轮轴；(b)圆锥齿轮轴

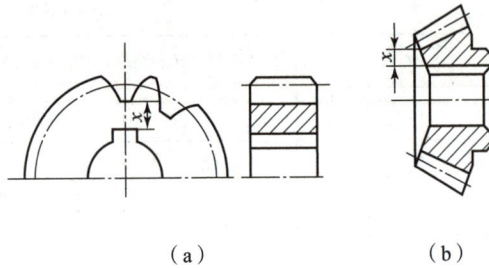

图 5-37

(a)圆柱实体式齿轮；(b)圆锥实体式齿轮

（3）腹板式齿轮。当齿轮的齿顶圆直径 $d_a = 200 \sim 500$ mm 时，可采用腹板式结构，如图 5-38 所示。通常用锻钢制造，其各部尺寸由图中经验公式确定。

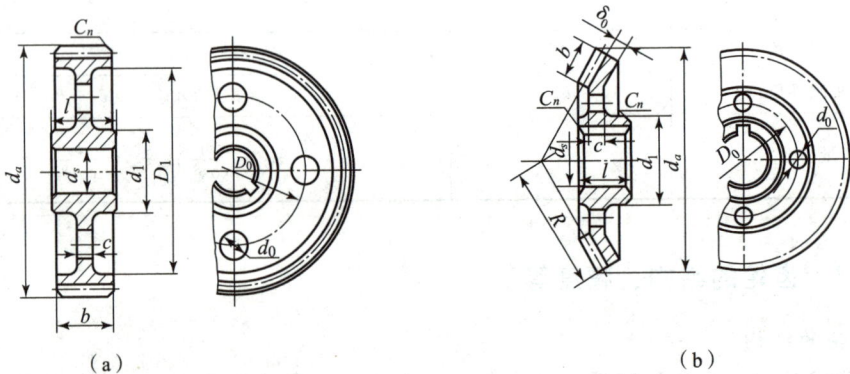

（a）

$d_1 = 1.6d_s$（d_s 为轴径）

$D_0 = \dfrac{1}{2}(D_1 + d_1)$

$D_1 = d_a - (10 \sim 12)m_n$

$d_0 = 0.25(D_1 - d_1)$

$c = 0.3b$

$l = (1.2 \sim 1.3)d_s \geqslant b$

$n = 0.5m$

（b）

$d_1 = 1.6d_s$（铸钢）

$d_1 = 1.8d_s$（铸铁）

$l = (1.0 \sim 1.2)d_s$

$c = (0.10 \sim 0.17)\, l > 10$ mm

$\delta_0 = (3 \sim 4)\, m > 10$ mm

D_0 和 d_0 根据结构确定

图 5-38

（4）轮辐式齿轮。当 $d_a > 500$ mm 时，可采用轮辐式结构，如图 5-39 所示。这种结构的齿轮常采用铸钢或铸铁制造，各部尺寸由图中经验公式确定。

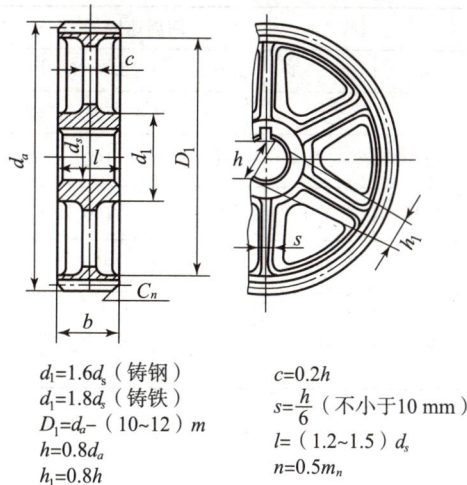

$d_1=1.6d_s$（铸钢）
$d_1=1.8d_s$（铸铁）
$D_1=d_a-$（10~12）m
$h=0.8d_a$
$h_1=0.8h$

$c=0.2h$
$s=\dfrac{h}{6}$（不小于10 mm）
$l=$（1.2~1.5）d_s
$n=0.5m_n$

图 5-39

2. 齿轮传动的精度等级简介

《圆柱齿轮 精度制 第1部分：轮齿同侧齿面偏差的定义和允许值》(GB/T 10095.1—2008)规定了"圆柱齿轮传动的精度等级和公差"。标准规定了13个精度等级，其中0级精度最高，12级精度最低。齿轮精度等级的高低，直接影响着内部动载荷、齿间载荷分配与齿向载荷分布及润滑油膜的形成，从而影响齿轮传动的振动与噪声。当然齿轮精度越高，振动和噪声就越小，但制造成本也越高。

齿轮精度等级的选择，应根据齿轮的用途、使用条件、传递圆周速度和功率大小及有关技术经济指标来确定，参见表5-6、表5-7。

表 5-6　常用精度等级的齿轮加工方法及其应用范围

项目			齿轮的精度等级			
			6级（高精度）	7级（较高精度）	8级（普通）	9级（低精度）
加工方法			用范成法在精密机床上精磨或精剃	用范成法在精密机床上精插或精滚，对淬火齿轮需磨齿或研齿等	用范成法插齿或滚齿	用范成法或仿形法粗滚或型铣
齿面粗糙度 $R_a/\mu m$			0.80~1.60	1.60~3.2	3.2~6.3	6.3
用途			用于分度机构或高速重载的齿轮，如机床、精密仪器、汽车、船舶、飞机中的重要齿轮	用于高、中速重载的齿轮，如机床、汽车、内燃机中的较重要齿轮、标准系列减速器中的齿轮	一般机械中的齿轮，不属于分度系统的机床齿轮，飞机、拖拉机中的不重要齿轮，纺织机械、农业机械中的齿轮	轻载传动的不重要齿轮，或低速传动、对精度要求低的齿轮
圆周速度 $v/(m\cdot s^{-1})$	圆柱齿轮	直齿	≤15	≤10	≤5	≤3
		斜齿	≤25	≤17	≤10	≤3.5
	圆锥齿轮	直齿	≤9	≤6	≤3	≤2.5

表 5-7　齿轮传动润滑油黏度推荐值

齿轮材料	强度极限 σ_b/MPa	圆周速度 v/(m·s^{-1})						
		<0.5	0.5~1	1~2.5	2.5~5	5~12.5	12.5~25	>25
		运动黏度 ν_{40}(cSt)						
塑料、青铜、铸铁	—	320	220	150	100	68	46	—
	450~1 000	460	320	220	150	100	68	46
钢	1 000~1 250	460	460	320	220	150	100	68
渗碳或表面淬火钢	1 250~1 580	1 000	460	460	320	220	150	100

【任务分析】

记里鼓车的基本原理和指南车相同,也是利用齿轮机构的差动关系。当年,张衡制造的记里鼓车没有较详细的记载,东汉以后,有关记里鼓车的记载虽然有些零星的字句,但都太简略。到北宋时的记里鼓车制造方法更有改进,《宋史·舆服志》记载比较详细,大体说记里鼓车外形是独辕双轮,车厢内有立轮、大小平轮、铜旋风轮等,轮周各出齿若干,"凡用大小轮八,合二百八十五齿,递相钩锁,犬牙相制,周而复始。"记里鼓车行一里路,车上木人击鼓,行十里路,车上木人击镯。总之,指南车和记里鼓车的形状虽然在历代制造时都有些改进,但它的差动齿轮原理在 1 800 多年前已经被张衡所应用了。记里鼓车的记程功能是由齿轮系完成的。车中有一套减速齿轮系,始终与车轮同时转动,其最末一只齿轮轴在车行一里时正好回转一周,车子上层的木人受凸轮牵动,由绳索拉起木人右臂击鼓一次,以示里程。至于"十里击镯"的记程原理也是如此。

【单元测试】

(1)什么是分度圆?什么是节圆?在什么条件下节圆等于分度圆?在什么条件下节圆大于分度圆?在什么条件下没有节圆?

(2)渐开线齿轮的啮合特点是什么?

(3)标准直齿圆柱齿轮的基本参数有哪些?

(4)什么是根切?产生根切的原因是什么?如何避免根切?

(5)一对标准外啮合直齿圆柱齿轮传动,已知 $z_1=19$,$z_2=68$,$m=2$ mm,$\alpha=20°$,计算小齿轮的分度圆直径、齿顶圆直径、齿根圆直径、基圆直径、齿距及齿厚和齿槽宽。

(6)已知一对标准直齿圆柱齿轮的中心距 $a=120$ mm,传动比 $i=3$,小齿轮齿数 $z_1=20$。试确定这对齿轮的模数和分度圆直径、齿顶圆直径、齿根圆直径。

(7)在技术改造中拟使用两个现成的标准直齿圆柱齿轮。已测得齿数 $z_1=22$,$z_2=98$,小齿轮齿顶圆直径 $d_{a1}=240$ mm,大齿轮的齿全高 $h=22.5$ mm,试判断这两个齿轮能否正确啮合?

单元 5.2　蜗杆传动分析

【学习目标】

学习蜗杆传动的类型和特点，学习蜗杆的头数、蜗轮齿数、传动比、模数、压力角、螺旋角、蜗杆的导程角、分度圆直径、直径系数等参数的计算。完成蜗杆传动的几何尺寸计算。

【任务提出】

回转驱动，是一种集成了驱动动力源的全周回转减速传动机构。它以回转支承作为传动从动件和机构附着件，通过在回转支承内外圈中的一个圈上附着主动件、驱动源和罩壳，而将另一个圈既当作传动从动件，又作为被驱动工作部件的连接基座，这样利用回转支承本身就是全周回转连接件的特点，高效配置驱动动力源和主传动零件，使之成为一种集回转、减速和驱动功能于一体而同时又结构简单，制造和维护方便的通用型减速传动机构。

根据回转驱动的变速传动形式区分，可分为齿式回转驱动和蜗轮蜗杆式回转驱动。继承齿轮传动和蜗轮蜗杆传动各自的特点，这两种回转驱动分别可适应中高速和低速的应用场合，在承载能力方面，蜗轮蜗杆式回转驱动的表现优于齿式回转驱动，并且当采用包络蜗杆传动时，其承载能力、抗变形能力及传动刚性有更进一步的提高，如图 5-40 所示。

通过本单元的学习，将了解到蜗杆传动机构的原理及特性。

图 5-40

【任务实施】

5.2.1　蜗杆传动的类型和特点

蜗杆传动用来传递空间两交错轴之间的运动和动力，一般两轴交角为 90°，如图 5-41 所示。蜗杆传动由蜗杆与蜗轮组成。一般蜗杆为主动、蜗轮为从动，作减速运动。蜗杆传动广泛应用于各种机器和仪器中。

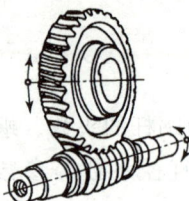

图 5-41

1. 蜗杆传动的类型

(1)按蜗杆的形状不同，蜗杆传动可分为圆柱蜗杆传动[图 5-42(a)]、圆弧面蜗杆传动[图 5-42(b)]和锥面蜗杆传动[图 5-42(c)]。

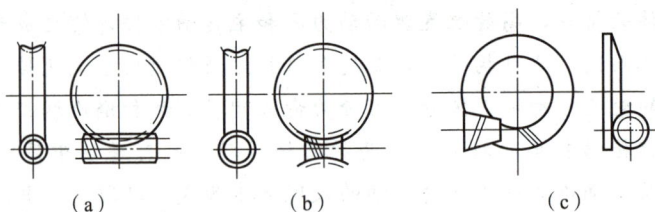

(a)　　　　　　　(b)　　　　　　　(c)

图 5-42

(2)按蜗杆齿廓曲线形状的不同，蜗杆可分为阿基米德蜗杆(ZA 型)、渐开线蜗杆(ZI 型)、法面直廓蜗杆(ZN 型)三种。其中，阿基米德蜗杆由于加工方便，应用最为广泛。

图 5-43 所示为阿基米德蜗杆，其端面齿廓为阿基米德螺旋线，轴向齿廓为直线。

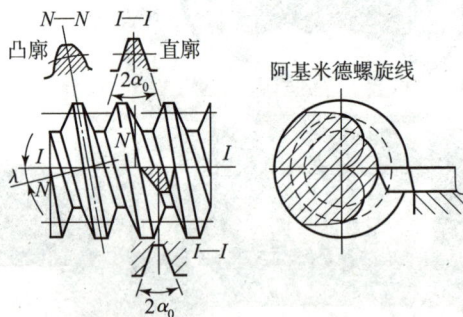

图 5-43

(3)按螺旋方向不同，蜗杆可分为左旋和右旋。

2. 蜗杆传动的特点

蜗杆传动与齿轮传动相比，具有以下特点：

(1)传动比大，结构紧凑。这是它的最大特点。单级蜗杆传动比 $i=5\sim80$，若只传递运动(如分度机构)，其传动比可达 1 000。

（2）传动平稳，噪声小。由于蜗杆齿呈连续的螺旋状，它与蜗轮齿的啮合是连续不断地进行的，同时啮合的齿数较多，故传动平稳，噪声小。

（3）可制成具有自锁性的蜗杆。当蜗杆的螺旋线升角小于啮合面的当量摩擦角时，蜗杆传动具有自锁性，此时只能蜗杆带动蜗轮转动，反之则不能运动。

（4）传动效率低。因蜗杆传动齿面间存在较大的相对滑动，摩擦损耗大，故传动效率较低，一般为 0.7～0.8。具有自锁性的蜗杆传动，传动效率小于 0.5。

（5）蜗轮的造价较高。为减轻齿面的磨损及防止胶合，蜗轮多用青铜制造，造价较高。

5.2.2　蜗杆传动的主要参数和尺寸

图 5-44 所示为阿基米德蜗杆与蜗轮啮合的情况。通过蜗杆轴线并垂直于蜗轮轴线的剖面称为中间平面。该平面为蜗杆的轴面、蜗轮的端面。在中间平面内蜗杆与蜗轮的啮合相当于渐开线齿轮与齿条的啮合。因此，该平面内的参数为标准值。

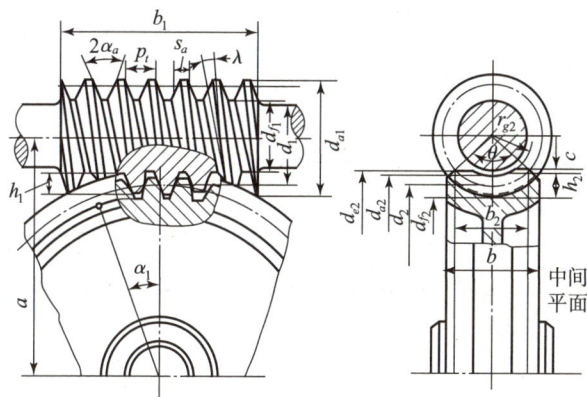

图 5-44

1. 蜗杆传动的主要参数及其选择

（1）蜗杆的头数 z_1、蜗轮的齿数 z_2 和传动比 i。

1）蜗杆的头数 z_1（齿数）。蜗杆的头数即蜗杆螺旋线的数目。z_1 少，效率低，但易得到大的传动比；z_1 多，效率提高，但加工精度难以保证。一般取 $z_1 = 1 \sim 4$。当传动比大于 40 或要求蜗杆自锁性时，取 $z_1 = 1$。

蜗轮的齿数 z_2 由传动比和蜗杆的头数决定。齿数越多，蜗轮的尺寸越大，蜗杆轴也相应增长而刚度减小，影响啮合精度。故蜗轮齿数不宜多于 100。但为避免蜗轮根切，保证传动平稳，蜗轮齿数 z_2 应不小于 28。一般取 $z_2 = 28 \sim 80$。z_1、z_2 值的选取可参见表 5-8。

表 5-8　蜗杆头数 z_1 与齿数 z_2 的推荐值

传动比	5～6	7～8	9～13	14～24	25～27	28～40	>40
蜗杆头数	6	4	3～4	2～3	2～3	1～2	1
蜗轮齿数	29～36	28～32	27～52	28～72	50～81	28～80	>40

当蜗杆转过一周时，蜗轮将转过 z_1 个齿，故传动比为

$$i = \frac{n_1}{n_2} = \frac{1}{z_1/z_2} = \frac{z_2}{z_1} \tag{5-23}$$

式中，n_1、n_2 分别为蜗杆、蜗轮的转速(r/min)；z_1、z_2 可根据传动比按表 5-8 选取。

2)模数 m 和压力角 α。由于在中间平面内，蜗杆传动相当于齿轮与齿条的啮合传动，所以蜗杆的轴面模数和轴面压力角分别与蜗轮的端面模数和端面压力角相等，且为标准值。

3)蜗杆的导程角 λ。蜗杆的轮齿成螺旋线形状绕于分度圆柱上，如图 5-45 所示。将蜗杆分度圆柱展开，其螺旋线与端面的夹角称为蜗杆的导程角。蜗杆螺旋线的导程 $L = z_1 p_{a1} = z_1 \pi m$。

所以
$$\tan\lambda = \frac{L}{\pi d_1} = \frac{z_1 \pi m}{\pi d_1} = \frac{z_1 m}{d_1} \tag{5-24}$$

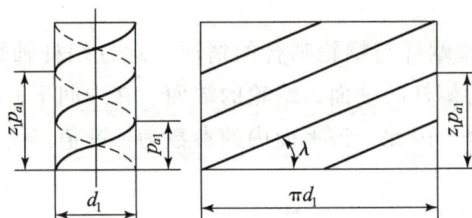

图 5-45

蜗杆导程角 λ 小，效率低，但可实现自锁($\lambda = 3.5° \sim 4.5°$)；λ 增大，效率随之提高，但蜗杆的车削加工较困难，通常取 $\lambda = 3.5° \sim 27°$。

根据传动原理，轴交角为 $90°$ 的蜗杆传动正确啮合条件为蜗杆的轴面模数和轴面压力角与蜗轮的端面模数和端面压力角必须分别相等，同时，蜗杆的导程角 λ 必须与蜗轮的螺旋角 β 相等，且旋向相同。即

$$\begin{cases} m_{a1} = m_{t2} \\ \alpha_{a1} = \alpha_{t2} \\ \lambda = \beta \end{cases} \tag{5-25}$$

(2)蜗杆分度圆直径 d_1 和直径系数 q。在切制蜗轮轮齿时，所用滚刀的直径和齿形参数必须与该蜗轮相啮合的蜗杆一致。而蜗杆分度圆直径 d_1 不仅与模数有关，还随 $\frac{z_1}{\tan\lambda}$ 的数值而变。即使 m 相同，也会有许多不同直径的蜗杆。将 d_1 与 m 的比值称为蜗杆直径系数 q，即

$$q = \frac{d_1}{m} \tag{5-26}$$

由于 d_1、m 均为标准值，故 q 是导出值，不一定是整数。将式(5-26)代入式(5-24)，可得

$$\tan\lambda = \frac{z_1}{q}$$

当模数 m 一定时，q 值增大则蜗杆直径 d_1 增大，蜗杆的刚度提高。因此，对于小模数蜗杆一般规定了较大的 q 值，以使蜗杆有足够的刚度。

2. 蜗杆传动的几何尺寸计算

蜗轮的分度圆直径为
$$d_2 = m_{t2} z_2 = m z_2$$

蜗杆传动的标准中心距为

$$a = \frac{1}{2}(d_1 + d_2) = \frac{1}{2}m(q + z_2)$$

标准圆柱蜗杆传动的几何尺寸计算公式见表 5-9。

表 5-9　圆柱蜗杆传动的几何尺寸计算公式

名称	计算公式	
	蜗杆	蜗轮
齿顶高	$h_{a1} = m$	$h_{a2} = m$
齿根高	$h_{f1} = 1.2m$	$h_{f2} = 1.2m$
分度圆直径	$d_1 = mq$	$d_2 = mz_2$
齿顶圆直径	$d_{a1} = m(q + 2)$	$d_{a2} = m(z_2 + 2)$
齿根圆直径	$d_{f1} = m(q - 2.4)$	$d_{f2} = m(z_2 - 2.4)$
顶隙	$c = 0.2m$	
蜗杆轴向齿距蜗轮端面齿距	$p_{a1} = p_{t2} = \pi m$	
蜗杆分度圆柱的导程角	$\lambda = \arctan \dfrac{z_1}{q}$	
蜗轮分度圆柱的螺旋角		$\beta = \lambda$
中心距	$a = \dfrac{m}{2}(q + z_2)$	

【任务分析】

通过本单元的学习，已经了解蜗轮蜗杆传动的特性。对于蜗轮蜗杆式回转驱动装置有了更深一步的了解。

蜗轮蜗杆传动具有反向自锁的特点，可实现反向自锁，即只能由蜗杆带动蜗轮，而不能由蜗轮带动蜗杆运动。这一特性使得蜗轮蜗杆式回转驱动装置被广泛应用于起重、高空作业等设备中，在提高主机的科技含量的同时，也大大提升了主机的作业稳定性和作业的安全系数。

【单元测试】

(1)蜗杆传动的特点及使用条件是什么？

(2)与齿轮传动相比较，蜗杆传动的失效形式有何特点？为什么？

(3)何谓蜗杆传动的中间平面？中间平面上的参数在蜗杆传动中有何重要意义？

(4)试述蜗杆直径系数的意义。为何要引入蜗杆直径系数 q？

单元 5.3 齿轮系传动分析

【学习目标】

学习齿轮系分类及其应用，完成定轴轮系、行星轮系及组合齿轮系传动比的计算。

轮系传动比计算
（定轴轮系、行星轮系及组合轮系）

【任务提出】

钟表的故事

传说日晷是最早报"标准时"的仪器，由晷盘和晷针组成。晷盘是一个有刻度的盘，其中央装有一根与盘面垂直的晷针，针影随太阳运转而移动在盘上的位置。埃及是第一个漏壶钟出口国。它由两个互相叠置的圆筒组成。水从上面的圆筒穿过一个小孔滴入下面的圆筒。水滴完了，就是某个时辰过去了。

1270 年前后在意大利北部和南德一带出现的早期机械式时钟，以秤锤作动力，每一小时鸣响，附带自动报时。在接下来的半个世纪里，时钟传至欧洲各国，法国、德国、意大利的教堂纷纷建起钟塔。不久，发条技术发明了，时钟的体积大为缩小。1510 年，德国的锁匠首次制出了怀表。

1885 年，德国海军向瑞士的钟表商定制大量手表，手表的实用性获得世人的肯定，逐渐普及，如图 5-46 所示。

通过本单元的学习，将了解有关齿轮传动的相关知识。

图 5-46

【任务实施】

5.3.1 齿轮系及其分类

由一系列齿轮组成的传动系统称为齿轮系，图 5-47 所示的枪钻的传递部分就是由四个齿轮的相互啮合实现的。

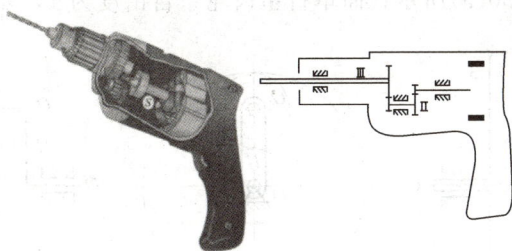

图 5-47

如果齿轮系中各齿轮的轴线互相平行，则称为平面齿轮系；否则称为空间齿轮系。

根据齿轮系运转时其各轮轴线的位置相对于机架是否固定，又可将齿轮系分为定轴轮系和行星轮系两大类。

1. 齿轮系的表示方法

外齿轮的表示方法如图 5-48(a)所示；内齿轮的表示方法如图 5-48(b)所示。

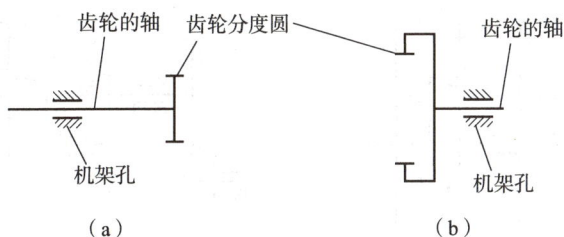

图 5-48

(a)外齿轮的表示方法；(b)内齿轮的表示方法

2. 定轴齿轮系

若齿轮系中各齿轮的轴线相对于机架保持固定，则称为定轴齿轮系，如图 5-49 所示。

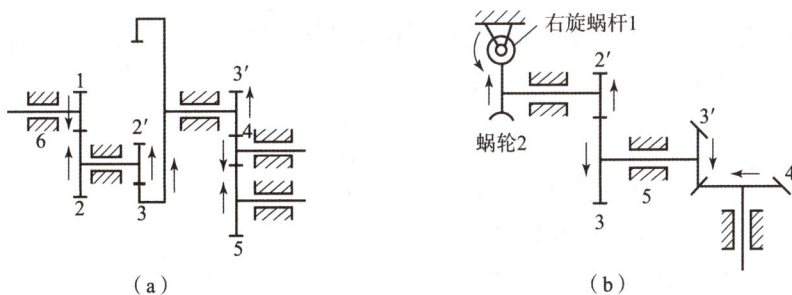

图 5-49

3. 行星齿轮系

当齿轮系运转时，若各个齿轮中有一个或几个齿轮轴线的位置并不固定，而是绕着其他齿轮的几何轴线转动，则称为行星齿轮系，如图 5-50 所示。

根据机构自由度的不同，行星齿轮系可分为差动齿轮系和简单行星齿轮系。差动齿轮系机构自由度为 2，如图 5-50(a)所示；简单行星齿轮系自由度为 1，如图 5-50(b)所示。

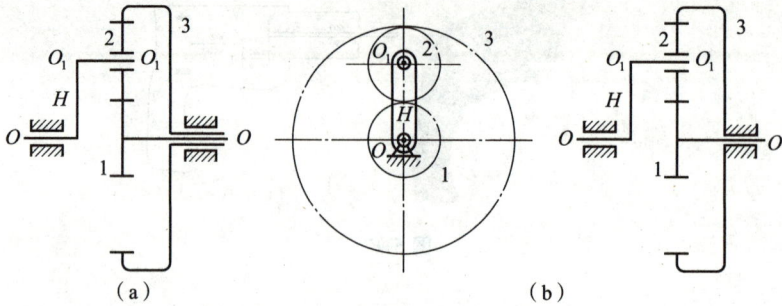

图 5-50

4. 组合齿轮系

如果齿轮系中既包含定轴齿轮系，又包含行星齿轮系，或者包含几个行星齿轮系，则称为组合齿轮系，如图 5-51 所示。

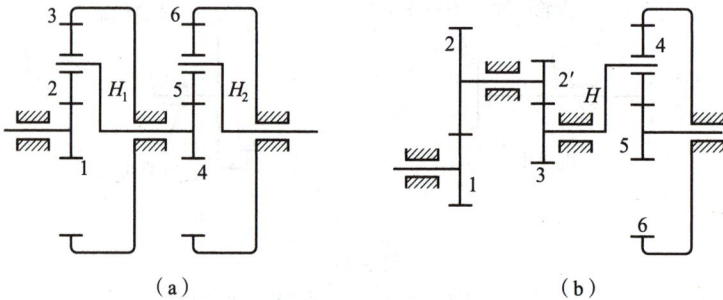

图 5-51

5.3.2 定轴轮系传动比的计算

轮系中两齿轮(轴)的转速或角速度之比，称为两齿轮的传动比(求轮系的传动比不仅要计算它的数值，还要确定两轮的转向关系)。即

$$i_{12} = \frac{n_1}{n_2} = \frac{\omega_1}{\omega_2} \tag{5-27}$$

式中 i_{12}——齿轮 1 对齿轮 2 的传动比；

n_1，n_2——分别表示两轮的转速；

ω_1，ω_2——分别表示两轮的角速度。

1. 平面定轴齿轮系传动比的计算

若以 A 表示首齿轮，K 表示末齿轮，m 表示圆柱齿轮外啮合的对数，则平面定轴齿轮系传动比计算公式为

$$i_{AK} = \frac{n_A}{n_K} = (-1)^m \frac{从 A 轮到 K 轮之间所有从动轮齿数的连乘积}{从 A 轮到 K 轮之间所有主动轮齿数的连乘积} \tag{5-28}$$

首末两齿轮转向可用 $(-1)^m$ 来判别，i_{AK} 为负号时，说明首、末齿轮转向相反；i_{AK} 为正

号时，则转向相同。

如图 5-49(a)所示的齿轮系，设齿轮 1 为首齿轮，齿轮 5 为末齿轮，z_1、z_2、$z_{2'}$、z_3、$z_{3'}$、z_4 及 z_5 分别为各齿轮的齿数，其传动比为

$$i_{15} = \frac{n_1}{n_5} = (-1)^3 \frac{z_2 z_3 z_5}{z_1 z_{2'} z_{3'}}$$

在该齿轮系中齿轮 4 同时与齿轮 3′ 和末齿轮 5 啮合，不影响齿轮系传动比的大小，只起到改变转向的作用，这种齿轮称为惰轮。

2. 空间定轴齿轮系传动比的计算

如图 5-49(b)所示，这种齿轮系的传动比的大小仍用式(5-28)来计算。但是，由于一对空间齿轮的轴不平行，不能说其首末两轮的转向是相同还是相反，所以这种齿轮系中各齿轮的转向必须在图上用箭头表示出，而不能用 $(-1)^m$ 来确定。

【例 5-2】 图 5-52 所示的齿轮系中，已知 $z_1 = z_2 = z_{3'} = z_4 = 20$，齿轮 1、3、3′ 和 5 同轴线，各齿轮均为标准齿轮。若已知轮 1 的转速为 $n_1 = 1\,440$ r/min，求轮 5 的转速。

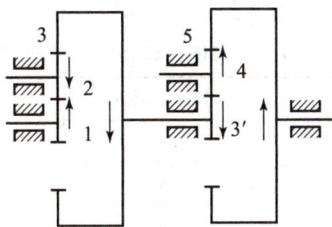

图 5-52

解：由图 5-52 可知，该齿轮系为一平面定轴齿轮系，齿轮 2 和齿轮 4 为惰轮，齿轮系中有两对外啮合齿轮，由式(5-28)得

$$i_{15} = \frac{n_1}{n_5} = (-1)^2 \frac{z_3 z_5}{z_1 z_{3'}} = \frac{z_3 z_5}{z_1 z_{3'}}$$

因齿轮 1、2、3 的模数相等，故它们之间的中心距关系为

$$\frac{m}{2}(z_1 + z_2) = \frac{m}{2}(z_3 - z_2)$$

此式中 m 为齿轮的模数。由上式可得

$$z_3 = z_1 + 2z_2 = 20 + 2 \times 20 = 60$$

同理可得

$$z_5 = z_{3'} + 2z_4 = 20 + 2 \times 20 = 60$$

所以

$$n_5 = n_1 (-1)^2 \frac{z_1 z_{3'}}{z_3 z_5} = 1\,440 \times \frac{20 \times 20}{60 \times 60} = 160 (\text{r/min})$$

n_5 为正值，说明齿轮 5 与齿轮 1 转向相同。

5.3.3 行星齿轮系传动比的计算

行星齿轮系的传动比计算时，常采用"转化机构法"。假想给整个行星齿轮系加上一个与行星架的转速大小相等而方向相反的公共转速"$-n_H$"，由相对运动原理可知，齿轮系中各

构件之间的相对运动关系并不会因此而改变，但此时行星架变为相对静止不动，齿轮 2 的轴线 O_1O_1 也随之相对固定，行星齿轮系转化为假想的"定轴齿轮系"。这个经转化后得到的假想定轴齿轮系，称为该行星齿轮系的**转化轮系**。即将图 5-53(a)转化为图 5-53(b)。利用求解定轴齿轮系传动比的方法，借助于转化轮系，就可以将行星齿轮系的传动比求出来。

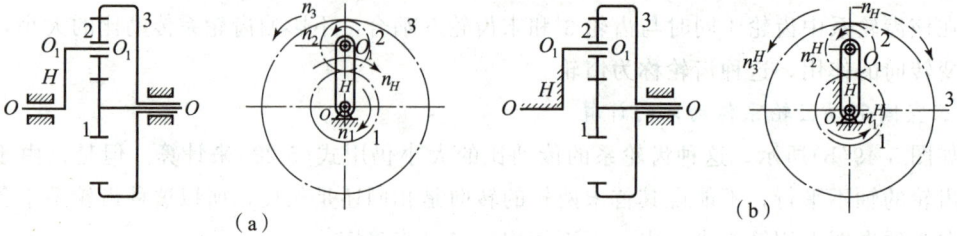

图 5-53

现将各构件在转化前、后的转速列于表 5-10 中。

表 5-10　各构件在转化前、后的转速

构件	原来的转速	转化后的转速
齿轮 1	n_1	$n_1^H = n_1 - n_H$
齿轮 2	n_2	$n_2^H = n_2 - n_H$
齿轮 3	n_3	$n_3^H = n_3 - n_H$
行星架 H	n_4	$n_H^H = n_H - n_H$

转化轮系中各构件的转速，即转化后的转速是各构件相对行星架的转速。按求定轴齿轮系传动比的方法可得图 5-53 所示行星齿轮系的转化轮系的传动比：

$$i_{13}^H = \frac{n_1^H}{n_3^H} = \frac{n_1 - n_H}{n_3 - n_H} = -\frac{z_3}{z_1}$$

i_{13}^H 表示转化后定轴齿轮系的传动比，即齿轮 1 与齿轮 3 相对于行星架 H 的传动比。在上式中，若已知各轮的齿数及两个转速，则可求得另一个转速。将上式推广到一般情况，以 A 表示首齿轮，K 表示末齿轮，m 表示圆柱齿轮外啮合的对数，可得

$$i_{AK}^H = \frac{n_A^H}{n_K^H} = \frac{n_A - n_H}{n_K - n_H} = (-1)^m \frac{\text{从动轮齿数的连乘积}}{\text{主动轮齿数的连乘积}} \qquad (5\text{-}29)$$

在使用上式时应特别注意以下几点：

(1)A、K、H 三个构件的轴线应互相平行，而且将 n_A、n_K、n_H 的值代入式(5-29)计算时，必须带正号或负号。假定某一转向为正号，则与其同向的取正号，与其反向的取负号，待求构件的实际转向由计算结果的正负号确定。

(2)$i_{AK}^H \neq i_{AK}$。i_{AK}^H 是行星齿轮系转化机构的传动比，即齿轮 A、K 相对于行星架 H 的传动比，而 $i_{AK} = \dfrac{n_A}{n_K}$ 是行星齿轮系中 A、K 两齿轮的传动比。

空间行星齿轮系的两齿轮 A、K 和行星架 H 的轴线互相平行时，其转化机构传动比的大小仍可用式(5-29)来计算，但其正负号采用在转化机构图上画箭头的办法来确定，如图 5-54 所示。

【例 5-3】　图 5-55 所示为一大传动比的行星减速器。已知其中各齿轮齿数 $z_1 = 100$、$z_2 = 101$、$z_{2'} = 100$、$z_3 = 99$。试求传动比 i_{H1}。

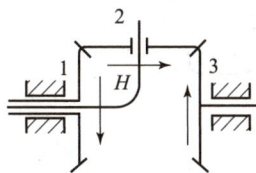

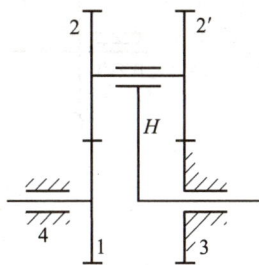

图 5-54　　　　　　　　　　图 5-55

解：图 5-55 中，齿轮 1 为活动中心轮，齿轮 3 为固定中心轮。双联齿轮为行星轮，H 为行星架。该齿轮系为仅有一个自由度的简单行星齿轮系。

由式(5-29)得

$$i_{13}^H = \frac{n_1 - n_H}{n_3 - n_H} = (-1)^2 \frac{z_2 z_3}{z_1 z_{2'}} = \frac{z_2 z_3}{z_1 z_{2'}}$$

又因为 $n_3 = 0$，故

$$\frac{n_1 - n_H}{0 - n_H} = \frac{101 \times 99}{100 \times 100}$$

又

$$i_{1H} = \frac{n_1}{n_H} = 1 - \frac{101 \times 99}{100 \times 100} = \frac{1}{10\,000}$$

所以

$$i_{H1} = \frac{n_H}{n_1} = \frac{1}{i_{1H}} = 10\,000$$

即当行星架 H 转 10 000 转时，齿轮 1 才转 1 转，且两构件转向相同。本例也说明，行星齿轮系用少数几个齿轮就能获得很大的传动比。

若将 z_3 由 99 改为 100，则

$$i_{1H} = \frac{n_1}{n_H} = 1 - \frac{101 \times 100}{100 \times 100} = -\frac{1}{100}$$

$$i_{H1} = \frac{n_H}{n_1} = -100$$

可见，同一种结构形式的行星齿轮系，由于某一齿轮的齿数略有变化(本例中仅差一个齿)，其传动比会发生很大的变化，同时转向也会发生改变，这与定轴齿轮系大不相同。

5.3.4　组合齿轮系传动比的计算

组合齿轮系中可能既包含定轴齿轮系部分，又包含行星齿轮系部分，或者包含几个行星齿轮系。传动比计算的方法是将其所包含的各部分定轴齿轮系和各部分行星齿轮系一一加以分开，并分别应用定轴齿轮系和行星齿轮系传动比的计算公式求出它们的传动比，然后加以联立求解，从而求出该组合齿轮系的传动比。

下面举例说明组合齿轮系传动比的求法。

【例 5-4】　在图 5-56 所示的齿轮系中，已知 $z_1 = 22$、$z_3 = 88$、$z_{3'} = z_5$，试求传动比 i_{15}。

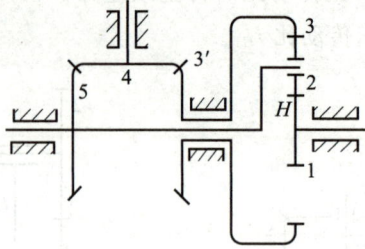

图 5-56

解：由图 5-56 可知，齿轮 1、2、3 及行星架 H 组成行星齿轮系部分，齿轮 $3'$、4、5 组成定轴齿轮系部分，且 z_3 与 $z_{3'}$ 是双联齿轮，即 $n_3 = n_{3'}$，齿轮 5 与行星架 H 固联为一体，为同一构件，即 $n_H = n_5$。该齿轮系为组合齿轮系。

对行星齿轮系部分：

$$i_{13}^H = \frac{n_1 - n_H}{n_3 - n_H} = -\frac{z_3}{z_1} = -\frac{88}{22} = -4 \tag{1}$$

将 $n_H = n_5$ 代入整理得

$$n_1 = 5n_H - 4n_3 = 5n_5 - 4n_3$$

对定轴齿轮系部分：

$$i_{3'5} = \frac{n_{3'}}{n_5} = -\frac{z_5}{z_{3'}} = -1$$

$$n_{3'} = -n_5$$

即

$$n_3 = -n_5 \tag{2}$$

将 (2) 代入 (1) 得

$$n_1 = 5n_5 - 4 \times (-n_5) = 9n_5$$

故

$$i_{15} = \frac{n_1}{n_5} = 9$$

5.3.5 齿轮系的应用

在各种机械中，齿轮系的应用是十分广泛的，其功用大致可以归纳为以下几个方面。

1. 实现分路传动

利用齿轮系可以使一个主动轴带动若干个从动轴同时旋转，从而将运动从不同的传动路线传动给执行机构。

图 5-57 所示为滚齿机上滚刀与轮坯之间作展成运动的传动简图。滚齿加工要求滚刀的转速 $n_刀$ 与轮坯的转速 $n_坯$ 必须满足 $i_{刀坯} = \frac{n_刀}{n_坯} = \frac{z_坯}{z_刀}$ 的传动比关系。主动轴 I 通过锥齿轮 1 经齿轮 2 将运动传给滚刀；同时，主动轴又通过直齿轮 3 经齿轮 4—5、6、7—8 将运动传至蜗轮 9，带动被加工的轮坯转动，以满足滚刀与轮坯的传动比要求。

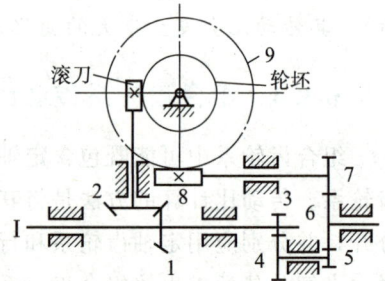

图 5-57

2. 获得大的传动比

当两轴之间需要较大的传动比时，如果仅用一对齿轮传动，必然使两轮的尺寸相差很大，这样不仅使传动机构的外廓尺寸庞大，而且小齿轮也较易损坏。所以，一对齿轮传动的传动比一般不大于 8。因此，当两轴间需要较大的传动比时，就需要采用齿轮系来满足。特别是采用行星齿轮系，可以在使用很少的齿轮并且结构也很紧凑的条件下，得到很大的传动比。

3. 实现换向传动

在主动轴转向不变的情况下，利用齿轮系可以改变从动轴的转向。图 5-58 所示为车床上走刀丝杠的三星轮换向机构。齿轮 2、3 活套在刚性构件 a 的轴上，构件 a 可绕齿轮 4 的轴线回转，如构件 a 处于图 5-58(a) 所示的位置时，主动轮 1 的运动经中间轮 2 及 3 传给从动轮 4，故从动轮 4 与主动轮 1 的转向相反；如转动构件 a，使齿轮 2 与 3 处于图 5-58(b) 所示的位置时，则齿轮 2 不参与传动，这时主动轮的运动就只经过中间轮 3 而传给从动轮 4，故从动轮 4 与主动轮 1 的转向相同。

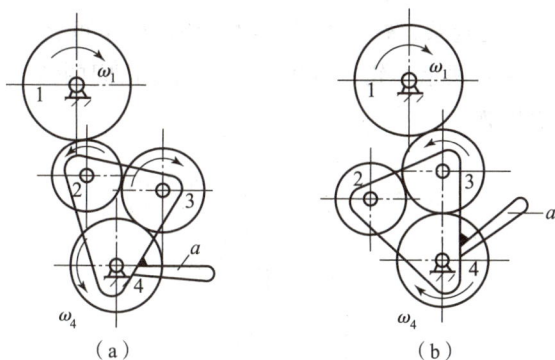

图 5-58

4. 实现变速传动

在主动轴转速不变的情况下，利用齿轮系可使从动轴获得多种工作转速。如图 5-59 所示的汽车变速箱，Ⅰ轴为输入轴，Ⅲ轴为输出轴，通过改变齿轮 4 及齿轮 6 在轴上的位置，可使输出轴Ⅲ得到四种不同的转速。一般机床、起重机等设备上也都需要这种变速传动。

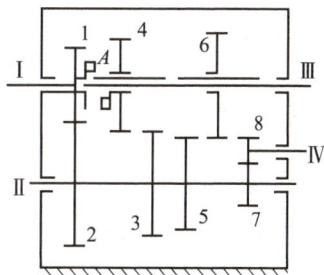

图 5-59

5. 用作运动的合成

如前所述，差动轮系有两个自由度，所以，必须给定三个基本构件中的任意两个已确定的运动，第三个基本构件的运动才能确定。这就是说，第三个基本构件的运动为另两个基本构件的运动的合成。因此可以利用差动轮系将两个运动合成一个运动。

如图 5-60 所示的由圆锥齿轮组成的差动轮系，就常用来作运动的合成。

在该轮系中，因 $z_1 = z_3$，故

$$i_{13}^H = \frac{n_1 - n_H}{n_3 - n_H} = -\frac{z_3}{z_1} = -1$$

或
$$n_H = \frac{1}{2}(n_1 + n_3)$$

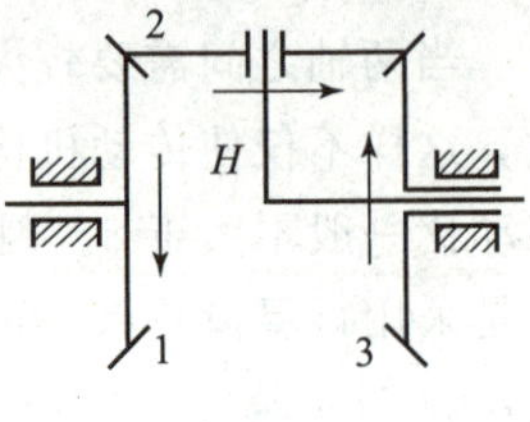

上式说明，行星架 H 的转速是齿轮1及齿轮3转速的合成。此种齿轮系可用作加法机构。当由齿轮1及3分别输入加数和被加数时，行星架 H 的转角数值就代表它们的和。又在该齿轮系中，如果以行星架 H 和任一个中心轮作为主动件，则又可用作减法机构。差动轮系可作运动合成的这种性能，在机床、计算机、补偿调整等装置中得到了广泛的应用。

图 5-60

6. 用作运动的分解

差动轮系不仅能将两个独立的转动合成一个转动，而且还可以将一个主动基本构件的转动按所需的可变比例分解为另两个从动基本构件的两个不同的转动。现以汽车后轴的差速器为例来说明。

图 5-61 所示为安装在汽车后桥上的差动轮系（常称差速器）。发动机通过传动轴驱动齿轮5，齿轮4上固连着行星架 H，行星架上装有行星轮2，齿轮4、5组成定轴齿轮系，齿轮1、2、3及行星架组成一差动轮系。在汽车转弯时，该齿轮系可将发动机传到齿轮5的运动以不同的速度分别传递给左右两个车轮，以维持车轮与地面间的纯滚动，避免车轮与地面间的滑动摩擦导致车轮过度磨损。

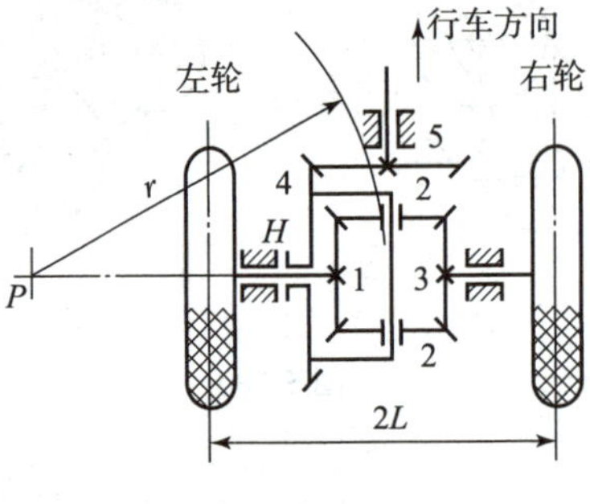

图 5-61

【任务分析】

自动机械表机芯原理

发条是为手表提供能量的零件，圈绕在条盒内。利用条轴上的铣方槽上紧发条。条轴的方槽是由上条机构驱动。手表在无复上条情况下，即能走时36到50小时。发条储存一定的能量，以均匀小量地分配给振荡器。为此，提供的能量通过轮列组，由轮列组以相同比例缩减传输力的同时增加圈数。该轮列组包括4只轮和4只齿轮，后3只轮是铆压在前3只齿轮上的。第一只轮是圆周铣齿的条盒轮。最后一只轮是擒纵机构齿轮，擒纵轮铆压在该齿轮上。擒纵轮属于分配机构及计数器。条盒轮转一圈约6小时。在此段时间内，擒纵齿轮和擒纵轮转约3 600圈。这个数字代表第一只轮和最后一只轮之间的旋转频率比。该比例始终在此数值范围内。一般都设法使齿轮和分轮在手表的中心，并每小时转一圈，如图5-62所示。

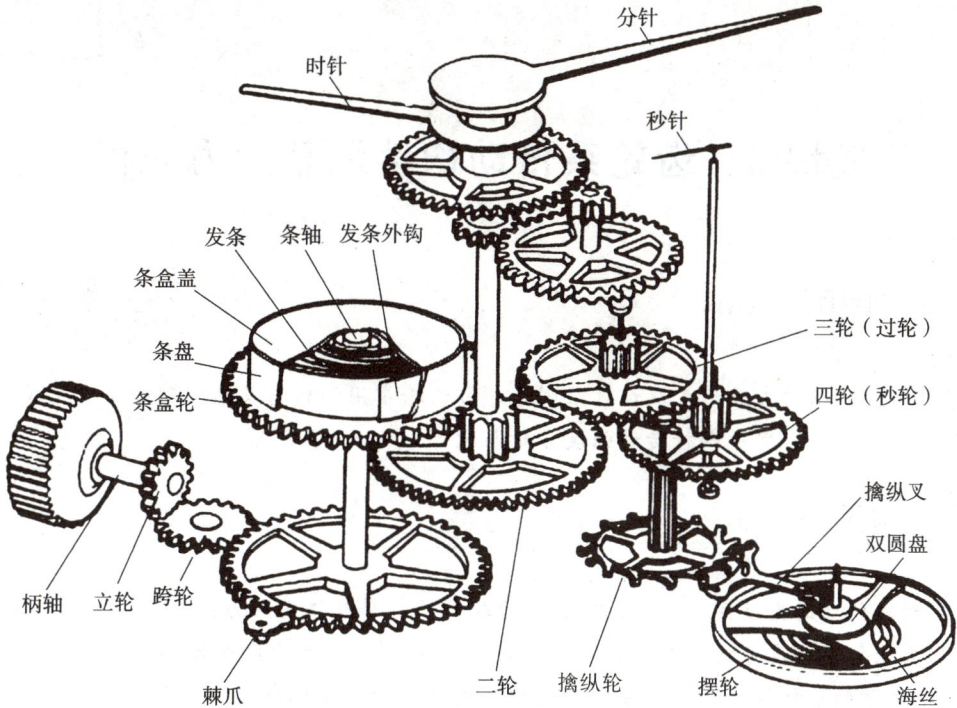

图 5-62

【单元测试】

(1)图 5-63 所示为车床溜板箱手动操纵机构。已知齿轮 1、2 的齿数 $z_1 = 16$，$z_2 = 80$，齿轮 3 的齿数 $z_3 = 13$，模数 $m = 2.5$ mm，与齿轮 3 啮合的齿条被固定在床身上。试求当溜板箱移动速度为 1 m/min 时的手轮转速。

(2)图 5-64 所示的差动轮系中，已知各齿轮的齿数分别为 $z_1 = 15$，$z_2 = 25$，$z_{2'} = 20$，$z_3 = 60$，转速 $n_1 = 200$ r/min，$n_3 = 50$ r/min，转向如图 5-64 所示。试求行星架 H 的转速 n_H。

(3)图 5-65 所示的齿轮系中，已知各齿轮齿数 $z_1 = 20$、$z_2 = 30$、$z_3 = 20$、$z_4 = 30$、$z_5 = 80$，齿轮 1 的转速 $n_1 = 300$ r/min。求行星架 H 的转速 n_H。

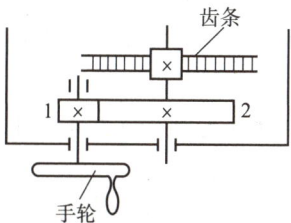

图 5-63

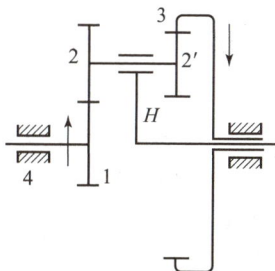

图 5-64

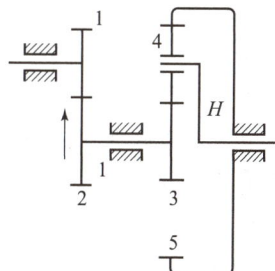

图 5-65

模块 6　齿轮系传动构件承载能力分析

知识目标 ○○○

学习齿轮传动的失效形式及设计准则，学习齿轮常用的材料及热处理方法。完成齿轮传动强度分析与设计，完成蜗杆传动强度分析与设计。

知识要点 ○○○

(1)齿轮传动的失效形式、设计准则、齿轮常用材料及许用应力；

(2)齿轮传动强度分析、齿面接触疲劳强度、齿根弯曲疲劳强度计算、渐开线标准直齿圆柱齿轮传动的设计计算、斜齿圆柱齿轮的强度计算、直齿锥齿轮的强度计算；

(3)蜗杆传动的失效形式、设计准则、常用材料、蜗杆传动的强度计算、蜗杆传动的效率、润滑、热平衡计算。

单元 6.1　齿轮传动承载能力分析

【学习目标】

学习齿轮传动的失效形式、设计准则、齿轮常用材料及许用应力；完成齿轮传动强度分析、齿面接触疲劳强度、齿根弯曲疲劳强度计算、渐开线标准直齿圆柱齿轮传动的设计计算、斜齿圆柱齿轮的强度计算、直齿锥齿轮的强度计算。

【任务提出】

球磨机齿轮传动失效

如图 6-1 所示，球磨机是水泥、冶金、矿山、电厂等行业中重要的粉磨设备。齿轮副传动是它的重要组成部分，其质量、体积、成本在整机中占有很大的比重，其工作效率对球磨机的正常工作有重要的影响。但是在球磨机的工作过程中，齿轮传动失效是一个易发生的故障。本单元主要分析齿轮传动失效的原因。

图 6-1

【任务实施】

6.1.1 齿轮传动的失效形式

齿轮传动的失效主要发生在轮齿，常见失效形式有以下五种。

1. 轮齿折断

轮齿折断一般发生在齿根处。当轮齿反复受载时，齿根部分在交变弯曲应力的作用下将产生疲劳裂纹，并逐渐扩展，致使轮齿折断。这种折断称为疲劳折断，如图 6-2(a)所示。

当轮齿突然过载，或经严重磨损后齿厚过薄时，由于静强度不足，也会发生轮齿折断，称为过载折断。对于齿宽较大而载荷沿齿向分布不均匀的齿轮、接触线倾斜的斜齿轮和人字齿，会造成局部折断，如图 6-2(b)所示。

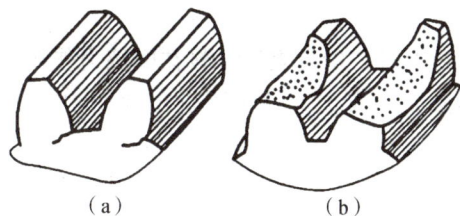

（a）　　　　　　　　（b）

图 6-2

提高轮齿抗折断能力的措施很多，如增大齿根过渡圆角，消除该处的加工刀痕以降低应力集中；增大轴及支承的刚度，以减少齿面上局部受载的程度；使轮芯具有足够的韧性；在齿根处施加适当的强化措施（如喷丸）等。

2. 齿面磨损

齿面磨损通常有磨粒磨损和跑合磨损两种。

由于轮齿在啮合过程中存在相互滑动，当其工作面间进入硬屑粒（如砂粒、铁屑等）时，将引起磨粒磨损，如图 6-3 所示。磨粒磨损将破坏渐开线齿形，齿侧间隙加大，引起冲击和振动，严重时会因轮齿变薄，抗弯强度降低而折断。

对于新的齿轮传动装置来说，在刚开始运转的一段时间内，会发生跑合磨损。这对传动是有利的，使齿面表面粗糙度值降低，提高了传动的承载能力。但跑合结束后，应更换润滑油，以免发生磨粒磨损。

磨损是开式传动的主要失效形式。采用闭式传动，提高齿面硬度，降低齿面粗糙度及采用清洁的润滑油，都可以减轻齿面磨损。

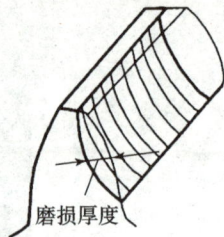

图 6-3

3. 齿面点蚀

轮齿进入啮合后，齿面接触处在脉动循环的接触应力作用下，表层金属微粒剥落，形成小麻点或较大的凹坑，这种现象称为齿面点蚀，如图 6-4 所示。

一般闭式传动中的软齿面较易发生齿面点蚀。齿面点蚀严重影响传动的平稳性，并产生振动和噪声，以致齿轮不能正常工作。

提高齿面硬度和润滑油的黏度，降低齿面粗糙度等均可提高轮齿抗疲劳点蚀的能力。

在开式齿轮传动中，由于齿面磨损较快，一般不会出现齿面点蚀。

图 6-4

4. 齿面胶合

在高速重载的齿轮传动中，齿面间的高压、高温环境下，金属表面局部直接接触并互相粘连，继而齿面间又相对滑动，较硬金属齿面将较软金属表面沿滑动方向撕下而形成沟纹，如图 6-5 所示，这种现象称为齿面胶合。低速重载的齿轮传动，因速度低不易形成油膜，且啮合处的压力大，使齿面间的表面油膜被刺破而产生黏着，也会出现齿面胶合。

提高齿面硬度和降低表面粗糙度，限制油温、增加油的黏度，选用加有抗胶合添加剂的合成润滑油等方法，都有利于提高轮齿齿面抗胶合的能力。

5. 塑性变形

当轮齿材料较软而载荷较大时，轮齿表面材料在摩擦力作用下，就容易沿着滑动方向产生局部的齿面塑性变形，导致主动轮齿面节线附近出现凹沟，从动轮齿面节线附近出现凸棱，如图 6-6 所示。

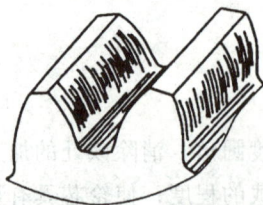

图 6-5

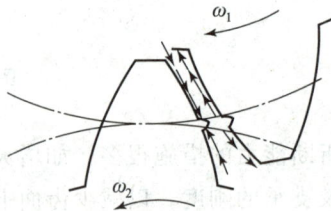

图 6-6

提高齿面硬度，采用黏度较高的润滑油，都有助于防止轮齿产生塑性变形。

6.1.2　齿轮常用材料及许用应力

由齿轮的失效分析可知，轮齿齿面应具有足够的硬度和耐磨性，以抵抗齿面磨损、点蚀、胶合及塑性变形，而齿根应具有足够的弯曲强度，以抵抗齿根折断。因此，对齿轮材料的基本要求是齿面要硬、齿芯要韧。另外，还应具有良好的加工工艺性及热处理性能。最常用的齿轮材料是各种钢材，其次是铸铁，还有一些非金属材料。

1. 齿轮常用材料

（1）锻钢。锻钢因具有强度高、韧性好、便于制造、便于热处理等优点，所以大多数齿轮都是用锻钢制造的。

（2）铸钢。当齿轮的尺寸较大（大于 400～600 mm）而不便于锻造时，可用铸造方法制成铸钢齿坯，再进行正火处理以细化晶粒。

（3）铸铁。低速、轻载场合的齿轮可以制成铸铁齿坯。当尺寸大于 500 mm 时可制成大齿圈，或制成轮辐式齿轮。铸铁齿轮的加工性能、抗点蚀、抗胶合性能均较好，但强度低，耐磨性能、抗冲击性能差。为避免局部折断，其齿宽应取得小些。

球墨铸铁的力学性能和抗冲击能力比灰铸铁高，可代替铸钢铸造大直径齿轮。

（4）非金属材料。非金属材料的弹性模量小，传动中轮齿的变形可减轻动载荷和噪声，适用于高速轻载、精度要求不高的场合，常用的有夹布胶木、工程塑料等。

齿轮常用材料的力学性能及应用范围，扫码见配套资源表 6-1。

表 6-1

2. 许用应力

齿轮的许用应力[σ]是以试验齿轮的疲劳极限应力为基础，并考虑其他影响因素而确定的。一般按下式计算：

齿面接触疲劳许用应力：

$$[\sigma_H] = \frac{\sigma_{H\lim} Z_N}{S_H} \ (\text{MPa}) \tag{6-1}$$

齿根弯曲疲劳许用应力：

$$[\sigma_F] = \frac{\sigma_{F\lim} Y_N}{S_F} \ (\text{MPa}) \tag{6-2}$$

式中　S_H，S_F——分别为齿面接触疲劳强度安全系数和齿根弯曲疲劳强度安全系数；

Y_N，Z_N——分别为弯曲疲劳寿命系数和接触疲劳寿命系数；

$\sigma_{H\lim}$——试验齿轮的齿面接触疲劳强度极限（MPa）；

$\sigma_{F\lim}$——试验齿轮的齿根弯曲疲劳强度极限（MPa）。

上述参数，扫码见配套资源表 6-2～表 6-5，或查询相关设计手册。

6.1.3　齿轮传动强度分析与设计

表 6-2～表 6-5

1. 渐开线标准直齿圆柱齿轮传动设计计算

（1）轮齿受力分析。图 6-7 所示为一对标准直齿圆柱齿轮啮合传动时的受力情况。两轮齿面间的相互作用力应沿啮合点的公法线 $N_1 N_2$ 方向（图中的 $\boldsymbol{F}_{n1}$ 为作用于主动轮上的力）。将 $\boldsymbol{F}_{n1}$ 在节点 P 处分解为切于分度圆的圆周力 $\boldsymbol{F}_{t1}$ 和指向轮心的径向力 $\boldsymbol{F}_{r1}$。其计算公式为

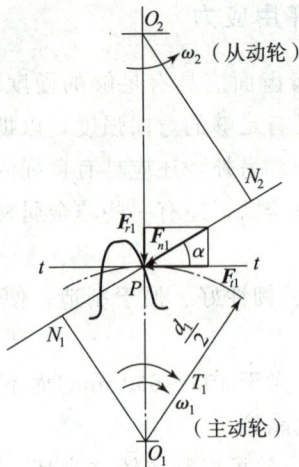

图 6-7

$$F_{t1} = \frac{2T_1}{d_1}$$

$$F_{r1} = F_{t1} \tan\alpha$$

$$F_{n1} = \frac{F_{t1}}{\cos\alpha}$$

(6-3)

式中　T_1——小齿轮传递的转矩($\mathrm{N \cdot mm}$)，$T_1 = 9.55 \times 10^6 P/n_1$；

　　　P——小齿轮传递的功率(kW)；

　　　n_1——小齿轮的转速($\mathrm{r/min}$)；

　　　d_1——小齿轮分度圆直径(mm)；

　　　α——压力角。

(2)轮齿的计算载荷。上述的法向力为名义载荷，计算齿轮强度时，通常用计算载荷 F_{nc} 代替名义载荷 F_n，以考虑载荷集中和附加动载荷的影响。

$$F_{nc} = KF_n(\mathrm{N})$$

式中　K——载荷系数，其值可扫码查询配套资源表 6-6 查取。

(3)直齿圆柱齿轮强度计算。在一般闭式齿轮传动中，轮齿的主要失效形式是齿面接触疲劳点蚀和轮齿弯曲疲劳折断，所以只介绍以下两种情况的强度计算。

表 6-6

第一种情况，齿面接触疲劳强度计算。

防止齿面过早产生疲劳点蚀，应满足的强度条件为

$$\sigma_H \leqslant [\sigma_H]$$

标准直齿圆柱齿轮传动的齿面接触疲劳的校核公式为

$$\sigma_H = 3.52 \sqrt{\frac{KT_1(u \pm 1)}{bd_1^2 u}} \leqslant [\sigma_H]$$

(6-4)

式中　σ_H——齿面工作时产生的接触应力(MPa)；

　　　$[\sigma_H]$——齿轮材料的接触疲劳许用应力(MPa)；

T_1——小齿轮传递的转矩(N·mm);

b——工作齿宽(mm);

u——齿数比,即大齿轮齿数与小齿轮齿数之比 $u=\dfrac{z_2}{z_1}$;

K——载荷系数;

d_1——小齿轮分度圆直径(mm);

±——"+"用于外啮合,"−"用于内啮合。

上述参数可查询相关设计手册。

为了便于设计计算,引入齿宽系数,并代入式(6-4)得到齿面接触疲劳强度的设计公式为

$$d \geqslant \sqrt[3]{\frac{KT_1(u\pm1)}{\psi_d^u}\left(\frac{3.52Z_E}{[\sigma_H]}\right)^2} \tag{6-5}$$

表 6-7

式中　Z_E——齿轮材料的弹性系数(MPa),可扫码查询配套资源表 6-7 查取。

应用上述公式时需要注意以下几点:

(1)两齿轮的齿面接触应力相等;

(2)若两轮材料齿面硬度不同,则两轮的接触疲劳许用应力不同,进行强度计算时应选用较小值;

(3)齿轮传动的接触疲劳强度取决于齿轮直径(齿轮的大小)或中心距,即与 m、z 的乘积有关,而与模数的大小无关。

第二种情况,齿根弯曲疲劳强度计算。

如图 6-8 所示,轮齿的疲劳折断主要与齿根弯曲应力的大小有关。为了防止轮齿疲劳折断,应使齿根最大的弯曲应力 σ_F 小于或等于齿轮材料的弯曲疲劳许用应力,即 $\sigma_F \leqslant [\sigma_F]$。

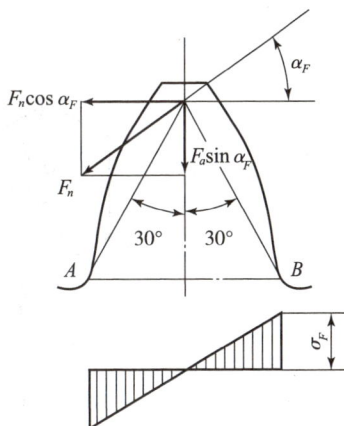

图 6-8

齿根弯曲疲劳强度校核公式为

$$\sigma_F = \frac{2KT_1}{bm^2z_1}Y_FY_S \leqslant [\sigma_F] \tag{6-6}$$

式中　σ_F——齿根危险截面的最大弯曲应力(MPa);

　　　$[\sigma_F]$——齿轮材料的弯曲疲劳许用应力(MPa);

　　　Y_F——齿形系数,可扫码查询配套资源表 6-8 查取;

　　　Y_S——应力修正系数,可扫码查询配套资源表 6-9 查取。

上述参数可查询相关设计手册。

表 6-8、表 6-9

由于 m、z_1、Y_F 是反映齿形大小的几个参数,因此齿轮弯曲强度取决于轮齿的形状大小(其中最主要的影响参数是模数 m,而与齿轮直径无关)。在强度计算时,因两轮的齿数不同,故 Y_F、Y_S 就不同,且两轮材料的弯曲疲劳许用应力 $[\sigma_F]_1$、$[\sigma_F]_2$ 也不一定相同。因此必须分别校核两齿轮的齿根弯曲疲劳强度。

将齿宽系数 $\psi_d=\dfrac{b}{d_1}$ 代入式(6-6)，可得出齿根弯曲疲劳强度的设计公式为

$$m \geqslant 1.26\sqrt[3]{\frac{KT_1 \cdot Y_F \cdot Y_S}{\psi_d \cdot z_1^2 \cdot [\sigma_F]}} \tag{6-7}$$

注意：设计计算时，应将两轮的 $\dfrac{Y_F Y_S}{[\sigma_F]}$ 值进行比较，取较大者代入式(6-7)，并将计算得出的模数按标准值选取。齿宽系数，可扫码查询配套资源表6-10查取。

表 6-10

2. 斜齿圆柱齿轮的强度计算

(1)受力分析。图6-9所示为斜齿圆柱齿轮传动中主动轮轮齿的受力情况。当轮齿上作用转矩 T_1 时，若不计摩擦力，则该轮齿受力可视为集中作用于齿宽中点的法向力 F_{n1}。F_{n1} 可以分解为三个相互垂直的分力，即圆周力 F_{t1}、径向力 F_{r1}、轴向力 F_{a1}。其值分别为

$$\left.\begin{array}{l} F_{t1} = \dfrac{2T_1}{d_1} \\[2mm] F_{r1} = F_{t1}\dfrac{\tan\alpha_n}{\cos\beta} \\[2mm] F_{a1} = F_{t1}\tan\beta \end{array}\right\} \tag{6-8}$$

轴设计实例

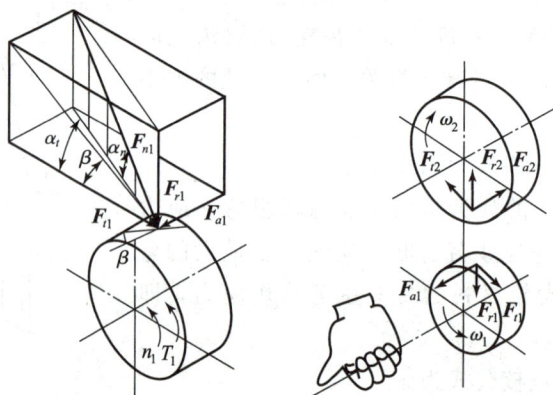

图 6-9

式中　T_1——主动轮传递的转矩(N·mm)；

　　　d_1——主动轮分度圆直径(mm)；

　　　β——分度圆上的螺旋角；

　　　α_n——法面压力角。

圆周力和径向力方向的判定方法与直齿圆柱齿轮相同，轴向力的方向可依左、右手法则判定。当主动轮是右旋时用右手，左旋时用左手。即握住主动轮轴线，弯曲的四指表示主动轮的转向，拇指的指向即轴向力的方向。从动轮的轴向力则与其大小相等、方向相反。

(2)斜齿圆柱齿轮的强度计算。斜齿圆柱齿轮传动的强度计算与直齿圆柱齿轮相似。其强度计算包括<u>齿面接触疲劳强度计算</u>和<u>齿根弯曲疲劳强度计算</u>，计算公式分别为

齿面接触疲劳强度计算：

校核公式 $\qquad$ $\sigma_H = 3.17Z_E\sqrt{\dfrac{KT_1(u\pm1)}{bd_1^2 u}} \leqslant [\sigma_H]$ $\qquad$ (6-9)

设计公式 $\qquad$ $d_1 \geqslant \sqrt[3]{\dfrac{KT_1(u\pm1)}{\psi_d^u}\left(\dfrac{3.17Z_E}{[\sigma_H]}\right)^2}$ $\qquad$ (6-10)

齿根弯曲疲劳强度计算：

校核公式 $\qquad$ $\sigma_F = \dfrac{1.6KT_1}{bm_n d_1}Y_F Y_S = \dfrac{1.6KT_1\cos\beta}{bm_n^2 z_1}Y_F Y_S \leqslant [\sigma_F]$ $\qquad$ (6-11)

设计公式 $\qquad$ $m_n \geqslant 1.17\sqrt[3]{\dfrac{KT_1\cos^2\beta Y_F Y_S}{\psi_d z_1^2 [\sigma_F]}}$ $\qquad$ (6-12)

设计时应将 $Y_{F1}Y_{S1}/[\sigma]_1$ 和 $Y_{F2}Y_{S2}/[\sigma]_2$ 两值中的较大值代入上式，并将计算所得的 m_n 按标准模数取值。Y_F、Y_S 应按斜齿轮的当量齿数查取。

3. 直齿锥齿轮的强度计算

(1)受力分析。图 6-10 所示为锥齿轮传动主动轮上的受力情况。

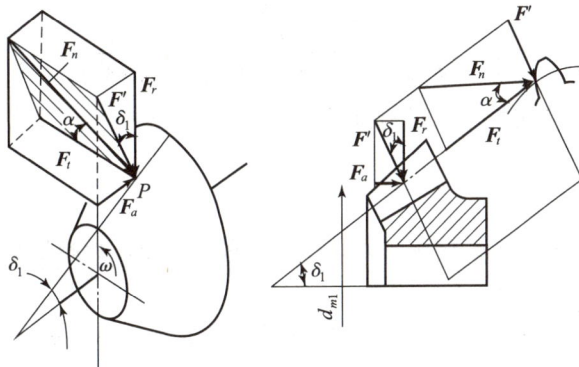

图 6-10

将主动轮上的法向力简化为集中载荷 F_n，并近似地认为 F_n 作用在位于齿宽 b 中间位置的节点 P 上，即作用在分度圆锥的平均直径 d_{m1} 处。当齿轮上作用的转矩为 T_1 时，若忽略接触面上摩擦力的影响，法向力 F_n 可分解成三个互相垂直的分力，即圆周力 F_{t1}、径向力 F_{r1} 及轴向力 F_{a1}。其计算式分别为

$$\left.\begin{aligned}F_{t1} &= \frac{2T_1}{d_{m1}}\\ F_{r1} &= F'\cdot\cos\delta = F_{t1}\tan\alpha\cdot\cos\delta\\ F_{a1} &= F'\cdot\sin\delta = F_{t1}\tan\alpha\cdot\sin\delta\end{aligned}\right\} \qquad (6\text{-}13)$$

d_{m1} 可根据几何尺寸关系由分度圆直径 d_1、锥距 R 和齿宽 b 来确定，即

$$\frac{R-0.5b}{R} = \frac{0.5d_{m1}}{0.5d_1}$$

则 $\qquad$ $d_{m1} = \dfrac{R-0.5b}{R}d_1 = (1-0.5\psi_R)d_1$ $\qquad$ (6-14)

圆周力和径向力方向的确定方法与直齿齿轮相同，两齿轮的轴向力方向都是沿着各自的轴线方向并指向轮齿的大端。大齿轮的受力可根据作用与反作用原理确定：$F_{t1} = -F_{t2}$，

$F_{r1} = -F_{r2}$，$F_{a1} = -F_{a2}$，负号表示二力的方向相反。

(2)强度计算。计算直齿锥齿轮的强度时，可按齿宽中点处一对当量直齿圆柱齿轮的传动作近似计算。当两轴交角 $\sum = 90°$ 时，其强度包括齿面接触疲劳强度计算和齿根弯曲疲劳强度计算。

齿面接触疲劳强度计算：

校核公式
$$\sigma_H = \frac{4.98Z_E}{1-0.5\psi_R}\sqrt{\frac{KT_1}{\psi_R d_1^3 u}} \leqslant [\sigma_H] \tag{6-15}$$

设计公式
$$d_1 \geqslant \sqrt[3]{\frac{KT_1}{\psi_R u}\left(\frac{4.98Z_E}{1-0.5\psi_R[\sigma_H]}\right)^2} \tag{6-16}$$

式中，ψ_R 为齿宽系数，$\psi_R = b/R$，一般 $\psi_R = 0.25 \sim 0.3$。其余各项符号的意义与直齿轮相同。

齿根弯曲疲劳强度计算：

校核公式
$$\sigma_F = \frac{4KT_1 Y_F Y_S}{\psi_R(1-0.5\psi_R)^2 Z_1^2 m^3 \sqrt{u^2+1}} \leqslant [\sigma_F] \tag{6-17}$$

设计公式
$$m \geqslant \sqrt[3]{\frac{4KT_1 Y_F Y_S}{\psi_R(1-0.5\psi_R)^2 z_1^2[\sigma_F]\sqrt{u^2+1}}} \tag{6-18}$$

计算得到的模数 m 应按标准值进行圆整。

【任务分析】

齿轮的失效形式表现为过度磨损、磨粒磨损、点蚀和轮齿折断等形态。引起齿轮传动失效的原因有以下几种：

(1)工作环境和润滑状况。由于工作条件限制，球磨机齿轮副传动工作环境比较差，空气中粉尘颗粒物较多，密封状况较差。润滑方面采用人工定期加油润滑，因此，齿轮副容易出现注油不充分、齿轮副密封状况较差、金属表面易受干摩擦作用引起过度磨损等问题。

(2)重合度。在传动中，齿轮副单齿承受载荷的时间要大大延长，这是引起齿轮磨损过快的一个重要原因。而重合度降低必然引起齿轮侧隙增大，这样，一些杂质和空气中的漂浮物及粉尘更容易进入齿轮副的啮合面之间，引起磨粒磨损的发生。

(3)齿面接触疲劳强度。齿轮上存在应力集中，当齿轮的齿顶进入啮合状态时，在过大的当量接触剪应力作用下，表面层形成原始裂纹。在齿轮运转过程中，接触压力产生的高压油波以极高的速度进入裂纹，对裂纹壁产生强大的流体冲击作用；与此同时，齿轮副表面可以将裂纹口封闭，使裂纹内的油压进一步升高，并迫使裂纹向纵深方向和齿面方向扩展，材料从齿面脱落，形成点蚀。

(4)齿根弯曲疲劳强度。一方面，齿轮运行一段时间后，小齿轮轴线和球磨机滚筒的轴线可能变得不平行，这时齿轮啮合成为局部接触，齿轮在整个齿宽上受力不均匀，齿轮轴容易产生弯曲和扭转变形，从而使载荷沿齿宽方向分布不均匀；另一方面，因材料组织不均匀，存在夹渣、气孔和硬质颗粒等，表层或次表层局部剪切应力过大，产生断齿现象。

【单元测试】

(1)一闭式直齿圆柱齿轮传动，已知：传递功率 $P = 4.5$ kW，转速 $n_1 = 960$ r/min，模

数 $m=3$ mm，齿数 $z_1=25$，$z_2=75$，齿宽 $b_1=75$ mm，$b_2=70$ mm。小齿轮材料为 45 钢调质，大齿轮材料为 ZG45 正火。载荷平稳，电动机驱动，单向转动，预期使用寿命 10 年（按一年 300 天，每天两班制工作考虑）。试问这对齿轮传动能否满足强度要求而安全工作。

（2）设计一单级直齿圆柱齿轮减速器，已知传递的功率为 4 kW，小齿轮转速 $n_1=450$ r/min，传动比 $i=3.5$，载荷平稳，使用寿命 5 年。

单元 6.2　蜗杆传动承载能力分析

【学习目标】

学习蜗杆传动的失效形式、设计准则及常用材料，完成蜗杆传动的强度计算、蜗杆传动的效率、润滑、热平衡计算。

【任务提出】

蜗轮蜗杆设计实例（设计准则、实例分析）

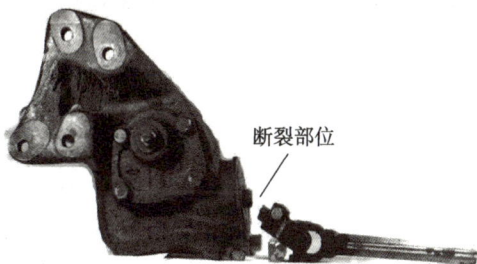

汽车转向器是汽车行驶过程中重要的部件之一。其质量对汽车转向安全有着重要的影响，转向臂轴是转向器中关键的零部件，其使用寿命直接影响转向器的使用寿命。

某客车仅运行一个月就在一次下坡转弯处时，其方向机蜗杆轴突然断裂，导致车辆失控翻入山沟，造成重大交通事故。在断裂方向机蜗杆轴可看到断裂发生在轴节一侧，可观察到轴颈和花键部分突出，拆开方向机，取出蜗杆后，两边进行合拢，断口完全耦合，且断口表面无明显收缩变形。断口表面大部分颜色基本一致，仅有断裂源部位存在一小部分明显的生锈痕迹，表明蜗杆断裂前该部位就已产生裂纹并导致在使用过程中锈蚀，如图 6-11 所示。

断裂部位

图 6-11

通过本单元的学习，将针对蜗杆传动进行承载能力的分析。

【任务实施】

6.2.1　蜗杆传动的失效形式、设计准则和常用材料

1. 蜗杆传动的失效形式和设计准则

在蜗杆传动中，由于蜗杆为连续的螺旋齿，且其材料的强度高于蜗轮轮齿的强度，所以失效总是发生在蜗轮轮齿上。由于蜗杆传动的相对滑动速度大、发热量大、效率低，故传动的失效形式主要是蜗轮齿面的磨损、胶合和点蚀等。

对胶合和磨损的计算，通常只是仿照圆柱齿轮，进行齿面接触疲劳强度和齿根弯曲疲劳强度的条件性计算，并在选取许用应力时，适当考虑胶合和磨损的影响。

蜗杆传动的设计准则：对闭式蜗杆传动，一般按齿面接触疲劳强度设计，按齿根弯曲疲劳强度校核和热平衡核算；对开式蜗杆传动或传动时载荷变动较大，或蜗轮齿数 z_2 大于 90 时，只需按齿根弯曲疲劳强度进行设计。当蜗杆直径较小而跨距较大时，还应作蜗杆轴的刚度验算。

2. 蜗杆传动的常用材料

由蜗杆传动的失效形式可知，选择的材料除要有足够的强度外，更重要的是要有良好的减摩性、耐磨性和抗胶合能力。实践证明，蜗杆传动较理想的配对材料是钢和青铜。

蜗杆一般用碳钢或合金钢制成。高速重载蜗杆常用低碳合金钢，如 15Cr、20Cr、20CrMnTi 等，经渗碳淬火，表面硬度为 56～62 HRC。中速中载蜗杆可用优质碳素钢或合金结构钢，如 45、45Cr 等，经表面淬火，表面硬度为 45～55 HRC。低速或不重要的传动，蜗杆可用 45 钢经调质处理，表面硬度<270 HBS。

蜗轮常用材料为青铜和铸铁。锡青铜耐磨性能及抗胶合性能较好，但价格较贵，常用的有 ZCuSn10P1(铸锡磷青铜)、ZCuSn5Pb5Zn5(铸锡锌铅青铜)等，用于滑动速度较高的场合。铝铁青铜的力学性能较好，但抗胶合性能略差，常用的有 ZCuAl9Fe4Ni4Mn2(铸铝铁镍青铜)等，用于滑动速度较低的场合。灰铸铁只用于滑动速度 $v \leqslant 2$ m/s 的传动中。

6.2.2 蜗杆传动的强度计算

1. 受力分析

蜗杆传动的受力分析与斜齿圆柱齿轮的受力分析相似。在不计摩擦力的情况下，齿面上的法向力可分解为三个相互垂直的分力，即圆周力 F_t、轴向力 F_a、径向力 F_r(图 6-12)。由于蜗杆与蜗轮轴交错 90°角，根据作用与反作用原理可得

$$\left.\begin{aligned} F_{t1} &= -F_{a2} = \frac{2T_1}{d_1} \\ -F_{a1} &= F_{t2} = \frac{2T_2}{d_2} \\ -F_{r1} &= F_{r2} = F_{t2}\tan\alpha \end{aligned}\right\} \tag{6-19}$$

式中　T_1，T_2——分别为作用于蜗杆和蜗轮的转矩(N·mm)，$T_2 = T_1\eta$；

η——蜗杆的传动效率；

d_1，d_2——分别为蜗杆和蜗轮的分度圆直径；

α——压力角，$\alpha = 20°$。

蜗杆蜗轮受力方向的判别方法与斜齿轮相同。一般先确定蜗杆的受力方向：其所受的圆周力 F_{t1} 的方向与转向相反；径向力 F_{r1} 的方向沿半径指向轴心；轴向力 F_{a1} 的方向取决于螺旋线的旋向和蜗杆的转向，按"主动轮左右手法则"来确定。作用于蜗轮上的力可根据作用力与反作用力的关系来确定。

2. 强度计算

(1)蜗轮齿面接触疲劳强度计算。蜗轮齿面接触疲劳强度计算可以参照斜齿轮的计算方法进行。以赫兹公式为基础，按节点处的啮合条件计算齿面的接触应力，其校核公式为

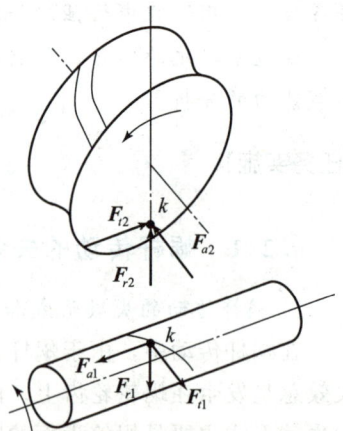

图 6-12

$$\sigma_H = 520\sqrt{\frac{KT_2}{d_1 d_2^2}} = 520\sqrt{\frac{KT_2}{m^2 d_1 z_2^2}} \leqslant [\sigma_H] \tag{6-20}$$

式(6-20)适用于钢制蜗杆对青铜或铸铁蜗轮。经整理得蜗轮齿面接触疲劳强度的设计公式为

$$m^2 d_1 \geqslant KT_2 \left(\frac{520}{z_2 [\sigma_H]}\right)^2 \tag{6-21}$$

式(6-20)、式(6-21)中，K 为载荷系数，$K=1\sim1.4$。当载荷平稳，$v_s \leqslant 3$ m/s，7 级以上精度时取小值，否则取大值；T_2 为蜗轮上的转矩(N·mm)；$[\sigma_H]$ 为蜗轮材料的许用接触应力(MPa)。

当蜗轮材料为铸铝铁青铜或铸铁时，其主要的失效形式为胶合，此时进行的接触强度计算是条件性计算；当蜗轮材料为锡青铜时，其主要的失效形式为疲劳点蚀，许用接触应力值与循环次数有关。扫码见配套资源表 6-11、表 6-12 及说明。

(2)蜗轮轮齿的齿根弯曲疲劳强度计算。蜗轮齿根弯曲疲劳强度一般按斜齿轮公式作近似计算。校核公式为

表 6-11、表 6-12

$$\sigma_F = \frac{2KT_2}{d_1 d_2 m\cos\lambda} Y_{F2} \leqslant [\sigma_F] \tag{6-22}$$

设计公式为
$$m^2 d_1 \geqslant \frac{2KT_2}{z_2 [\sigma_F] \cos\lambda} Y_{F2} \tag{6-23}$$

式(6-22)、式(6-23)中，$[\sigma_F]$ 为蜗轮材料的许用弯曲应力(MPa)，$[\sigma_F] = [\sigma_F]' K_{FN}$。$[\sigma_F]'$ 为基本许用弯曲应力，K_{FN} 为寿命系数，$K_{FN} = \sqrt[9]{\frac{10^6}{N}}$。其中，应力循环次数 N 的计算方法同前。当 $N > 25 \times 10^7$ 时，取 $N = 25 \times 10^7$；当 $N < 10^5$ 时，取 $N = 10^5$。

Y_{F2} 为蜗轮的齿形系数，按蜗轮的实有齿数 z_2 查询相关设计手册。其余符号的意义同前。扫码见配套资源表 6-13、表 6-14。

在闭式蜗杆传动中，蜗轮传动的弯曲疲劳强度所限定的承载能力，大多超过由齿面接触疲劳和热平衡计算所限定的承载能力，故不必进行弯曲强度计算。只有在开式蜗杆传动中或在经受强烈冲击的传动中，以及当蜗轮采用脆性材料时，才需进行齿根弯曲疲劳强度计算。

表 6-13、表 6-14

6.2.3　蜗杆传动的效率、润滑和热平衡计算

1. 蜗杆传动的效率

蜗杆传动的功率损失一般包括轮齿啮合摩擦损失、轴承摩擦损失和浸油零件搅动润滑油的损失三个部分。所以，蜗杆传动的总效率为

$$\eta = \eta_1 \eta_2 \eta_3 \tag{6-24}$$

式中，η_1、η_2、η_3 分别为蜗杆传动的啮合效率、轴承效率和搅油效率。决定蜗杆传动总效率的是 η_1，一般取 $\eta_2 \eta_3 = 0.95\sim0.96$。

当蜗杆为主动件时，η 可近似按螺旋传动的效率计算，即

$$\eta = \frac{\tan\lambda}{\tan(\lambda + \rho_v)} \tag{6-25}$$

式中　λ——蜗杆的导程角；

ρ_v——当量摩擦角。

$\rho_v = \arctan f_v$ 可查询相关设计手册。ρ_v 随滑动速度的增大而减少。这是由于 v_s 的增大，使油膜易于形成，导致摩擦系数下降。扫码见配套资源表6-15、表6-16。

η 除与 ρ_v 有关外，起决定影响的还是导程角 λ。在 λ 的一定范围内，η_1 随 λ 的增大而增大，而多头蜗杆的 λ 角较大，故动力传动一般采用多头蜗杆。但如果 λ 角过大，蜗杆的加工较困难，且当 $\lambda > 27°$ 时，效率增加的幅度很小。因此，一般取 $\lambda \leqslant 27°$。当 $\lambda \leqslant \rho_v$ 时，蜗杆传动具有自锁性，但此时蜗杆传动的效率很低(小于50%)。

表6-15、表6-16

传动尺寸未确定之前，蜗杆传动的总效率 η 一般可根据蜗杆头数 z_1 近似选取。

2. 蜗杆传动的润滑

蜗杆传动常用黏度较大的润滑油，以增强抗胶合能力，减小磨损。润滑油黏度及润滑方式主要取决于滑动速度的大小、载荷类型。

在闭式蜗杆传动中，润滑方式可分为浸油润滑和压力喷油润滑。

采用浸油润滑时，对下置蜗杆传动，如图6-13(a)所示，浸油深度为蜗杆的一个齿高，且油面不超过蜗杆滚动轴承最下方滚动体的中心。当 $v_s > 5$ m/s 时，蜗杆搅油阻力太大，应采用上置蜗杆，如图6-13(c)所示，此时可采用压力喷油润滑，有时也用浸油润滑，但浸油深度应达到蜗轮半径的1/3。

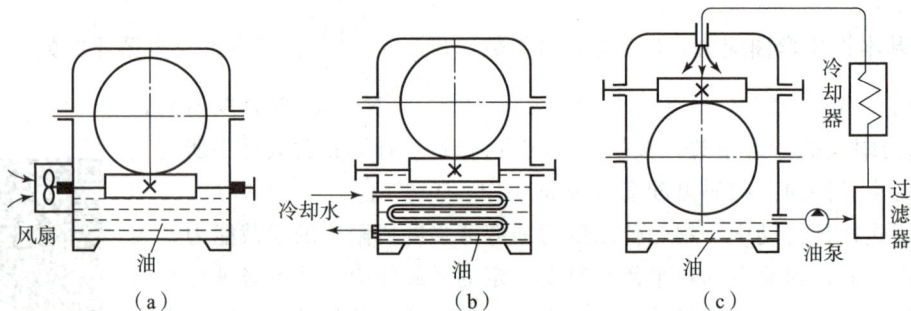

图6-13

对于开式传动，则采用黏度较高的齿轮油或润滑脂进行润滑。

3. 蜗杆传动的热平衡计算

由于蜗杆传动的效率低，发热量大，若不及时散热，将引起箱体内油温升高，黏度降低，润滑失效，导致齿面磨损加剧，甚至胶合。因此，要依据单位时间内的发热量等于同时间内的散热量的条件进行平衡计算，以保证油温稳定地处在规定的范围内。

设蜗杆传动的输入功率为 P_1(kW)，传动效率为 η，单位时间内产生的发热量为 Q_1(W)，则

$$Q_1 = P_1(1-\eta) \times 1\,000$$

自然冷却时，经箱体外壁在单位时间内散发到空气中的散热量为 Q_2(W)，则

$$Q_2 = K_s(t_1 - t_0)A$$

式中 K_s——散热系数[W/(m²·℃)]，一般取 $K_s = 10 \sim 17$，通风良好时取大值；

A——箱体有效散热面积(m^2)，它是指箱体外壁与空气接触，而内壁又被油飞溅到的箱壳面积；对凸缘和散热片的面积可近似按其表面积的50%计算；

t_1——润滑油的工作温度(℃)，通常允许油温$[t_1]=70\ ℃\sim90\ ℃$；

t_0——周围空气温度(℃)，通常取$t_0=20\ ℃$。

若蜗杆传动单位时间内损耗的功率全部转变为热量，并由箱体表面散发出去而达到平衡时，即$Q_1=Q_2$，可得热平衡时润滑油的工作温度t_1为

$$t_1=\frac{1\ 000(1-\eta)P_1}{AK_s}+t_0\leqslant[t_1]\tag{6-26}$$

如果工作温度超过允许的范围，应采取下列措施以增加传动的散热能力：

(1)在箱体外表面设置散热片，以增加散热面积A。

(2)在蜗杆轴上安装风扇，如图6-13(a)所示。

(3)在箱体油池内安装蛇形冷却水管，用循环水冷却，如图6-13(b)所示。

(4)利用循环油冷却，如图6-13(c)所示。

6.2.4　蜗杆和蜗轮的结构

因蜗杆直径较小，所以往往与轴做成一体，称为蜗杆轴。按照蜗杆的切制方式不同，可分为铣制蜗杆[图6-14(a)]和车制蜗杆[图6-14(b)]。铣制蜗杆是在轴上直接铣出螺旋部分，刚性较好；车制蜗杆，为便于车螺旋部分留有退刀槽，使轴径小于蜗杆根圆直径，削弱了蜗杆的刚度。

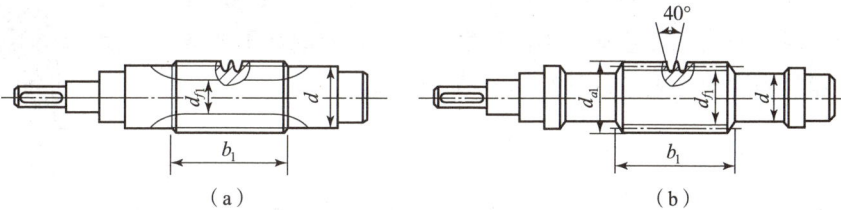

图 6-14

(a)铣制蜗杆；(b)车制蜗杆

蜗轮的结构如图6-15所示。对于尺寸大的青铜蜗轮，多采用组合式结构。好齿圈采用青铜材料，而轮芯采用铸铁或钢。为了防止齿圈与齿芯发热而松动，在接缝处用4～6个紧定螺钉固定，以增强连接的可靠性，如图6-15(a)所示，或采用螺栓连接，如图6-15(b)所示，也可以在铸铁轮芯上浇铸青铜齿轮圈，如图6-15(c)所示。对于铸铁尺寸小的青铜蜗轮，多采用整体式结构，如图6-15(d)所示。

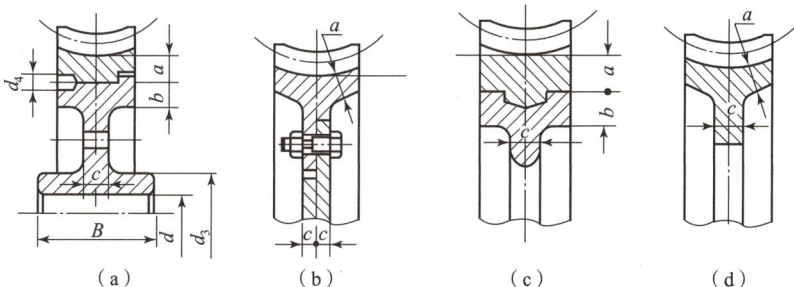

$a=1.6m+1.5$ mm，$b=a$，$c=1.5m\geqslant6$ mm，$B=(1.2\sim1.8)\,d$，
$d_3=(1.6\sim1.8)\,d$，$d_4=(1.2\sim1.5)\,m\geqslant6$ mm

图 6-15

6.2.5　蜗杆传动的安装和维护

蜗杆传动的安装精度要求很高。根据蜗杆传动的啮合特点，应使蜗轮的中间平面通过蜗杆的轴线，如图 6-16 所示。为此，蜗轮传动安装后，要仔细调整蜗轮的轴向位置，使其定位准确，否则难以正确啮合。如果齿面在短时间内严重磨损，蜗轮轴向位置的调整可以采用垫片组调整，也可以利用蜗轮与轴承之间的套筒作较大距离的调整。调整时可以改变套筒的长度。实际中上述两种方法有时可以联合使用。调整好后，蜗轮的轴向位置必须固定。

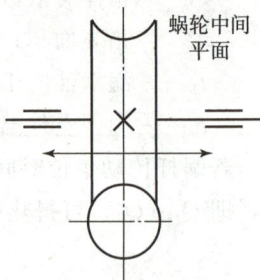

蜗轮中间平面

图 6-16

蜗杆传动装配后要进行跑合，以使齿面接触良好。跑合时采用低速运转，通常 $n_1 = 50\sim100$ r/min，逐步加载至额定载荷。跑合 $1\sim5$ h，若发现蜗杆齿面上粘有青铜，应立即停车，用细砂纸打去，再继续跑合。跑合完成后清洗全部零件，换新润滑油，并应将此时蜗轮相对于蜗杆的轴向位置打上印记。便于以后装拆时配对和调整到原来位置。新机试车时，先空载运转，然后逐渐增加至额定载荷。

蜗杆传动的维护也很重要。由于蜗杆传动的发热量大，应随时注意周围的通风散热条件是否良好。蜗杆传动工作一段时间后应测试油温，如果油温超过允许范围应停机或改善散热条件，还要经常检查蜗轮齿面是否保持完好。润滑对于保证蜗杆传动的正常工作及延长使用期限很重要。蜗杆减速器每运转 2 000～4 000 h 应及时换新油。换油时，应用原牌号油。不同厂家、不同牌号的油不要混用。换新油时应对箱体内部原来牌号的油冲刷、清洗、抹净。

蜗轮蜗杆设计实例

【任务分析】

由以上断口宏观观察分析可初步得知蜗杆轴断裂属于脆性断裂，断裂源区从蜗杆表面到加工刀痕根部开始，然后快速扩展至轴的另一侧对称面上，在最终断裂区有切唇和挤压印痕出现。从蜗杆轴的宏观断口观察可知其断裂是由于表面存在原裂纹，并且该裂纹在客车转弯时受到方向盘转向传递的扭转应力作用而快速扩展，导致蜗杆轴脆性断裂。

【单元测试】

(1)蜗杆传动的特点及使用条件是什么？

(2)与齿轮传动相比较，蜗杆传动的失效形式有何特点？为什么？

(3)为什么对蜗杆传动要进行热平衡计算？当热平衡不满足要求时，可采取什么措施？

(4)蜗杆传动的设计准则是什么？

(5)常用的蜗轮、蜗杆的材料有哪些？设计时如何选择材料？

模块 7　连接件分析与设计

知识目标 ○○○

学习螺纹连接分析的基本方法，完成螺纹主要参数计算和螺纹连接强度分析及计算。学习螺栓的使用材料相关知识及提高螺纹连接的主要措施；学习螺旋传动的相关知识，完成键连接和销连接的分析与设计。

知识要点 ○○○

(1)可拆连接、不可拆连接、静连接、动连接、连接件及其特点；

(2)螺纹的类型、螺纹的主要参数、螺纹连接的类型及应用、螺纹连接的预紧和防松；

(3)螺栓连接的强度计算、螺栓的材料和许用应力、提高螺栓连接强度的措施；

(4)螺旋传动的类型、滑动螺旋、滚动螺旋；

(5)键连接类型、平键连接类型、平键连接强度计算、花键连接类型；

(6)销连接。

单元 7.1　螺纹连接分析

【学习目标】

学习螺纹连接分析的基本方法，完成螺纹主要参数计算及螺纹连接强度分析与计算。

【任务提出】

螺栓连接设计实例
（强度计算、实例分析）

螺纹连接事件

"千里之堤，毁于蚁穴"，一个小小的蚂蚁洞，可以使千丈长堤溃决。螺丝被誉为工业之米，虽然微小但绝不渺小，可是，历史上因为忽视螺丝质量而酿成大祸的事件比比皆是。1979 年 5 月 25 日美国一班从芝加哥飞往洛杉矶的飞机因飞机维修人员不按流程操作导致螺丝金属疲劳，最后引起引擎与机翼间挂架断落，导致 273 人死亡，这是美国历史上最严重的空难事件。2011 年 7 月 5 日，两颗螺栓断裂引发北京地铁四号线扶梯事故。

【任务实施】

各种机器中广泛地使用各种连接。常用的连接形式有螺纹连接、轴毂连接、轴间连接、铆接连接、焊接连接等。

连接可分为<u>可拆连接</u>和<u>不可拆连接</u>两大类。可拆连接是指不须损坏连接中的任一零件就可拆开的连接，故多次装拆无损于其使用性能，如螺纹连接、键连接、销连接等；不可拆连接是指必须损坏连接中的某一部分才能拆开的连接，如铆接连接、焊接连接、胶接连接等。

可拆连接又可分为静连接和动连接两种。若在机器工作时，被连接的零(部)件间不允许产生相对运动，这样的连接称为<u>静连接</u>，如汽缸盖与缸体间所采用的紧螺栓连接；若在机器工作时，被连接的零(部)件间可以有相对运动，这样的连接称为<u>动连接</u>，如变速器中滑移齿轮与轴的花键连接。

螺纹连接是一种广泛使用的可拆卸的固定连接，具有结构简单、连接可靠、装拆方便等优点。在本单元中，将重点了解螺纹连接相关知识。

7.1.1 螺纹连接的基本知识

1. 螺纹的类型和应用

根据母体形状，螺纹可分为圆柱螺纹和圆锥螺纹。前者螺纹在圆柱体上切出；后者螺纹在圆锥体上切出。常用的是圆柱螺纹，圆锥螺纹多用在管件连接中。

根据牙型(螺纹轴向剖面内的形状)，螺纹可分为三角形螺纹、矩形螺纹、梯形螺纹和锯齿螺纹形等，如图 7-1 所示。其中，三角形螺纹主要用于连接，其余则多用于传动。

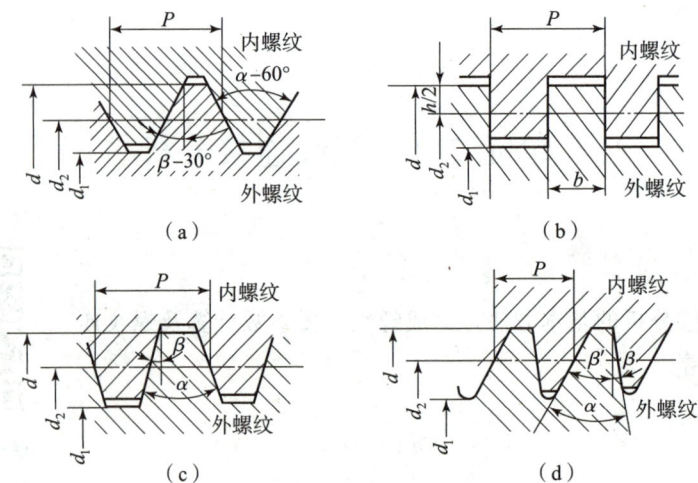

图 7-1

根据螺旋线绕行方向的不同，螺纹可分为右旋螺纹和左旋螺纹。常用的是右旋螺纹，如图 7-2(a)所示。另外，螺纹还有单线和多线之分。螺纹已标准化，有米制和英制。我国除管螺纹外，多采用米制螺纹。

2. 螺纹的主要参数

下面以圆柱普通外(内)螺纹为例来说明螺纹的主要参数，如图 7-2(b)所示。

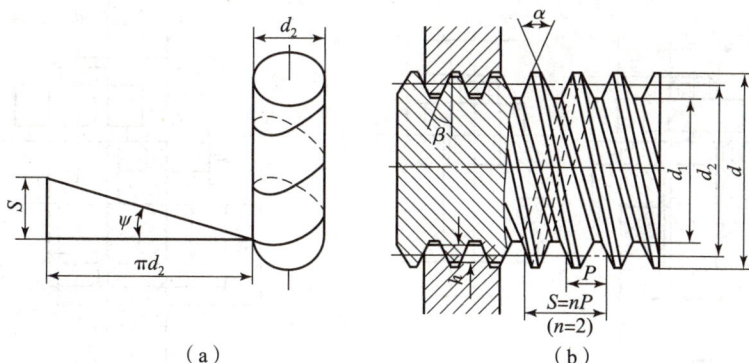

图 7-2

（1）大径 d、D。与外螺纹牙顶或内螺纹牙底相重合的假想圆柱体的直径，是外、内螺纹的最大直径。在有关螺纹标准中称为公称直径（管螺纹除外）。

（2）小径 d_1、D_1。与外螺纹牙底或内螺纹牙顶相重合的假想圆柱体的直径，是外、内螺纹的最小直径。在强度计算中常用作危险截面的计算直径。

（3）中径 d_2、D_2。在螺纹的轴向剖面内，牙厚和牙槽宽相等处的假想圆柱体的直径。

（4）线数 n。螺纹的螺旋线数。由一条螺旋线形成的螺纹称为单线螺纹；由 n 条等距螺旋线形成的螺纹称为 n 线螺纹。

（5）螺距 P。螺纹相邻两牙在中径线上对应两点间的轴向距离。

（6）导程 S。同一条螺旋线上的相邻两牙在中径线上对应两点间的轴向距离。设螺纹线数为 n，则对于单线螺纹有 $S = P$；对于多线螺纹则有 $S = nP$。

（7）升角 ψ。在中径圆柱面上螺旋线的切线与垂直于螺纹轴线的平面间的夹角。

$$\tan\psi = \frac{S}{\pi d_2} = \frac{nP}{\pi d_2} \tag{7-1}$$

（8）牙型角 α、牙型斜角 β。在螺纹的轴向剖面内，螺纹牙型相邻两侧边的夹角称为牙型角 α。螺纹牙型的侧边与螺纹轴线的垂线间的夹角称为牙型斜角 β。对于三角形、梯形螺纹等对称牙型，$\beta = \alpha/2$。

3. 螺纹连接的类型及应用

（1）螺栓连接。螺栓连接通常用于被连接件不太厚和两边有足够装配空间的场合。螺栓连接按螺栓受力情况可分为普通螺栓连接和铰制孔螺栓连接两种。图 7-3（a）所示为普通螺栓连接。其结构特点是螺栓杆与被连接件孔壁之间有间隙，工作载荷只能使螺栓受拉伸，通孔加工精度要求较低，结构简单、装拆方便，应用广泛。图 7-3（b）所示为铰制孔螺栓连接，被连接件上的铰制孔和螺栓的光杆部分多采用基孔制过渡配合，螺栓杆受剪切和挤压。这种连接能精确固定被连接件相对位置，并能承受横向载荷，但孔的加工精度要求较高。

（2）双头螺柱连接。双头螺柱连接是将螺柱一端旋紧在一被连接件的螺纹孔内，另一端穿过另一被连接件的孔，旋上螺母，从而将被连接件连成一体，如图 7-4 所示。这种连接用于被连接件之一太厚不便制成通孔，材料又比较软，且需要经常装拆的场合。拆卸时，只需要拧下螺母而不必从螺纹孔中拧出螺柱即可将被连接件分开。

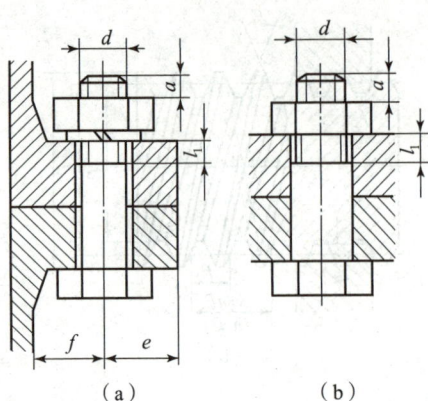
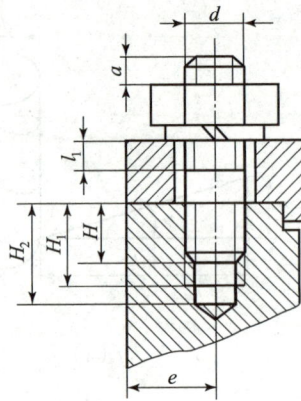

图 7-3 图 7-4

（3）螺钉连接。螺钉连接如图 7-5 所示。这种连接不需用螺母，适用于一个被连接件较厚，不便加工通孔，且受力不大，不需要经常拆卸的场合。

（4）紧定螺钉连接。紧定螺钉连接如图 7-6 所示。连接时将紧定螺钉旋入一零件的螺纹孔中，并用螺钉端部顶住或顶入另一个零件，以固定两个零件的相对位置，并可传递不大的力或转矩。紧定螺钉的端部有平端、锥端和柱端等形式。

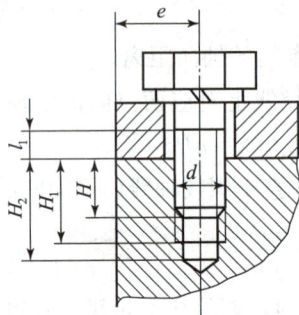
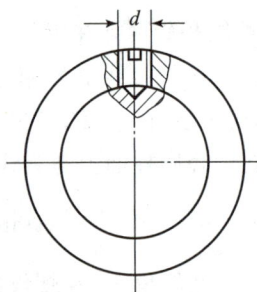

图 7-5 图 7-6

4. 标准螺纹连接件

常见的螺纹连接件除有螺栓、双头螺柱、螺钉外，还有螺母和垫圈等。常用螺纹连接件的结构形式和尺寸都已标准化。它们的公称尺寸为螺纹大径，设计时可根据有关标准选用。

7.1.2 螺纹连接的预紧和防松

1. 螺纹连接的预紧

一般螺纹连接在装配时都必须拧紧，以增强连接的可靠性、紧密性和防松能力。连接件在承受工作载荷之前就预加上的作用力称为预紧力。预紧力的控制通常是采用测力矩扳手或定力矩扳手来完成的。对于常用的钢制 M10～M68 的粗牙普通螺纹，拧紧力矩 T 的经验公式为

$$T \approx 0.2F'd \tag{7-2}$$

式中　　T——拧紧力矩(N·mm);

F'——预紧力(N);

d——螺纹的公称直径(mm)。

直径小的螺栓在拧紧时容易过载被拉断,因此,对于重要螺栓连接不宜选用小于 M10～M14 的螺栓(与螺栓强度级别有关)。为避免拧紧应力过大降低螺栓强度,在装配时应控制拧紧力矩。对于不控制拧紧力矩的螺栓连接,在计算时应该取较大的安全系数。

2. 螺纹连接的防松

防松的根本目的是防止螺纹副间的相对转动。按工作原理可分为以下三类:

(1)摩擦防松。摩擦防松的措施是利用摩擦阻力防止连接松脱。此方法不十分可靠,故多用于冲击和振动不剧烈场合。常用的有以下几种:

1)弹簧垫圈防松。如图 7-7(a)所示,螺母拧紧后,在垫圈的弹性反力作用下,使螺母与螺栓螺纹之间产生一定的附加弹性压力,以产生的摩擦力防止螺母松脱。另外,垫圈斜口的尖端抵着螺母和被连接件的支承面,也有助于防松。其缺点是有可能将螺母与被连接件的支承面刮出凹痕,且由于弹性反力集中于斜口处,使螺母受到偏转作用。

2)双螺母防松。如图 7-7(b)所示,两个螺母对顶拧紧,螺杆旋合段受拉而螺母受压,使螺纹副轴向张紧,从而达到防松目的。这种防松方法用于平稳、低速和重载的连接。其缺点是在载荷剧烈变化时不十分可靠,而且由于采用两个螺母从而使螺栓的螺纹部分加长,使部件的重量和成本增加。

3)自锁螺母防松。如图 7-7(c)所示,在螺母上端开缝后径向收口,拧紧胀开,靠螺母弹性锁紧,达到防松目的。它简单、可靠,可多次装拆而不降低防松能力,一般用于重要场合。

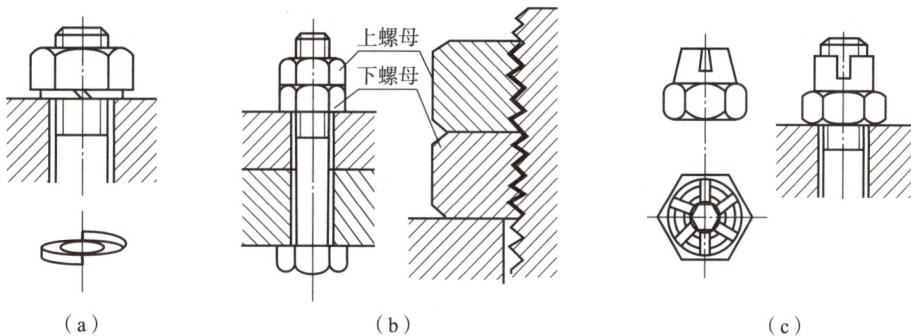

图 7-7
(a)弹簧垫圈防松;(b)双螺母防松;(c)自锁螺母防松

(2)机械防松。机械防松的措施是利用各种止动零件来阻止拧紧的螺纹产生相对转动。这类防松方法相当可靠,应用很广。下面介绍几种常用的方法:

1)槽形螺母与开口销防松。如图 7-8 所示,开口销穿过螺母上的槽和螺栓末端的孔后,尾端掰开,使螺母与螺栓不能相对转动,从而达到防松目的。这种防松措施常用于有振动的高速机械。

2)止动垫圈防松。图 7-9(a)所示为单耳止动垫圈,一边弯起贴在螺母的侧面上,另一边弯下贴在被连接件的侧壁上，这种连接防松可靠。图 7-9(b)所示为圆螺母用止动垫圈，将内舌嵌入外螺纹零件端部的轴向槽内，拧紧圆螺母后，将垫圈的外舌弯入螺母的一个槽内锁住螺母。其常用于滚动轴承内圈等与轴一起转动零件的轴向定位。

3)串联钢丝防松。如图 7-10 所示，将钢丝穿入各螺钉头部的孔内，使其相互制约，达到防松目的，但必须注意钢丝的穿绕方向，要促使螺钉拧紧。这种防松可靠，但装拆不便，仅适用于螺栓组连接。

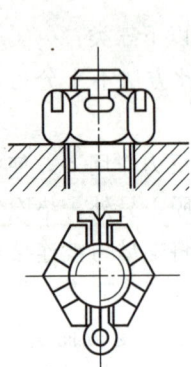 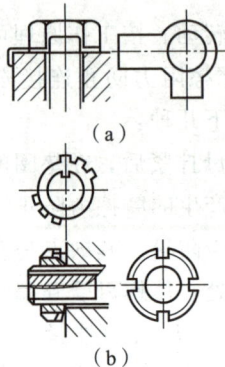 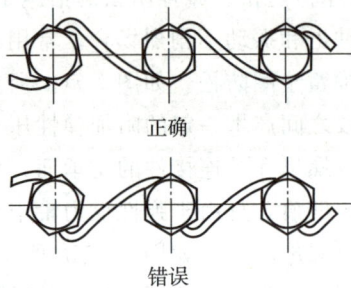

正确

错误

图 7-8　　　　图 7-9　　　　图 7-10

(3)破坏螺纹副的不可拆防松。如图 7-11 所示，在螺母拧紧后，采用冲点、焊接、粘接等方法，使螺纹连接不可拆卸，这种方法一般用于永久性连接，方法简单可靠。

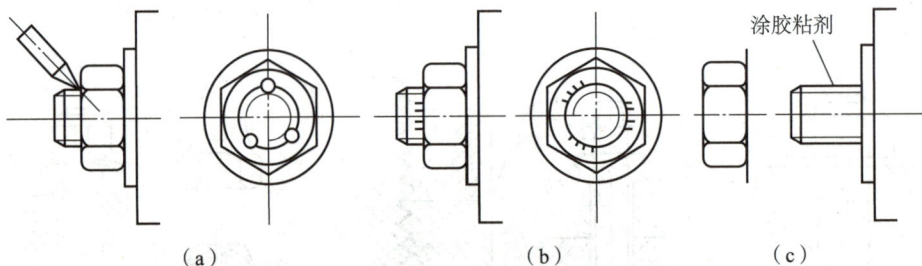

涂胶粘剂

(a)　　　　　　(b)　　　　　　(c)

图 7-11

(a)冲点；(b)焊接；(c)粘接

7.1.3　螺栓连接的强度计算

螺栓连接的强度计算主要根据连接类型、连接装配情况、载荷状态等条件，确定螺栓受力，然后按相应强度条件计算螺栓危险剖面直径(螺纹小径)或校核其强度。螺栓的其他尺寸及螺纹连接件根据等强度条件及使用经验确定，通常不需要进行强度计算。

螺栓连接的强度计算方法同样适用于双头螺柱和螺钉。

1. 单个螺栓连接的强度计算

对单个螺栓而言，其受力的形式为受轴向载荷或横向载荷。在轴向载荷(包括预紧力)的作用下，螺栓杆和螺纹部分可能发生塑性变形或断裂；而在横向载荷作用下，当采用铰制孔

机械设计基础(第2版)

螺栓时，螺栓杆和孔壁间可能发生压溃或螺栓杆被剪断等。

对于受拉螺栓，其主要破坏形式是螺栓杆螺纹部分发生断裂，因而，其设计准则是保证螺栓的静力（或疲劳）拉伸强度；对于受剪螺栓，其主要破坏形式是螺栓杆和孔壁间压溃或螺栓杆被剪断，其设计准则是保证连接的挤压强度和螺栓的剪切强度，其中连接的挤压强度对连接的可靠性起决定性作用。

（1）受拉螺栓连接。为简化计算，取螺纹的小径为危险截面的直径，其强度计算方法按工作情况分述如下：

第一种情况，松螺栓连接。

松螺栓连接装配时不需要把螺母拧紧，在承受工作载荷前，螺栓并不受力，只在工作时才受力。如图 7-12 所示的起重吊钩尾部的松螺栓连接。设螺栓工作时所受最大拉力为 F，则螺栓危险截面抗拉的强度条件为

$$\sigma = \frac{F}{A} = \frac{F}{\frac{\pi d_1^2}{4}} \leqslant [\sigma] \tag{7-3}$$

或
$$d_1 \geqslant \sqrt{\frac{4F}{\pi[\sigma]}} \tag{7-4}$$

式中　d_1——螺栓危险截面直径，即螺纹最小直径（mm）；

　　　$[\sigma]$——松螺栓连接的许用应力（MPa）。

第二种情况，紧螺栓连接。

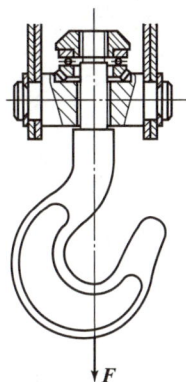

图 7-12

紧螺栓连接在装配时必须将螺母拧紧。根据螺栓所受的拉力不同，紧螺栓连接可分为只受预紧力、受预紧力及工作载荷两大类，下面分别讨论其强度计算。

1）只受预紧力的紧螺栓连接。螺栓拧紧后，在拧紧力矩作用下，处于拉伸与扭转的复合应力状态下。因此，进行螺栓强度计算时，应综合考虑拉伸应力和扭转剪应力的作用。

螺栓危险截面上的拉伸应力为

$$\sigma = \frac{F'}{\frac{\pi d_1^2}{4}}$$

螺栓危险截面上的扭转剪应力为

$$\tau = \frac{T_1}{\frac{\pi d_1^3}{16}} = \frac{F'\tan(\psi + \varphi_v)d_2/2}{\frac{\pi d_1^3}{16}}$$

对于常用的单线、三角形螺纹的普通螺栓（一般为 M16～M68），可简化处理得 $\tau = 0.5\sigma$。根据第四强度理论，可求出当量应力 σ_e 为

$$\sigma_e = \sqrt{\sigma^2 + 3\tau^2} = \sqrt{\sigma^2 + 3(0.5\sigma)^2} \approx 1.3\sigma T_3 = m_4 = 478 \text{ N} \cdot \text{m}$$

因此，螺栓螺纹部分的强度条件为

$$\sigma_e = 1.3\sigma \leqslant [\sigma]$$

即
$$\frac{1.3F'}{\frac{\pi d_1^2}{4}} \leqslant [\sigma] \quad 或 \quad d \geqslant \sqrt{\frac{4 \times 1.3F'}{\pi[\sigma]}} \tag{7-5}$$

式中 $[\sigma]$——紧连接螺栓的许用拉应力。

由此可见，紧连接螺栓的强度也可按纯拉伸计算，但考虑螺纹摩擦力矩 T_1 的影响，需将预紧力增大30%。

2）承受横向外载荷的紧螺栓连接。图7-13所示为普通螺栓连接，被连接件承受垂直于螺栓轴线的横向载荷 F_R。由于处于拧紧状态，螺栓受预紧力 F' 的作用，使被连接件受到压力，受载后，接合面有一个滑移趋势，在接合面之间就产生摩擦力 $F'f$（f 为接合面间的摩擦系数）。

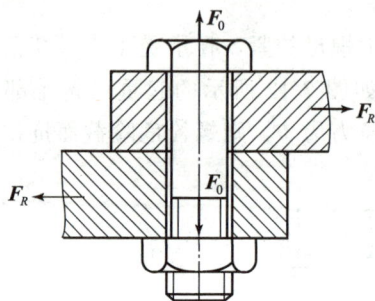

图7-13

若满足不滑移条件：

$$F'f \geqslant F_R$$

则连接不发生滑移。若考虑连接的可靠性及接合面的数目，则上式可改成

$$F'fm \geqslant K_f F_R \quad 或 \quad F' \geqslant \frac{K_f F_R}{fm} \tag{7-6}$$

式中 F_R——横向外载荷（N）；

f——接合面间的摩擦系数；

m——接合面的数目；

K_f——可靠性系数，取 $1.1 \sim 1.3$。

因此，螺栓螺纹部分的强度条件也为

$$\sigma_e = 1.3\sigma \leqslant [\sigma]$$

即

$$\frac{1.3F'}{\frac{\pi d_1^2}{4}} \leqslant [\sigma] \quad 或 \quad d \geqslant \sqrt{\frac{4 \times 1.3F'}{\pi[\sigma]}} \tag{7-7}$$

式中参数扫码查询配套资源表7-1、表7-2。

3）承受轴向静载荷的紧螺栓连接。这种受力形式的紧螺栓连接应用最广，也是最重要的一种螺栓连接形式。图7-14（a）所示为气缸端盖的螺栓组。

工作载荷作用前，螺栓只受预紧力 F' 的作用，接合面受压力；工作时，在轴向工作载荷 F 作用下，接合面有分离趋势，该处压力由 F' 减为 F''，称为残余预紧力，F'' 同时也作用于螺栓，因此，所受总拉力 F_Q 应为轴向工作载荷 F 与残余预紧力 F'' 之和，如图7-14（b）所示。即

表7-1、表7-2

$$F_Q = F + F' \tag{7-8}$$

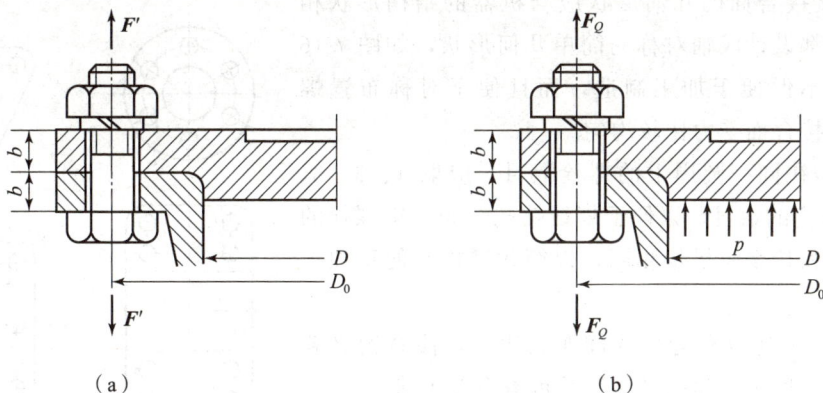

图 7-14

为保证连接的紧固性与紧密性，残余预紧力 F'' 应大于零。

螺栓的强度校核与设计计算公式分别为

$$\sigma_e = \frac{1.3F_Q}{\frac{\pi d_1^2}{4}} \leqslant [\sigma] \tag{7-9}$$

$$d_1 \geqslant \sqrt{\frac{4 \times 1.3F_Q}{\pi[\sigma]}} \tag{7-10}$$

（2）受剪切的铰制孔用螺栓连接。如图 7-15 所示，这种连接是利用铰制孔用螺栓来承受工作载荷 F_s。螺栓杆和孔壁之间无间隙，其接触表面受挤压；在连接接合面处，螺栓杆受剪切。因此，应分别按挤压和剪切强度条件进行计算。

螺栓杆的剪切强度条件为

$$\tau = \frac{4F_s}{\pi d_s^2} \leqslant [\tau] \tag{7-11}$$

螺栓杆与孔壁的挤压强度条件为

$$\sigma_P = \frac{F_s}{d_s h_{\min}} \leqslant [\sigma_P] \tag{7-12}$$

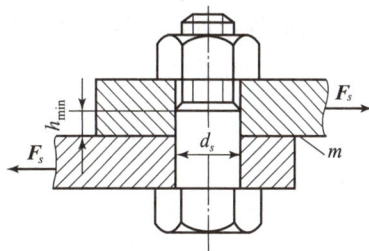

图 7-15

式中　F_s——单个铰制孔用螺栓所受的横向载荷（N）；

　　　d_s——铰制孔用螺栓剪切面直径（mm）；

　　　$h_{\min}$——螺栓杆与孔壁挤压面的最小高度（mm）；

　　　$[\tau]$——螺栓许用切应力（MPa）；

　　　$[\sigma_P]$——螺栓或被连接件的许用挤压应力（MPa）。

2. 螺栓组连接的结构设计

机器中螺纹连接件一般都是成组使用的，其中螺栓组连接最具有典型性。

螺栓组连接的设计主要包括三个部分：一是结构设计：按连接的用途和被连接件的结构，选定螺栓的数目和布置形式；二是受力分析：按连接的结构和受载情况，求出受力最大的螺栓及其所受的力；三是强度计算：按受力最大的螺栓进行单个螺栓的强度计算。

结构设计的目的是根据连接接合面的形状合理地确定螺栓的布置方式，力求使各螺栓和连接接合面间受力均匀，便于加工和装配。为此，设计时应综合考虑以下几个方面的问题：

（1）连接接合面的几何形状应与机器的结构形状相适应。一般都设计成轴对称的简单几何形状，如图7-16所示。这样不但便于加工制造，而且便于对称布置螺栓，使连接接合面受力比较均匀。

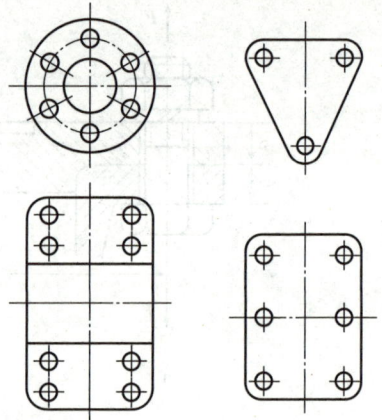

（2）分布在同一圆周上的螺栓数目，应取4、6、8、12等易于分度的数目，以便于划线钻孔。同一组螺栓的材料、直径和长度应尽量相同，以简化结构和便于加工装配。

（3）螺栓排列应有合理的间距、边距，注意留必要的扳手空间。扳手空间的具体尺寸可查有关手册。

（4）螺栓与螺母底面的支承面应平整，并与螺栓轴线相垂直，以免引起偏心载荷。为此，可将被连接件上

图 7-16

的支承面设计成凸台或沉头座，如图7-17所示。当支承面为倾斜表面时，可采用斜面垫圈等。

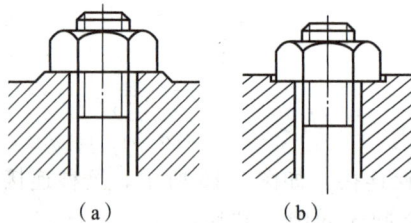

（a）   （b）

图 7-17

进行螺栓组的结构设计时，在综合考虑以上各点的同时，还要根据螺栓连接的工作条件合理地选择防松装置。

7.1.4 螺栓的材料

一般条件下，工作的螺纹连接件的常用材料为低碳钢和中碳钢，如Q215、Q235、15、35和45钢等；受中等冲击、振动和变载荷作用的螺纹连接件可采用合金钢，如15Cr、40Cr、30CrMnSi和15CrVB等；有防腐、防磁、导电、耐高温等特殊要求时采用1Cr13、2Cr13、1Cr18Ni9Ti和黄铜及铝合金等。螺纹连接件常用材料力学性能，扫码见配套资源表7-3。

表 7-3

7.1.5 提高螺栓连接强度的措施

螺栓连接的强度主要取决于螺栓的强度，因此，研究影响螺栓强度的因素和提高螺栓强度的措施，对提高连接的可靠性有着重要的意义。

影响螺栓强度的因素很多，主要涉及螺纹牙的载荷分配、应力变化幅度、应力集中和附加应力等。下面来分析这些因素，并以受拉螺栓为例提出改进措施。

1. 改善螺纹牙间的载荷分配

普通螺栓和螺母的刚度不同、变形不同，因此，各牙受力不均，螺母支承面上第一圈所

受的力为总载荷的 1/3 以上。为改善各牙受力分布不均的情况，可采用下述方法：

(1)悬置螺母。如图 7-18(a)所示，使螺母与螺栓均受拉，减小二者的刚度差，使其变形趋于协调。

(2)内斜螺母。如图 7-18(b)所示，螺母内斜 10°～15° 的内斜角，可减小原受力大的螺纹牙的刚度，将力分流到原受力小的螺纹牙上，使其螺纹牙间的载荷分配趋于均匀。

(3)环槽螺母。如图 7-18(c)所示，与悬置螺母类似。

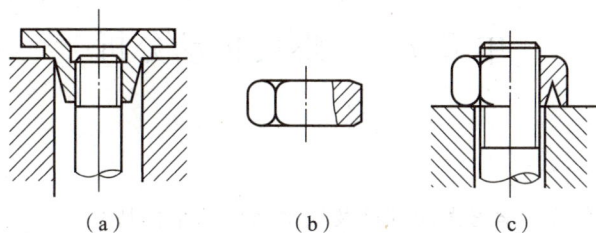

(a)　　　　　　　(b)　　　　　　　(c)

图 7-18

以上特殊构造的螺母制造工艺复杂，成本较高，仅限于重要连接时使用。

2. 减小螺栓的应力变化幅度

对于受轴向载荷的紧螺栓连接，应力变化幅度是影响其疲劳强度的重要因素，应力变化幅度越小，疲劳强度越高。减小螺栓的刚度或增大被连接件的刚度，均能使应力变化幅度减小。

减小螺栓刚度的办法有适当增加螺栓长度、减小螺栓光杆直径，如图 7-19 所示。也可在螺母下安装弹性元件以降低螺栓刚度，如图 7-20 所示。

要增大被连接件的刚度，可以从被连接件的结构和尺寸考虑，也可以采用刚度较大的金属垫片或不设垫片。对于有紧密性要求的气缸螺栓连接，如仅从密封角度考虑采用软垫片密封[图 7-21(a)]并不合适，采用密封环密封较好[图 7-21(b)]。如同时采用上述两种方法则减小应力变化幅度的效果会更好。

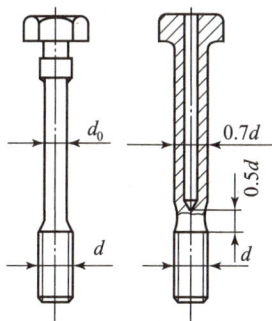

图 7-19

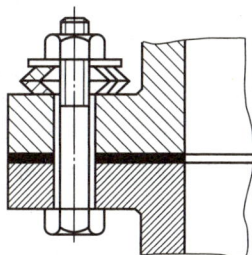

图 7-20

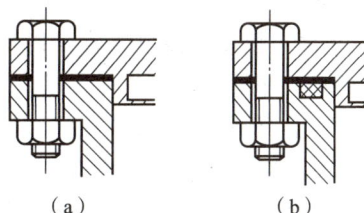

(a)　　　　　　　(b)

图 7-21

3. 减少应力集中

螺纹的牙根、收尾、螺栓头部与螺栓杆的交接处都有应力集中。适当加大牙根圆角半径、在螺纹收尾处加工退刀槽等，都能减少应力集中，提高螺栓的疲劳强度。

4. 避免附加应力

由于各种原因使螺母与支承面的接触点偏离螺栓轴线，使螺栓承受偏心载荷，从而使螺栓杆中产生很大的附加弯曲应力。这种情况应尽量设法避免。

扫码见配套资源：螺栓连接设计实例。

螺栓连接设计实例

单元 7.2 螺旋传动分析

【学习目标】

学习螺旋传动的类型，学习滑动螺旋及滚动螺旋的结构特性。

【任务实施】

螺旋传动是利用螺杆和螺母组成的螺旋副来实现传动要求的。它主要用于将回转运动转变为直线运动，同时传递运动和动力。

7.2.1 螺旋传动的类型和应用

根据螺杆和螺母的相对运动关系，将常用螺旋传动的运动形式分为两种：一种是螺杆转动、螺母移动，如图 7-22(a)所示，多用于机床的进给机构中；另一种是螺母固定、螺杆转动并移动，如图 7-22(b)所示，多用于螺旋起重器或螺旋压力机中。

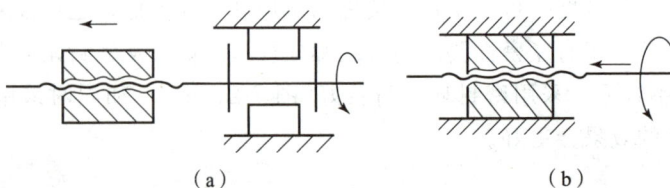

(a)   (b)

图 7-22

螺旋传动按其用途可分为以下三种类型：

(1)传力螺旋。传力螺旋是以传递动力为主，要求以较小的转矩产生较大的轴向推力，用以克服工件阻力，如各种起重或加压装置的螺旋。如图 7-23(a)所示的螺旋千斤顶。这种传力螺旋主要是承受很大的轴向力，一般为间歇性工作，每次的工作时间较短，工作速度也不高，而且通常需有自锁能力。

(2)传动螺旋。传动螺旋是以传递运动为主，有时也承受较大的轴向载荷，如机床进给机构的螺旋[图 7-23(b)]等。传动螺旋主要在较长的时间内连续工作，工作速度较高，因此，要求具有较高的传动精度。

(3)调整螺旋。调整螺旋用以调整并固定零件的相对位置，如仪器及测试装置中的微调机构的螺旋[如图 7-23(c)所示量具的测量螺旋]。调整螺旋不经常转动，一般在空载下调整。

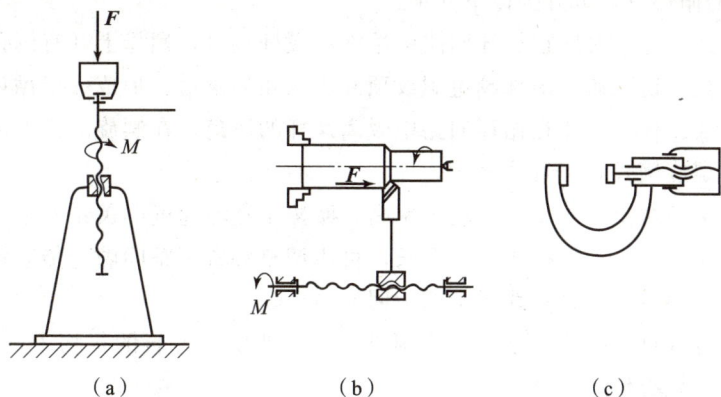

（a）　　　　　　　　　　（b）　　　　　　　　　　（c）

图 7-23

螺旋传动按其螺旋副的摩擦性质不同可分为滑动螺旋、滚动螺旋和静压螺旋。滑动螺旋结构简单，便于制造，易于自锁，但其摩擦阻力大，传动效率低，磨损大，传动精度低；滚动螺旋和静压螺旋的摩擦阻力小，传动效率高，但结构复杂，在高精度、高效率的重要传动中采用。

7.2.2　滑动螺旋的结构

1. 螺母结构

（1）整体螺母。如图 7-24 所示，不能调整间隙，只能用在轻载且精度要求较低的场合。

（2）组合螺母。如图 7-25 所示，通过拧紧螺钉 2 驱使楔块 3 将其两侧螺母拧紧，以便减少间隙，提高传动精度。

（3）对开螺母。如图 7-26 所示，这种螺母便于操作，一般用于车床溜板箱的螺旋传动。

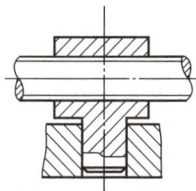

图 7-24

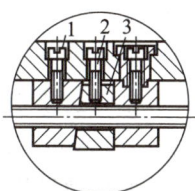

图 7-25

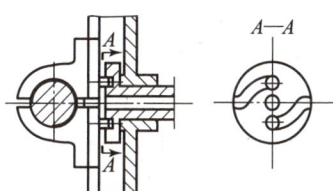

图 7-26

2. 螺杆结构

传动螺旋通常采用牙形为矩形、梯形或锯齿形的右旋螺纹。特殊情况下也采用左旋螺纹，如为了符合操作习惯，车床横向进给丝杠螺纹即采用左旋螺纹。

7.2.3　滚动螺旋传动简介

在螺杆和螺母之间设有封闭循环的滚道，在滚道间填充钢珠，使螺旋副的滑动摩擦变为滚动摩擦，减少摩擦，提高传动效率，这种螺旋传动称为滚动螺旋传动，又称滚珠丝杠副。

（1）按用途可分为以下几项：

1）定位滚珠丝杠。通过旋转角度和导程控制轴向位移量，称为定位滚珠丝杠。

2）传动滚珠丝杠。用于传递动力的滚珠丝杠，称为传动滚珠丝杠。

（2）按滚珠的循环方式可分为以下几项：

1）内循环滚珠丝杠。滚珠在循环回路中始终和螺杆接触，螺母上开有侧孔，孔内装有反向器将相邻两螺纹滚道联通，滚珠越过螺纹顶部进入相邻滚道，形成一个循环回路。

2）外循环滚珠丝杠。滚珠在循环回路中脱离螺杆的滚道，在螺旋滚道外进行循环。常见的外循环形式有螺旋槽式和插管式两种。

滚珠丝杠的滚动摩擦系数小，传动效率高；摩擦系数与速度的关系不大，故启动扭矩接近运转扭矩，工作较平稳；磨损小且寿命长，可用调整装置调整间隙，传动精度与刚度均得到提高；不具有自锁性，可将直线运动变为回转运动。

滚珠丝杠也有缺点：结构复杂，制造困难；在需要防止逆转的机构中，要加自锁机构；承载能力不如滑动螺旋传动大。

滚珠丝杠多用在车辆转向机构及对传动精度要求较高的场合，如飞机机翼和起落架的控制驱动、大型水闸闸门的升降驱动及数控机床的进给机构等。

单元 7.3 键连接和销连接分析

【学习目标】

学习键连接、平键及花键连接类型；学习销连接相关知识，完成键连接和销连接的分析与设计。

【任务实施】

7.3.1 键连接和花键连接

键连接和花键连接是常见的轴毂连接形式。轴毂连接主要是用来实现轴和轮毂（如齿轮、带轮等）之间的周向固定并用来传递运动和转矩，有些还可以实现轴上零件的轴向固定或轴向移动（导向）。固定方式的选择主要是根据零件所传递转矩的大小和性质、轮毂与轴的对中精度要求、加工的难易程度等因素来进行。

1. 键连接

键是标准件，可分为平键、半圆键、楔键和切向键等类型。其中，以平键最为常用。

（1）平键连接。平键按用途可分为普通平键、导向平键和滑键三种。其剖面结构如图 7-27 所示，它靠侧面传递运动和转矩，两侧面是工作面，键的上表面和轮毂槽底之间留有间隙。平键连接结构简单，装拆方便，加工容易，对中性较好，应用非常广泛。但这种键不能实现轴上零件的轴向固定。

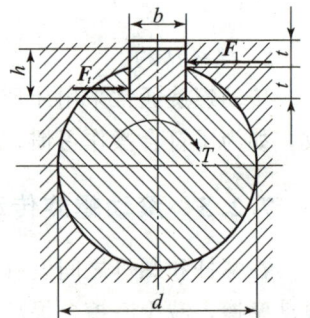

图 7-27

1）普通平键连接。如图 7-28 所示，普通平键的主要尺寸是键宽 b、键高 h 和键长 L。它用于静连接，即轴与轮毂间无轴向相对移动。按端部形状不同可分为圆头键(A 型)、平头键(B 型)和单圆头键(C 型)三种。

圆头键的轴槽用指状铣刀加工，键在轴槽中固定良好，但轴上键槽端部的应力集中较大，如图 7-28(a)所示；平头键的轴槽用盘形铣刀加工，轴的应力集中较小，但对于尺寸大的键宜用紧定螺钉固定在轴上的键槽中，以防松动，如图 7-28(b)所示；单圆头键常用于轴端与毂类零件的连接，如图 7-28(c)所示。如果传递的转矩很大，又不能增加键的长度时，可用两个普通平键，为使轴与轮毂对中良好，通常两个键相隔 180°安置。

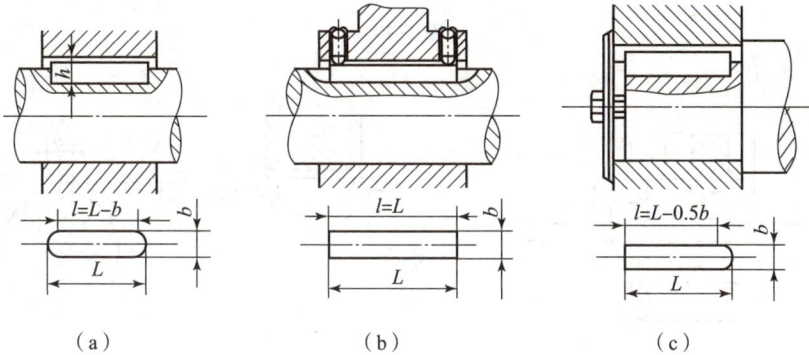

图 7-28

(a)圆头键—A 型；(b)平头键—B 型；(c)单圆头键—C 型

普通平键和楔键连接尺寸标准参见表 7-1。

表 7-1　普通平键和楔键的主要尺寸　　　　　　　　　　　　　　(单位：mm)

轴的直径 d	6～8	>8～10	>10～12	>12～17	>17～22	>22～30	>30～38	>38～44
键宽 b×键高 h	2×2	3×3	4×4	5×5	6×6	8×7	10×8	12×8
轴的直径 d	>44～50	>50～58	>58～65	>65～75	>75～85	>85～95	>95～110	>110～130
键宽 b×键高 h	14×9	16×10	18×11	20×12	22×14	25×14	28×16	32×18
键的长度系列 L	6，8，10，12，14，16，18，20，22，25，28，32，36，40，45，50，56，63，70，80，90，100，110，125，140，180，200，220，250，…							

2)导向平键和滑键连接。它们均用于动连接，即轴与轮毂之间有轴向移动的连接。导向平键(图 7-29)是一种较长的平键，用螺钉固定在轴上的键槽中，轴上零件能沿键作轴向滑移，为装拆方便，键中间设有起键螺孔；滑键(图 7-30)固定在轮毂上，轴上零件能带动滑键在轴上的键槽中作轴向滑移，因此，轴上要铣出较长的键槽。导向平键适用于轴上零件轴向位移量不大的场合，如机床变速箱中的滑移齿轮；滑键适用于轴上零件轴向移动量较大的场合。

(2)半圆键连接。半圆键(图 7-31)同平键，键的两侧面为工作面，对中良好，用于静连接。轴上键槽用尺寸与半圆键相同的半圆键槽铣刀铣出，因此，半圆键能在槽中摆动，以适应轮毂槽底面，装配方便，尤其适用于锥形轴与轮毂的连接。其缺点是键槽较深，对轴的强度削弱较大，一般只用于轻载场合。需要用两个半圆键时，一般安置在轴的同一母线上。

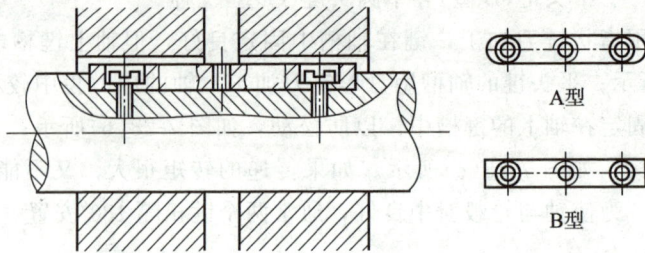

图 7-29

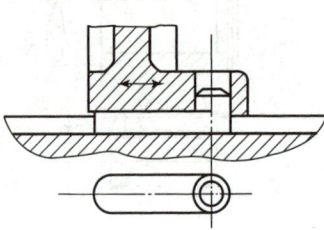

图 7-30

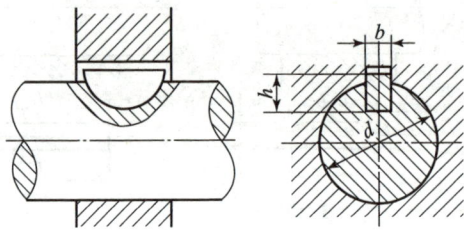

图 7-31

(3)楔键连接。楔键(图 7-32)的上下两面是工作面,键的上表面和与它相配合的轮毂槽底面均具有 1:100 的斜度,装配时需打入。工作时靠键的楔紧作用传递运动和转矩,同时,能承受单方向的轴向载荷,对轮毂起到单向的轴向定位作用。由于楔键打入时,迫使轴和轮毂产生偏心,因此,楔键主要用于定心精度要求不高、载荷平稳且低速的场合。

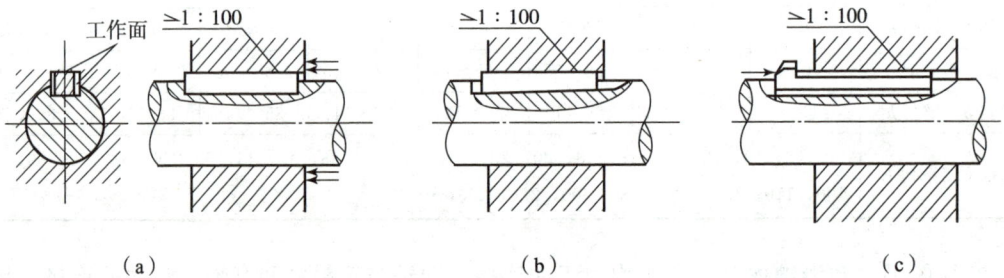

图 7-32

(a)A 型普通楔键;(b)B 型普通楔键;(c)钩头楔键

楔键可分为 A 型(圆头)楔键、B 型(平头)楔键和钩头楔键。在装配时,对 A 型(圆头)楔键要先将键放入键槽,然后打紧轮毂;对 B 型(平头)楔键和钩头楔键,可先将轮毂装到适当位置,再将键打紧。为了便于拆卸,楔键最好用于轴端。

2. 键连接的选择

键的类型可根据连接的结构特点、使用要求和工作条件来选定。键的尺寸(键宽 b 和键高 h)按轴的直径 d 由标准中选定;键的长度 L 可根据轮毂长度确定,轮毂长度一般可取 $(1.5\sim2)d$,键长等于或略小于轮毂长度,导键按轮毂长度及其滑动距离而定。键的长度还须符合《平键 键槽的剖面尺寸》(GB/T 1095—2003)和《普通型 平键》(GB/T 1096—2003)规定的长度系列。

3. 平键连接的强度计算

平键连接的可能失效形式有较弱零件工作面被压溃（静连接）、磨损（动连接）、键的剪断等。对于实际采用的材料和标准尺寸来说，压溃和磨损常是主要失效形式，所以，通常只进行键连接的挤压强度或耐磨性计算。

假设工作压力沿键的长度和高度均匀分布，则它们的强度条件为

$$\sigma_p（或\ P）= \frac{4T}{dhl} \leqslant [\sigma_p]（或[P]） \tag{7-13}$$

式中　T——传递的转矩（N·mm）；

　　　d——轴的直径（mm）；

　　　h——键高（mm）；

　　　l——键的工作长度，如图 7-28 所示（mm）；

　　　$[\sigma_p]$（或$[P]$）——键连接的许用挤压应力（或许用压强$[P]$），见表 7-2，计算时应取连接中弱材料的值（MPa）。

表 7-2　键连接材料的许用应力（压强）　　　　　　　　（单位：MPa）

项目	连接性质	键或轴、毂材料	载荷性质		
			静载荷	轻微冲击	冲击
$[\sigma_p]$	静连接	钢	120～150	100～120	60～90
		铸铁	70～80	50～60	30～45
$[P]$	动连接	钢	50	40	30

如果强度不足，在结构允许时可以适当增加轮毂的长度和键长，或者间隔180°布置两个键。考虑载荷分布的不均匀性，双键连接按 1.5 个键进行强度校核。

4. 花键连接

花键连接是由轴和毂孔上的多个键齿与键槽组成，如图 7-33 所示，齿侧面为工作面，可用于静连接或动连接。花键由于齿槽较浅，对轴与轮毂的强度削弱较少，应力集中小，对中性好和导向性能好，但需专用的加工设备、刀具和量具，成本较高。其适用于承受重载荷或变载荷及定心精度高的静连接、动连接。花键已标准化，按齿形不同，通常可分为矩形花键、渐开线花键等。

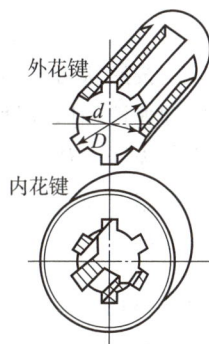

外花键

内花键

图 7-33

（1）矩形花键。矩形花键的齿侧为直线。按键齿数和键高的不同，矩形花键可分为轻、中两个系列。轻系列多用于轻载或静连接；中系列多用于重载或动连接。矩形花键连接的定心方式按照国家标准《矩形花键尺寸、公差和检验》（GB/T 1144—2001）规定为小径定心，如图 7-34 所示。这是因为轴和孔的花键齿定心面均可进行磨削，定心精度高。

（2）渐开线花键。渐开线花键的齿廓为渐开线，如图 7-35 所示，可以利用切制齿轮的加工方法来加工，工艺性较好。其齿根较厚，强度高、寿命长。但加工花键孔的拉刀制造成本较高，尺寸较小时，受到一定限制。它常用于载荷较大、定心精度要求高及尺寸较大的连接。根据分度圆压力角的不同，可分为30°压力角渐开线花键连接和 45°压力角渐开线花键

连接两种。后者齿数多、模数小，多用于轻载和直径小的静连接，特别适用于轴与薄壁零件的连接。

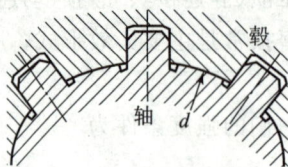

图 7-34

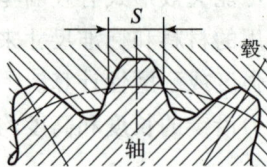

图 7-35

7.3.2　销连接

销连接通常用于固定零、部件之间的相对位置，即定位销，如图 7-36(a)所示；也用于轴毂间或其他零件间的连接，即连接销，如图 7-36(b)所示；也可充当过载剪断元件，即安全销，如图 7-36(c)所示。

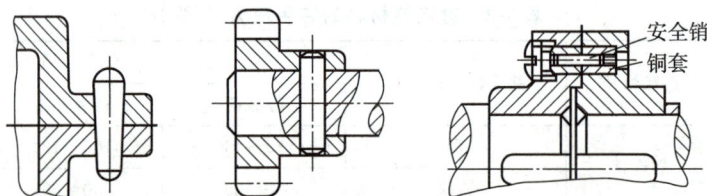

图 7-36

(a)定位销；(b)连接销；(c)安全销

　　定位销一般不受载荷或只受很小的载荷，其直径按结构确定，数目不少于两个；连接销能传递较小的载荷，其直径也按结构及经验确定，必要时校核其挤压和剪切强度；安全销的直径应按销的剪切强度计算，当过载 20%～30% 时即应被剪断。

　　销按形状可分为圆柱销、圆锥销和异形销三类。圆柱销靠过盈与销孔配合，为保证定位精度和连接的坚固性，不宜经常拆装，主要用于连接或定位。圆锥销具有 1∶50 的锥度，小端直径为标准值，自锁性能好，定位精度高，主要用于定位或连接。圆柱销和圆锥销的销孔均需铰制。异形销种类很多，其中开口销工作可靠，拆卸方便，常与槽形螺母合用，锁定螺纹连接件。

【任务分析】

　　通过本模块的学习，可应用所学知识对典型案例中各种事故的原因进行分析，具体情况请结合相关知识自行分析。

【单元测试】

　　(1)如图 7-37 所示，两轴的凸缘用 4 只螺栓相连，螺栓均布于直径 $D=150$ mm 的圆周上。已知，传递的力偶矩 $m=2\,500$ Nm，凸缘厚度 $h=10$ mm，螺栓材料为 A3 钢，$[\tau]=80$ MPa，$[\sigma_{jy}]=200$ MPa。试设计螺栓直径(假设每只螺栓受力相等)。

（2）起重滑轮松螺栓连接如图 7-38 所示，已知作用在螺栓上的工作载荷 $F_Q = 50$ kN，螺栓材料为 Q235，试确定螺栓的直径。

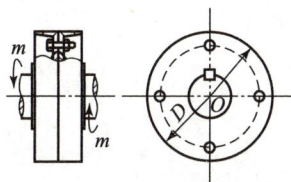

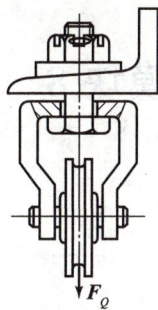

图 7-37　　　　　　　　　图 7-38

（3）某气缸的蒸汽压强 $P = 1.5$ MPa，气缸内径 $D = 200$ mm，气缸盖与气缸体采用螺栓连接如图 7-39 所示，螺栓分布圆直径 $D_0 = 300$ mm。为保证紧密性要求，螺栓间距不得大于 80 mm，试设计此气缸盖的螺栓组连接。

（4）分析图 7-40 所示的螺纹连接有哪些不合理之处？

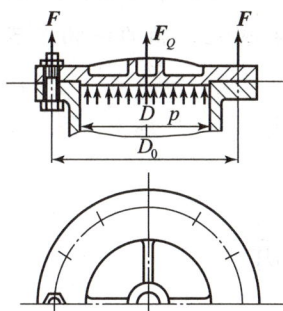

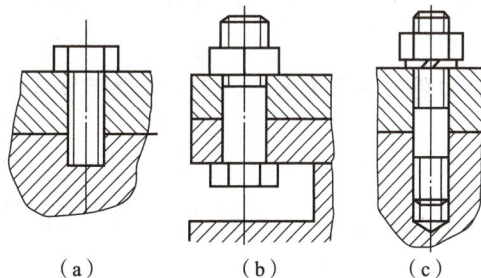

（a）　　　　（b）　　　　（c）

图 7-39　　　　　　　　　图 7-40

模块 8　轴类零件分析与设计

知识目标 ○○○

学习轴的类型、轴的材料、轴的结构，完成不同情况下针对不同类型轴及材料应用的选用；学习轴在不同载荷情况下强度及刚度问题；学习轴的结构设计过程，完成轴结构分析设计问题。

知识要点 ○○○

(1)轴的类型、轴的材料、轴的结构及各部分名称、轴的结构设计过程(包括轴上零件的装配方案、各轴段直径和长度的确定、轴上零件的定位和固定、轴的结构工艺性分析等)；

(2)轴的强度与刚度设计、复杂变形下的强度设计。

单元 8.1　轴的结构分析

【学习目标】

学习轴的类型、轴的材料、轴的结构及各部分名称；学习轴的结构设计过程，完成轴上零件的装配方案制定，完成各轴段直径和长度的确定、轴上零件的定位和固定、轴的结构工艺性分析。

【任务提出】

曲轴断裂频现，疑为厂家设计缺陷

作为闻名于世的世界知名汽车制造厂家，××是一个专业生产四驱车的公司，或许正是因为这一点，才使得××被世人熟知。但是就是这样一个专业生产豪华车的汽车厂家，近年来却频频遭到车主的投诉，所投诉的问题大多都因质量问题而引起。近日汽车投诉网又接到一起车主对××汽车的投诉，投诉中车主的车辆在行驶中曲轴突然断裂，险些出现意外，编辑在随后的查阅中发现，原来同一问题，并非××汽车第一次发生。

在完成本单元的学习后，再分析问题的所在。

【任务实施】

8.1.1　轴的类型与材料概述

轴是机器中的主要支承零件之一。一切作回转运动的传动零件(如齿轮、蜗轮、带轮、链轮、联轴器等),都必须安装在轴上才能传递运动和动力,因此,轴的主要功用是支承旋转零件、传递运动和动力。轴工作状况的好坏直接影响到整台机器的性能和质量。

1. 轴的类型

轴按其轴线形状可分为直轴和曲轴两大类。曲轴通过连杆机构可以将旋转运动转变为往复直线运动,或作相反的运动转换。曲轴是活塞式动力机械及一些专门设备中的专用零件,本单元不予讨论。

根据轴的承载情况,直轴可分为转轴、心轴和传动轴三类。同时承受弯矩和转矩作用的轴称为转轴,如图 8-1 所示的输入轴Ⅰ和输出轴Ⅱ;只承受转矩作用的轴称为传动轴,如图 8-1 所示的电动机轴;只承受弯矩作用的轴称为心轴,如图 8-2 所示的火车轮轴。其中,转轴在各种机器中最为常见。

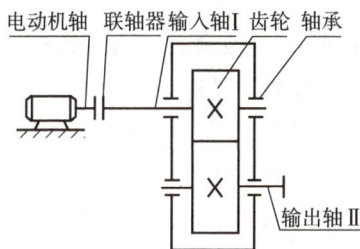

图 8-1

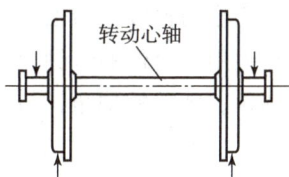

图 8-2

根据轴的外形,直轴又可分为光轴(图 8-3)和阶梯轴(图 8-4)。后者便于轴上零件的装配,故应用很广;而前者很少应用,主要用作传动轴。

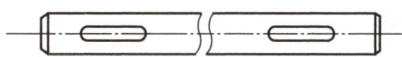

图 8-3

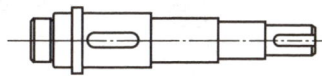

图 8-4

另外,还有一种能将回转运动灵活地传到任何位置的钢丝软轴(图 8-5),它具有良好的挠性,也称为钢丝挠性轴。

2. 轴的材料

选择轴的材料,应考虑的因素:轴的强度、刚度及耐磨性要求;热处理方法;材料来源;材料加工工艺性;材料价格等。

轴的材料主要是碳钢和合金钢。由于碳钢比合金钢价廉,对应力集中的敏感性较低,故采用碳钢制造轴较为广泛,其中最常用的是 45 号钢。对于受力不大或不重要的轴,可用 Q235、Q275 等普通碳素钢。

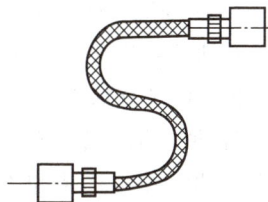

图 8-5

合金钢的力学性能和淬火性能比碳素钢要好，但对应力集中比较敏感，且价格较贵，多用于对强度和耐磨性能要求较高的场合，以及高温或低温的场合。

轴的常用材料及其主要机械性能，扫码见配套资源表 8-1。

高强度铸铁和球墨铸铁容易做成复杂的形状，且具有价廉、良好的吸振性和耐磨性，以及对应力集中的敏感性较低等优点，可用于制造外形复杂的轴。

表 8-1

8.1.2 轴的结构设计

对于机器中的一般转轴，主要应满足强度和结构的要求；对于刚度要求高的轴(如机床主轴)，主要应满足刚度的要求；对于一些高速机械的轴(如高速磨床主轴)，要考虑满足振动稳定性的要求。

在转轴设计中，其特点是不能首先通过精确计算确定轴的截面尺寸。因为转轴工作时，既承受弯矩的作用，也承受转矩的作用，而弯矩又与轴上载荷的大小及轴上零件相互位置有关，所以，当轴的结构尺寸未确定前，无法求出轴所受的弯矩。因此，转轴设计时，开始只能按扭转强度或经验公式估算轴的直径，然后进行轴的结构设计，最后进行轴的强度验算。

1. 轴的结构及各部分名称

图 8-6 所示为阶梯轴的常见结构。轴通常由轴头、轴颈、轴肩、轴环、轴身等部分组成。轴与传动零件配合的轴段称为轴头；与轴承配合的轴段称为轴颈；连接轴头和轴颈的轴段称为轴身；直径大用于定位的短轴段称为轴环；截面尺寸变化的台阶处称为轴肩。另外，还有轴肩的过渡圆角、轴端的倒角、与键连接处的键槽等结构。

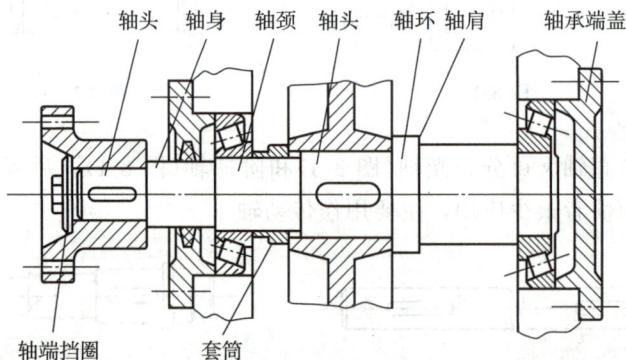

图 8-6

2. 轴的结构设计过程

对轴的结构进行设计主要是确定轴的结构形状和尺寸。一般在进行结构设计时的已知条件有机器的装配简图、轴的转速、传递的功率、轴上零件的主要参数和尺寸等。

(1)拟定轴上零件的装配方案。轴上零件的装配方案不同，将会有不同的轴的结构形状，因此，在拟定装配方案时，一般应先考虑几个方案，进行分析、比较与选择。现以齿轮减速器中输出轴的两种布置方案为例进行对比分析。图 8-7(a)所示布置方案的装配方法是齿轮、套筒、左端轴承、轴承盖、半联轴器依次从轴的左端安装，右端只装轴承及其端盖；而图 8-7(b)所示布置方案的装配方法是左端套筒、轴承、轴承盖、半联轴器依次从轴的左端安装，而齿轮、右端套筒、轴承、端盖依次从轴的右端安装。相比之下可知，图 8-7(b)较图 8-7(a)多了一个用于轴向定位的长套筒，使机器的零件增多，质量增大，所以，图 8-7(a)中的方案较为合理。

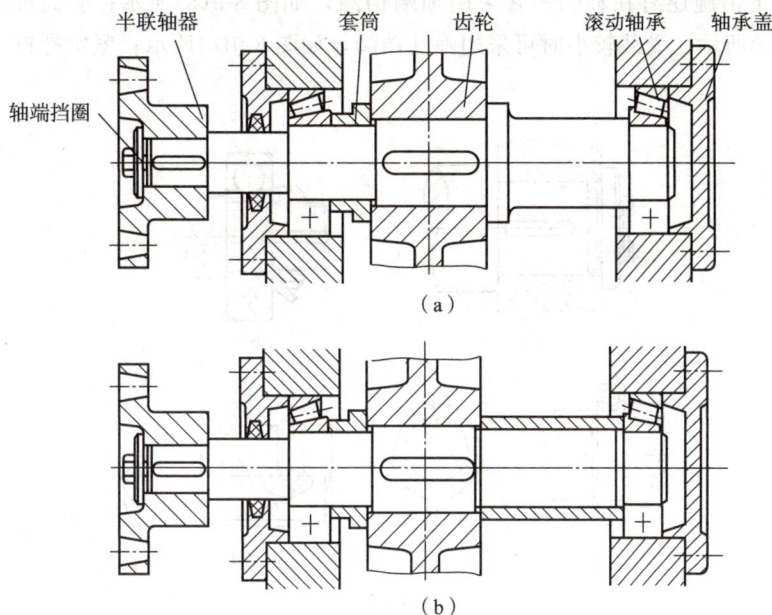

图 8-7

（2）各轴段直径和长度的确定。拟定轴上零件的装配方案后，可初步估算轴所需的最小直径，进而初步确定阶梯轴各段的直径、长度和配合类型。轴径的估算有两种方法：一种是按扭转强度初步估算轴径；另一种是按经验公式估算轴径。

估算出轴的最小直径后，按轴上零件的布置方案和定位要求，从轴端段起逐一确定各轴段直径。需要注意的是，当轴段有配合要求时，应尽量采用推荐的标准直径。安装标准件（如滚动轴承）部位的轴径尺寸，应取为相应的标准值。另外，为了使齿轮、轴承等有配合要求的零件装拆方便，避免配合表面的刮伤，应在配合段前（非配合段）采用较小的直径，或在同一轴段的两个部位上采用不同的公差值。

轴的各段长度主要是根据各零件与配合部分的轴向尺寸和相邻零件必要的空隙来确定。为了保证轴上零件轴向定位可靠，如齿轮、联轴器等轴上零件相配合部分的轴段长度一般应比轮毂长度短 2～3 mm。

（3）轴上零件的定位和固定。如图 8-8 所示，轴上零件的轴向定位主要靠轴肩和轴环来完成。齿轮靠右侧轴环的轴肩定位，联轴器靠右侧轴肩定位。为了保证轴上零件靠紧定位面，轴肩处的圆角半径 R 必须小于零件内孔的圆角 R_1 或倒角 C_1；轴肩高度一般取 $h=(0.07\sim0.1)d$，轴环宽度 $b\approx1.4h$；也可采用套筒定位，左轴承就是靠右侧套筒定位，其尺寸

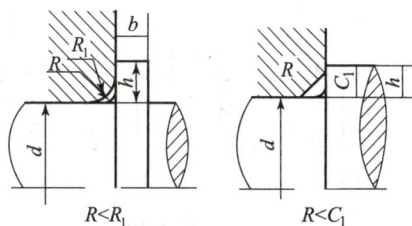

图 8-8

可参照轴肩尺寸。

　　轴上零件的轴向固定就是不允许轴上零件沿轴向窜动。如图 8-6 所示，齿轮靠两侧的轴环和套筒固定，左侧轴承靠套筒和轴承端盖固定，右侧轴承靠轴肩和轴承端盖固定。另外，常用的轴向固定措施还有在轴的一端采用轴端挡圈，如图 8-9(a)所示；套筒过长可采用圆螺母，如图 8-9(b)所示；受载较小时可采用弹性挡圈，如图 8-9(c)所示；紧定螺钉，如图 8-9(d)所示；销钉等。

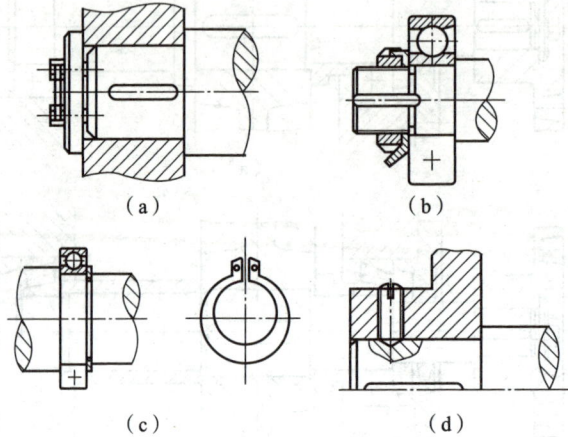

图 8-9

　　轴上零件的周向固定就是保证轴上的传动零件要与轴一起转动。常用的固定方式有键连接、花键连接、销连接、紧定螺钉连接及过盈配合连接等。转矩较大时可采用花键连接，也可同时采用平键连接和过盈配合连接来实现周向固定。转矩较小时，可采用紧定螺钉连接、销连接等。

　　(4)轴的结构工艺性分析。轴的结构工艺性是指轴的结构形式应便于轴的加工和轴上零件的装配，并且要求生产率高、成本低。

　　轴通常是在变应力条件下工作的，为了改善轴的抗疲劳强度，减小轴在剖面突变处的应力集中，应适当增大其过渡圆角半径，阶梯轴的相邻截面变化不要太大。如果结构上不宜增大圆角半径，可采用卸载槽[图 8-10(a)]、肩环[图 8-10(b)]、凹切圆角[图 8-10(c)]等结构。

　　为了便于轴的装拆和去掉加工时的毛刺，轴及轴肩的端部应绘制出 45°的倒角。当轴的某段须磨削加工或有螺纹时，须留出砂轮越程槽[图 8-11(a)]或退刀槽[图 8-11(b)]。其尺寸可参见相关标准或手册。

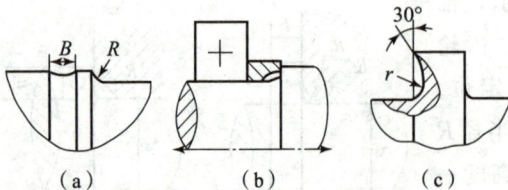

图 8-10

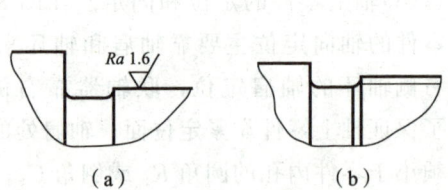

图 8-11

为便于加工，应使轴上直径相近处的圆角、倒角、键槽、砂轮越程槽、退刀槽等尺寸一致。轴上不同段的键槽应布置在轴的同一母线上。

轴的结构越简单，工艺性越好。因此，在满足使用要求的前提下，轴的结构形状应尽量简化。

另外，在结构设计时，还可以采用改善受力情况、改变轴上零件位置等措施来提高轴的强度。例如，在图 8-12 所示的起重卷筒的两种不同方案中，图 8-12(a) 所示的方案是大齿轮和卷筒做成一体，转矩经大齿轮直接传给卷筒，这样卷筒轴只受弯矩而不受扭矩；而图 8-12(b) 所示的方案是大齿轮将转矩通过轴传到卷筒，卷筒轴既受弯矩又受扭矩。在同样的载荷 F 作用下，图 8-12(a) 所示轴的直径显然可比图 8-12(b) 所示轴的直径小。

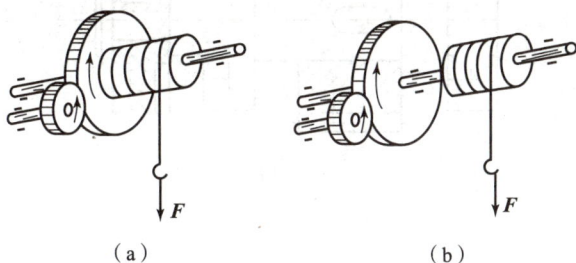

（a）　　　　　　　　（b）

图 8-12

有时，改变轴上零件的布置，也可以减小轴上的载荷。如图 8-13(a) 所示的轴，轴上作用的最大转矩为 T_1+T_2。如将输入轮布置在两输出轮之间，则轴所受的最大转矩将降低到 T_1，如图 8-13(b) 所示。

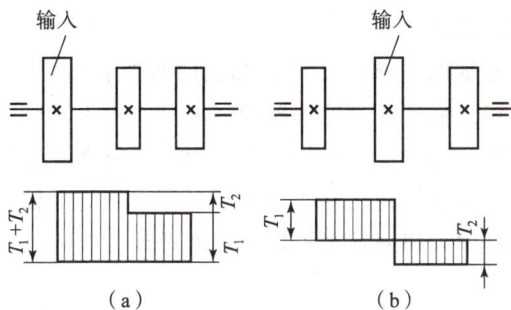

（a）　　　　　　　　（b）

图 8-13

【任务分析】

有一些汽车理论常识的人都知道，曲轴是发动机的主要旋转机构。它担负着将活塞的上下往复运动转变为自身的圆周运动的功能，通常所说的发动机转速就是曲轴的转速。因此，曲轴必须要有足够的刚性，才能担负起数千转的转速及活塞的往复运动。一般曲轴为锻钢或铸铁材质，如果设计合理，这种材质的曲轴是可以承担足够的作用力而不损坏的。另外，如果车主平时定期保养车辆，就算用上 10 年以上的车，一般也不会出现曲轴断裂这样的问题。

综上所述，没有理由不认为、外界也没有理由不质疑××曲轴断裂是因厂家的设计缺陷所造成。

【单元测试】

(1)根据轴的承载情况不同，轴可分为哪几种？

(2)轴的常用材料有哪些？说明它们的特点。

(3)轴的结构设计应考虑哪几个方面的内容？

(4)如何确定定位轴肩的圆角半径和轴肩高度？

(5)指出图 8-14 中轴的结构错误，说明原因并予以改正。

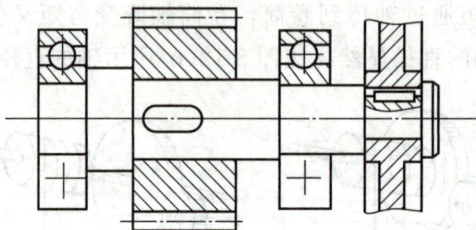

图 8-14

单元 8.2 轴的承载能力分析

【学习目标】

完成轴结构分析设计问题。

【任务实施】

轴设计实例(设计
准则、实例分析)

轴在工作时应有足够的疲劳强度，所以，设计时必须进行轴的强度计算。常用的强度计算方法有轴的扭转强度计算和轴的弯扭合成强度计算。对于传动轴，可以通过扭转强度计算来验算轴的强度；而对于转轴，则可以通过扭转强度计算来估算转轴的最小直径，通过弯扭合成强度计算来验算轴的强度。

下面重新梳理一下强度计算问题，并考虑实际过程中载荷对轴强度的影响，引入一定的修正系数，得出在实际过程中如何来针对轴进行强度设计。

1. 轴的扭转强度计算

设轴在转矩 T 的作用下，产生剪应力 τ。对于圆截面的实心轴，其抗扭强度条件为

$$\tau = \frac{T}{W_T} = \frac{9.55 \times 10^6 P}{0.2 d^3 n} \leqslant [\tau] \, (\text{MPa}) \tag{8-1}$$

式中　τ——危险截面的切应力(MPa)；

　　　$[\tau]$——材料的许用扭转切应力(MPa)；

　　　T——轴所承受的转矩(N·mm)；

　　　W_T——轴危险截面的抗扭截面系数(mm³)；

　　　P——轴传递的功率(kW)；

　　　n——轴的转速(r/min)；

　　　d——轴危险截面的直径(mm)。

式(8-1)也可写成如下形式：

$$d \geqslant \sqrt[3]{\frac{9.55 \times 10^6 P}{0.2[\tau]n}} = A\sqrt[3]{\frac{P}{n}}\,(\text{mm}) \tag{8-2}$$

式中，A 是由轴的材料和承载情况确定的常数。

若在计算截面处有键槽，则应将直径加大 5%（单键）或 10%（双键），以补偿键槽对轴强度削弱的影响。

对于转轴，可利用式(8-2)求出的直径，作为转轴的最小直径。

2. 轴的弯扭合成强度计算

在轴的结构设计完成后，作用在轴上外载荷(转矩和弯矩)的大小、方向、作用点、载荷种类及支点反力等就已确定，可按弯扭合成的理论进行轴危险截面的强度校核。

对于一般钢制的转轴，按第三强度理论得到的抗弯扭合成强度条件为

$$\sigma_e = \frac{M_e}{W} = \frac{\sqrt{M^2 + (\alpha T)^2}}{0.1d^3} \leqslant [\sigma_{-1}]\,(\text{MPa}) \tag{8-3}$$

式中　σ_e——危险截面的当量应力(MPa)；

$\quad\quad M_e$——危险截面的当量弯矩(N·mm)；

$\quad\quad M$——合成弯矩(N·mm)，$M = \sqrt{M_H^2 + M_V^2}$，M_H 指水平平面弯矩(N·mm)，M_V 指竖直平面弯矩(N·mm)；

$\quad\quad W$——抗弯截面系数(mm³)；

$\quad\quad \alpha$——根据转矩性质而定的折合系数，稳定的转矩取 $\alpha = 0.3$，脉动循环变化的转矩取 $\alpha = 0.6$，对称循环变化的转矩取 $\alpha = 1$(对正反转频繁的轴，可将转矩看成是对称循环变化)；当不能确切知道载荷的性质时，一般轴的转矩可按脉动循环处理；

$\quad\quad T$——轴所承受的转矩(N·mm)；

$\quad\quad d$——轴危险截面的直径(mm)；

$\quad\quad [\sigma_{-1}]$——对称循环应力状态下材料的许用弯曲应力(MPa)。

式(8-3)可改写成下式计算轴的直径：

$$d \geqslant \sqrt[3]{\frac{M_e}{0.1[\sigma_{-1}]}}\,\text{mm} \tag{8-4}$$

对于有键槽的危险截面，单键时应将轴径加大 5%，双键时加大 10% 。

【例 8-1】　图 8-15 所示为二级斜齿圆柱齿轮减速器示意，设计减速器的输出轴。已知输出轴功率 $P = 9.8$ kW，转速 $n = 260$ r/min，齿轮 4 的分度圆直径 $d = 119$ mm，所受的作用力分别为圆周力 $F_t = 6\,065$ N，径向力 $F_r = 2\,260$ N，轴向力 $F_a = 1\,315$ N。各齿轮的宽度均为 80 mm。齿轮、箱体、联轴器之间的距离如图 8-15 所示。

解：

1. 选择轴材料

因无特殊要求，选择 45 钢，正火，查寻配套资源表 8-1可得

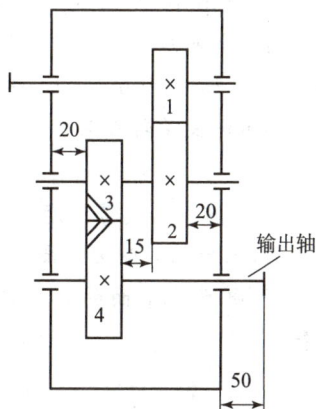

图 8-15

$$[\sigma_{-1}]=55 \text{ MPa，取 } A=115$$

2. 估算轴的最小直径

$$d \geqslant A\sqrt[3]{\frac{P}{n}} = 115 \times \sqrt[3]{\frac{9.8}{260}} = 38.56(\text{mm})$$

因最小直径与联轴器配合，故有一键槽，可将轴径加大 5%，即 $d=38.56 \times 105\% = 40.488(\text{mm})$，选择凸缘联轴器，取其标准内孔直径 $d=42$ mm。

3. 轴的结构设计

如图 8-16 所示，齿轮由轴环、套筒固定，左端轴承采用端盖和套筒、右端轴承采用轴肩和端盖固定。齿轮和左端轴承从左侧装拆，右端轴承从右侧装拆。因为右端轴承与齿轮距离较远，所以轴环做在齿轮的右侧，以免套筒过长。

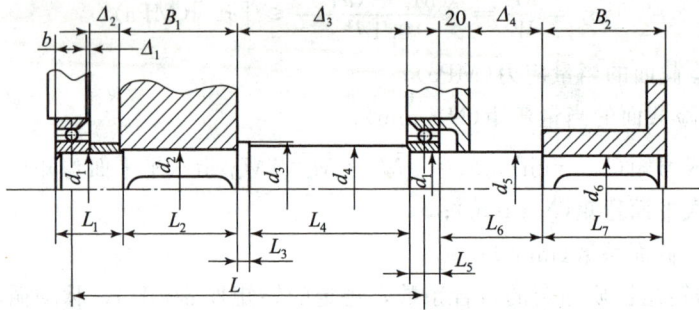

图 8-16

(1)轴的各段直径的确定。与联轴器相连的轴头是最小直径取 $d_6=42$ mm；联轴器定位轴肩高度 $h=3$ mm，则 $d_5=48$ mm；选 7210AC 型轴承，则 $d_1=50$ mm；右端轴承定位轴肩高度取 $h=3.5$ mm，则 $d_4=57$ mm；与齿轮配合的轴头直径 $d_2=53$ mm；齿轮的定位轴肩高度取 $h=5$ mm，则 $d_3=63$ mm。

(2)轴上零件的轴向尺寸及其位置。轴承宽度 $b=20$ mm，齿轮宽度 $B_1=80$ mm，联轴器宽度 $B_2=84$ mm，轴承端盖宽度为 20 mm。箱体内侧与轴承端面间隙取 $\Delta_1=2$ mm，齿轮与箱体内侧的距离分别为 $\Delta_2=20$ mm，$\Delta_3=15+80+20=115(\text{mm})$，联轴器与箱体之间间隙 $\Delta_4=50$ mm，如图 8-16 所示。

则与之对应，轴各段长度分别为 $L_1=44$ mm，$L_2=78$ mm，轴环取 $L_3=8$ mm，$L_4=109$ mm，$L_5=20$ mm，$L_6=70$ mm，$L_7=82$ mm。

轴承的支承跨度为

$$L=L_1+L_2+L_3+L_4=239(\text{mm})$$

4. 验算轴的疲劳强度

(1)画出轴的受力简图，如图 8-17(a)所示。

(2)画水平平面的弯矩图，如图 8-17(b)所示。通过列水平平面的受力平衡方程，可求得

$$F_{AH}=4\,283 \text{ N}$$
$$F_{RH}=1\,827 \text{ N}$$

则

$$M_{CH}=72F_{AH}=72\times4\,238=305\,136(\text{N}\cdot\text{mm})$$

（3）画竖直平面的弯矩图，如图 8-17(c)所示，通过列竖直平面的受力平衡方程，可求得

$$F_{AV}=924\text{ N}$$

$$F_{BV}=1\,336\text{ N}$$

则
$$M_{CV1}=72F_{AV}=72\times924=66\,528(\text{N}\cdot\text{mm})$$

$$M_{CV2}=167F_{BV}=167\times1\,336=223\,112(\text{N}\cdot\text{mm})$$

（4）画合成弯矩图，如图 8-17(d)所示。

$$M_{C1}=\sqrt{M_{CH}^2+M_{CV1}^2}=\sqrt{305\,136^2+66\,528^2}=312\,304(\text{N}\cdot\text{mm})$$

$$M_{C2}=\sqrt{M_{CH}^2+M_{CV2}^2}=\sqrt{305\,136^2+223\,112^2}=378\,004(\text{N}\cdot\text{mm})$$

（5）画转矩图，如图 8-17(e)所示。

$$T=9.55\times10^6\frac{P}{n}=9.55\times10^6\times\frac{9.8}{260}=359\,926(\text{N}\cdot\text{mm})$$

（6）画当量弯矩图，如图 8-17(f)所示，转矩按脉动循环，则取 $\alpha=0.6$。

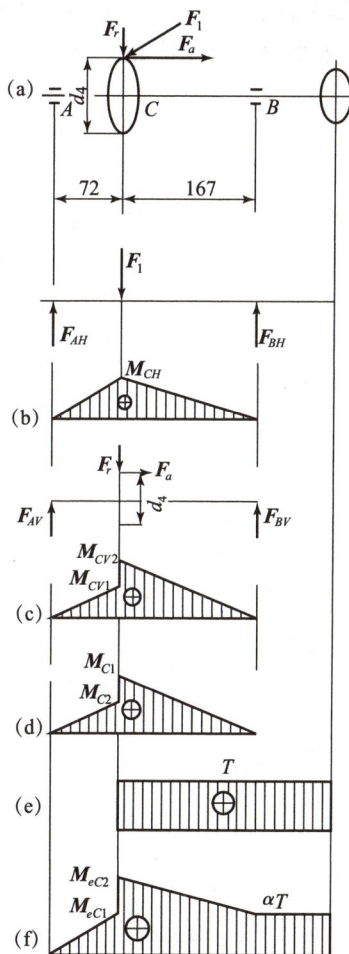

图 8-17

$$\alpha T = 0.6 \times 359\ 926 = 215\ 956(\text{N} \cdot \text{mm})$$

$$M_{cC1} = \sqrt{M_{C1}^2 + (\alpha T)^2} = \sqrt{312\ 304^2 + 215\ 956^2} = 379\ 698(\text{N} \cdot \text{mm})$$

$$M_{cC2} = \sqrt{M_{C2}^2 + (\alpha T)^2} = \sqrt{378\ 004^2 + 215\ 956^2} = 435\ 344(\text{N} \cdot \text{mm})$$

由当量弯矩图可知截面 C 为危险截面，当量弯矩最大值为 $M_{eC} = 435\ 344\ \text{N} \cdot \text{mm}$

(7)验算轴的直径。

$$d \geqslant \sqrt[3]{\frac{M_{eC}}{0.1[\sigma_{-1}]}} = \sqrt[3]{\frac{435\ 344}{0.1 \times 55}} = 42.94(\text{mm})$$

因为 C 截面有一键槽，所以需要将直径加大 5%，则 $d = 42.94 \times 105\% = 45.1(\text{mm})$，而 C 截面的设计直径为 $53\ \text{mm}$，所以强度足够。

(8)绘制轴的零件图。

(略)

【单元测试】

设计二级直齿圆柱齿轮减速器输出轴的结构，外伸端装联轴器。已知该轴传递的功率 $P = 4.5\ \text{kW}$，其转速 $n = 120\ \text{r/min}$，齿轮宽度为 $50\ \text{mm}$。试选择联轴器、轴承，并设计轴的结构图。

模块 9　柔性传动及间歇运动机构分析设计

知识目标 ○○○

学习带传动的相关知识，学习普通 V 带的结构和尺寸标准及普通 V 带轮的结构分析设计方法，学习带传动的力学分析和带的疲劳强度计算；学习链传动的相关知识，完成链传动的力学分析；学习间歇运动机构分析与设计方法。完成带传动的结构设计，对带传动在工程应用中进行维护；完成链传动结构设计及工程应用的分析。

知识要点 ○○○

(1)带传动的组成、带传动的特点、带传动的类型和应用；

(2)普通 V 带的结构和尺寸标准、普通 V 带轮的结构；

(3)带传动的受力分析、应力分析、带的疲劳强度；

(4)带传动的弹性滑动、传动比计算、带传动的滑动率；

(5)带传动的失效形式和设计准则、V 带传动的设计步骤和方法；

(6)带传动的张紧、安装与维护；

(7)链传动的组成、类型、特点、链传动结构、参数、链传动的布置、张紧及润滑；

(8)棘轮机构的工作原理、类型特点、应用；

(9)槽轮机构的工作原理、类型、特点和应用；

(10)不完全齿轮机构和凸轮式间歇运动机构。

单元 9.1　带传动分析与设计

【学习目标】

学习带传动的相关知识，学习普通 V 带的结构和尺寸标准及普通 V 带轮的结构分析设计方法，学习带传动的力学分析和带的疲劳强度计算；完成带传动的结构设计，对带传动在工程应用中进行维护。

带传动设计实例
（设计步骤、实例分析）

【任务提出】

某物料输送设备有以下两种设计方案，如图 9-1 所示，试分析哪种方案是可行的。

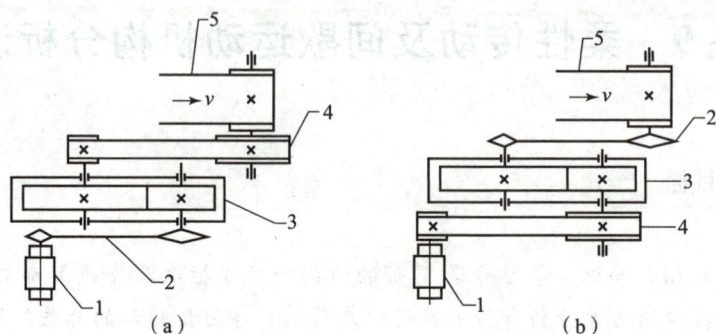

图 9-1

1—电机；2—链传动；3—减速器；4—带传动；5—输送带

【任务实施】

9.1.1 带传动的类型、特点和应用

带传动是由主动轮 1、从动轮 2、环形传动带 3 及机架组成的(图 9-2)。带是挠性件，张紧在两轮上，当原动机驱动带轮 1(即主动轮)转动时，由于带与带轮间摩擦力的作用，使从动轮 2 一起转动，从而实现了运动和动力的传递。

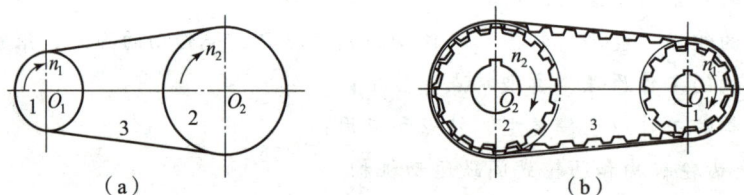

图 9-2

(a)摩擦带传动；(b)啮合带传动

1. 带传动的类型

(1)按用途分。按用途可将带传动分为传动带和输送带。传动带主要用于传递运动和动力；输送带主要用于输送物品。

(2)按传动原理分。按传动原理可将带传动分为摩擦带传动和啮合带传动。摩擦带传动主要靠传动带与带轮间的摩擦力实现传动，如图 9-2(a)所示，如 V 带传动、平带传动等；啮合带传动靠带内侧凸齿与带轮外缘上的齿槽直接啮合实现传动，如图 9-2(b)所示的同步带传动。

(3)按传动带的截面形状分。

1)V 带传动。如图 9-3(a)所示，V 带的截面形状为等腰梯形，两侧面为工作面。传动时

V 带与轮槽两侧面接触，在同样压紧力的作用下，V 带的摩擦力比平带大，传递功率也较大，且结构紧凑，在机械传动中广泛应用。

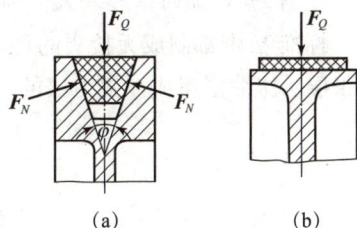

图 9-3
(a)V 带；(b)平带

2)平带传动。如图 9-3(b)所示，平带的截面形状为矩形，内表面为工作面。常用的平带有胶带、编织带和强力锦纶带等。平带传动多用于中心距较大的场合。

3)多楔带传动。如图 9-4(a)所示，多楔带传动是在平带基体上由多根 V 带组成的传动带。多楔带结构紧凑，可传递很大的功率，故适用于传递功率大且要求结构紧凑的场合。

4)圆带传动。圆带横截面为圆形，如图 9-4(b)所示。其只适用于低速、小功率传动，如仪表等。

5)同步带传动。同步带纵截面为齿形，如图 9-4(c)所示。其兼有带传动和齿轮传动的特点，能保证准确的传动比，故主要应用于要求传动比准确的中、小功率传动中，如数控机床等。

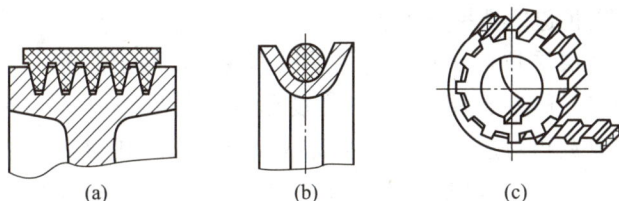

图 9-4
(a)多楔带；(b)圆带；(c)同步带

2. 带传动的特点和应用

带传动是利用具有弹性的挠性带来传递运动和动力的，因此具有以下特点：

(1)能实现较大距离的轴间传动，结构简单，制造、安装和维护较方便，且成本低廉；

(2)过载时，带会在带轮上打滑，从而起到保护其他传动件免受损坏的作用；

(3)传动平稳，噪声小，可缓冲吸振；

(4)由于带与带轮之间存在滑动，传动比不能严格保持不变，且需要张紧装置；

(5)传动效率较低，带的寿命一般较短，不宜在易燃易爆场合下工作。

带传动适用于要求传动平稳，但传动比要求不严格且中心距较大的场合。一般情况下，带速为 $5\sim25$ m/s，传动的功率 $P\leqslant100$ kW，平均传动比 $i\leqslant5$，传动效率为 $94\%\sim97\%$。高速带传动的带速可达 $60\sim100$ m/s，传动比 $i\leqslant7$。同步齿形带的带速为 $40\sim50$ m/s，传动比 $i\leqslant10$，传递功率可达 200 kW，效率高达 $98\%\sim99\%$。

9.1.2　V 带和带轮的结构

V 带有普通 V 带、窄 V 带、宽 V 带、汽车 V 带和大楔角 V 带等。其中，普通 V 带和窄 V 带应用较广，本单元介绍普通 V 带传动。

1. 普通 V 带的结构和尺寸标准

标准 V 带都制成无接头的环形带，其横截面结构如图 9-5 所示。V 带由包布层、强力层、伸张层、压缩层组成。强力层的结构形式有帘布结构[图 9-5(a)]和线绳结构[图 9-5(b)]。

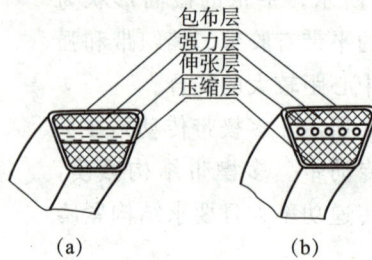

图 9-5

(a)帘布结构；(b)线绳结构

帘布结构抗拉强度高，但柔韧性及抗弯曲强度不如线绳结构好。线绳结构的普通 V 带使用寿命长，适用于转速高，带轮直径较小的场合。

普通 V 带按截面尺寸由小到大的顺序分为 Y、Z、A、B、C、D、E 七种型号。在同样条件下，截面尺寸大则传递的功率就大。

V 带绕过带轮时外层受拉伸变长，内层受压缩变短，两层之间存在一层长度不变的中性层，称为节面。节面的宽度称为节宽 b_p(图 9-6)。V 带安装在带轮上，与节宽相对应的带轮直径称为基准直径，用 d_d 表示。在规定的张紧力下，V 带在带轮基准直径上的周线长度称为基准长度 L_d。带轮基准直径和带的基准长度可查询相关设计手册。

普通 V 带的标记由带形、基准长度和标准号组成。带的标记通常压印在带的外表面上，以便选用时识别。例如，A 型普通 V 带，基准长度为 1 400 mm，其标记为 A—1400GB/T11544—2012。

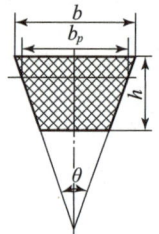

图 9-6

详细介绍扫码见配套资源表 9-1～表 9-3 及说明文字。

2. 普通 V 带轮的结构

(1)带轮的材料。普通带轮材料常采用铸铁、钢、铝合金或工程塑料等，其中灰铸铁应用最广。当带速 $v \leqslant 25$ m/s 时采用 HT150；当 $v = 25～30$ m/s 时采用 HT200；当 $v \geqslant 25～45$ m/s 时，可采用球墨铸铁、铸钢或锻钢，也可采用钢板冲压后焊接带轮。传递功率较小时，带轮可采用铸铝或工程塑料。

表 9-1～表 9-3

(2)带轮的结构。V 带轮由轮缘(带轮的外缘部分)、腹板(轮缘与轮毂相连的部分)和轮毂(带轮与轴相配的部分)三部分组成。轮槽尺寸见配套资源表 9-4。

V 带轮按腹板(轮辐)结构的不同分为四种形式，即 S 型—实心带轮[图 9-7(a)]；P 型—腹板带轮[图 9-7(b)]；H 型—孔板带轮[图 9-7(c)]；E 型—椭圆轮辐带轮[图 9-7(d)]。

$$d_1 = (1.8～2)d_0, \quad L = (1.5～2)d_0, \quad S = (0.2～0.3)B$$

$$h_1 = 290\sqrt[3]{\frac{P}{nA}}(\text{mm})$$

式中 P——传递的功率(kW)；

$\qquad$ n——带轮的转速(r/min)；

$\qquad$ A——轮辐数。

$\qquad$ $h_2 = 0.8h_1$，$\alpha_1 = 0.4h_1$，$\alpha_2 = 0.8\alpha_1$，$f_1 = 0.2h_1$，$f_2 = 0.2h_2$

表 9-4

带轮直径较小时采用实心带轮，中等直径的带轮可采用腹板带轮或孔板带轮，直径较大时采用椭圆轮辐带轮。

V 带轮的结构形式及腹板厚度的确定可参阅有关机械设计手册。

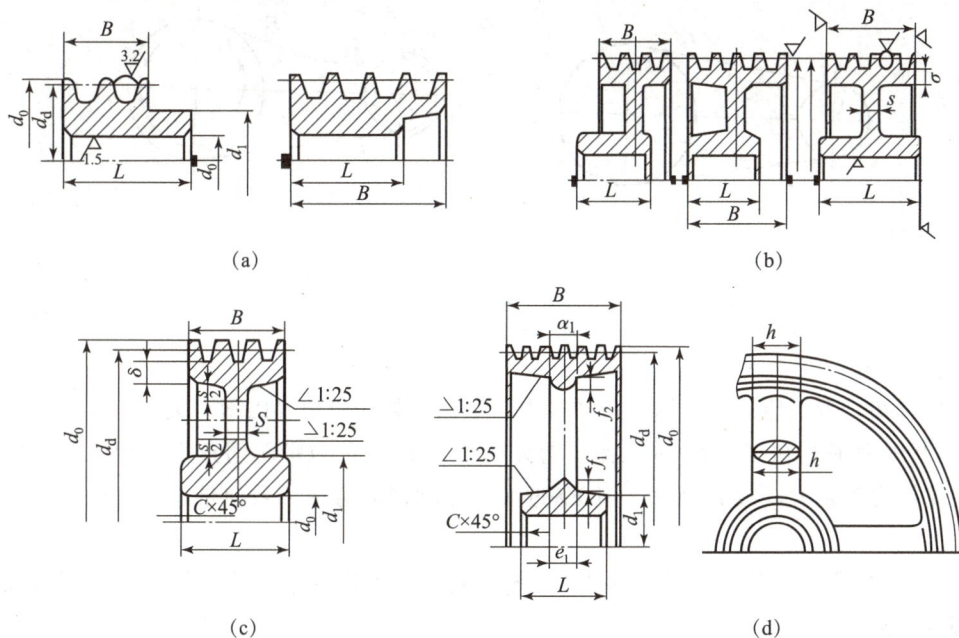

图 9-7

(a)实心带轮；(b)腹板带轮；
(c)孔板带轮；(d)椭圆轮辐带轮

9.1.3   带传动的受力分析和应力分析

1. 带传动的受力分析

为保证带传动正常工作，传动带必须以一定的张紧力紧套在带轮上。当传动带静止时，带两边承受相等的拉力，称为初拉力 F_0，如图 9-8(a)所示；当传动带工作时，由于带与带轮接触面间摩擦力的作用，带两边的拉力不再相等，绕入主动轮的一边被拉紧，拉力由 F_0 增大到 F_1，称为紧边，绕入从动轮的一边被放松，拉力由 F_0 减少为 F_2，称为松边，如图 9-8(b)所示。

因为环形带的总长度近似不变，所以紧边拉力的增加量 $F_1 - F_0$ 应等于松边拉力的减少量 $F_0 - F_2$，即

$$F_0 = \frac{1}{2}(F_1 + F_2) \tag{9-1}$$

紧边和松边的拉力之差 F 称为带传动的有效拉力，即带所传递的有效圆周力，考虑各种因素的影响，可得

$$F = 2F_0 \frac{e^{f\alpha} - 1}{e^{f\alpha} + 1} \tag{9-2}$$

式中   e——自然对数的底，e≈2.718；

　　　 f——带与带轮接触面间的摩擦系数；

　　　 α——小带轮的包角(rad)，即带与小带轮接触弧所对应的中心角。

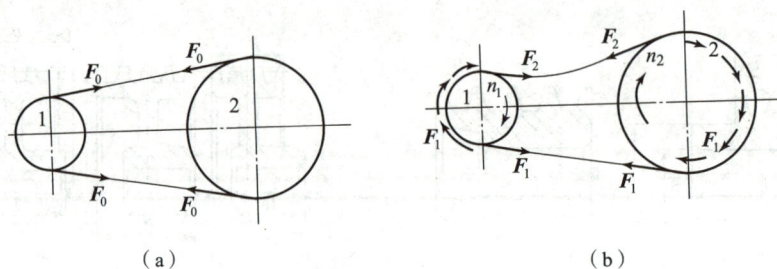

图 9-8

(a)不工作时；(b)工作时

由此可知，带所传递的圆周力与初拉力、摩擦系数和包角等因素有关。

(1)圆周力 F 与初拉力 F_0 成正比，增大初拉力 F_0，带与带轮间正压力增大，则传动时产生的摩擦力就越大，故 F 越大。但 F_0 过大会加剧带的磨损，致使带过快松弛，缩短其工作寿命。

(2)摩擦系数 f 越大，摩擦力也越大，F 就越大。f 与带和带轮的材料、表面状况、工作环境等因素有关。

(3)圆周力 F 随包角 α 的增大而增大。由于大带轮的包角 α_2 大于小带轮的包角 α_1，故打滑首先发生在小带轮上，所以只需考虑小带轮的包角 α_1。一般要求 $\alpha_1 \geqslant 120°$。带传动在不打滑条件下所能传递的最大圆周力为

$$F_{max} = F_1 \left(1 - \frac{1}{e^{f\alpha_1}}\right) \tag{9-3}$$

2. 带传动的应力分析

带传动工作时，在带的截面产生的应力如下：

(1)由拉力产生的拉应力。

紧边拉应力 　　　　　　　　　　$\sigma_1 = \dfrac{F_1}{A}$

松边拉应力 　　　　　　　　　　$\sigma_2 = \dfrac{F_2}{A}$

(2)由离心力产生的离心拉应力 σ_C。工作时，绕在带轮上的传动带随带轮作圆周运动，产生离心拉力 F_C，F_C 作用于带的全长上，产生的离心拉应力为

$$\sigma_C = \frac{F_C}{A} = \frac{qv^2}{A}$$

式中 q——传动带单位长度的质量(kg/m)；

v——传动带的速度(m/s)；

A——带的横截面面积(mm^2)；

σ_c——离心拉应力(MPa)。

(3)由带弯曲变形产生的拉应力 σ_b。传动带绕过带轮时发生弯曲，从而产生弯曲应力为

$$\sigma_b \approx E = \frac{h}{d_d}$$

式中　E——带的弹性模量(MPa)；

h——带的高度(mm)；

d_d——带轮基准直径(mm)；

σ_b——弯曲拉应力(MPa)。

带在工作时的应力分布情况如图 9-9 所示。

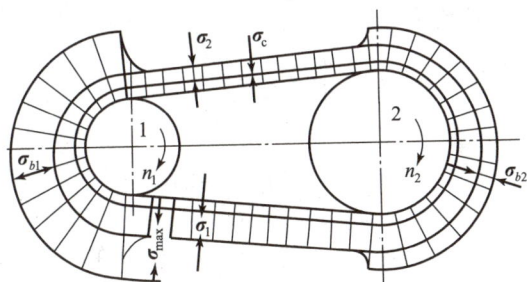

图 9-9

由此可知，带是在交变应力情况下工作的，故易产生疲劳破坏。最大应力发生在带的紧边进入小带轮处，其值为

$$\sigma_{max} = \sigma_1 + \sigma_c + \sigma_{b1}$$

为保证带具有足够的疲劳寿命，带的疲劳强度为

$$\sigma_{max} = \sigma_1 + \sigma_c + \sigma_{b1} \leqslant [\sigma] \tag{9-4}$$

式中　$[\sigma]$——带的许用应力(MPa)。

9.1.4　带传动的弹性滑动和传动比

1. 弹性滑动现象

如图 9-10 所示，传动带是弹性体，受到拉力后会产生弹性伸长，伸长量随拉力大小的变化而改变。当带由紧边绕过主动轮进入松边时，带所受的拉力由 F_1 减小为 F_2，其弹性伸长量也由 ΔL_1 减小为 ΔL_2，带相对于轮面向后收缩了 $\Delta L_1 - \Delta L_2$，带与带轮轮面间出现局部相对滑动，导致带的速度逐渐小于主动轮的圆周速度；当带

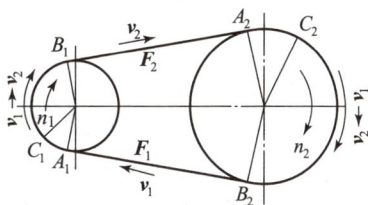

图 9-10

由松边绕过从动轮进入紧边时，拉力逐渐增加，带逐渐被拉长，带沿轮面产生向前的弹性滑动，使带的速度逐渐大于从动轮的圆周速度。这种由于带的弹性变形而产生的带与带轮间的滑动称为弹性滑动。弹性滑动是摩擦型带传动正常工作时固有的特性，是不可避免的。

2. 传动比

主动轮与从动轮转速之比，称为带传动的传动比，即

$$i = \frac{n_1}{n_2} \tag{9-5}$$

式中　n_1，n_2——主动轮、从动轮的转速(r/min)；

　　　i——传动比。

在带传动中，由于存在弹性滑动现象，使从动轮的圆周速度 v_2 低于主动轮的圆周速度 v_1，其速度的降低率用滑动率 ε 表示，即

$$\varepsilon = \frac{v_1 - v_2}{v_1} = \frac{d_1 n_1 - d_2 n_2}{d_1 n_1}$$

式中　d_1，d_2——主、从动轮的基准直径(mm)。

由上式可得带传动的传动比为

$$i = \frac{n_1}{n_2} = \frac{d_2}{d_1(1-\varepsilon)} \tag{9-6}$$

从动轮的转速为

$$n_2 = \frac{n_1 d_1 (1-\varepsilon)}{d_2} \tag{9-7}$$

因为带传动的滑动率 $\varepsilon = 0.01 \sim 0.02$，其值很小，所以在一般传动计算中可不予考虑。

9.1.5　V 带传动的设计

1. 带传动的失效形式和设计准则

由带传动的工作情况分析可知，带传动的主要失效形式是带在带轮上打滑、传动带的磨损和疲劳断裂。因此，带传动的设计准则是在保证带传动不打滑的条件下，具有足够的疲劳强度和一定的使用寿命。

2. 单根普通 V 带传递的功率

在载荷平稳、传动比 $i=1$、包角 $\alpha_1 = 180°$ 及特定带长的条件下，单根普通 V 带在不打滑并具有一定寿命时所能传递的功率称为基本额定功率。

当实际工作条件与确定 P_0 值的特定条件不同时，应对查得的单根 V 带的基本额定功率 P_0 值加以修正。修正后即得实际工作条件下单根 V 带所能传递的功率 $[P_0]$。其计算公式为

$$[P_0] = (P_0 + \Delta P_0) K_a K_L \tag{9-8}$$

式中　ΔP_0——功率增量，考虑实际传动比 $i \neq 1$ 时，V 带在大轮上的弯曲应力较小，故在寿命相同的条件下，可传递的功率应比基本额定功率 P_0 大；

　　　K_a——包角系数，考虑 $\alpha \neq 180°$ 时包角对传递功率的影响；

　　　K_L——带长修正系数，考虑带为非特定长度时带长对传递功率的影响。

详细参数扫码见配套资源表 9-5～表 9-8。

3. V 带传动的设计步骤和方法

设计 V 带传动时，一般已知的条件是传动的工作情况，传递的功率 P，两轮转速 n_1、n_2(或传动比 i)及空间尺寸要求等。具体的设计任务是确定普通 V 带的型号、计算和选择带与带轮的各个参数、计算带的根数、计算初拉力和轴上压力、画出带轮零件图等。

(1)确定计算功率。计算功率 P_C 是根据传递的额定功率 P，并考虑载荷性质及每天运转时间的长短等因素的影响而确定的，即

$$P_C = K_A P \tag{9-9}$$

式中　　K_A——工作情况系数；

P——电动机的额定功率(kW)。

(2)选择 V 带的型号。根据计算功率 P_C 和主动轮转速 n_1，选择 V 带型号。普通 V 带的选型图扫码见配套资源表 9-9。

表 9-5～表 9-8

(3)确定两带轮基准直径 d_{d1}、d_{d2}。小带轮的基准直径是重要的自选参数，直径过小可使传动结构紧凑，但弯曲应力大，降低带的使用寿命。设计时应取小带轮基准直径 $d_{d1} \geqslant d_{d\min}$。忽略弹性滑动的影响，$d_{d2} = d_{d1} \cdot n_1/n_2$。$d_{d1}$、$d_{d2}$ 宜取标准值。

(4)验算带速 v。小带轮直径确定后，应验算带速，即

表 9-9

$$v = \frac{\pi d_{d1} n_1}{60 \times 1\,000} \tag{9-10}$$

若带速过高，则会因离心力过大，使带与带轮间的摩擦力减小，传动中容易出现打滑现象。另外，带绕过带轮的次数也增多，降低传动带的工作寿命；若带速过小，则当传递功率一定时，传递的圆周力过大，从而使带的根数增多。一般取 $v = 5 \sim 25$ m/s 为最佳。如带速超过上述范围，应重选小带轮直径 d_{d1}。

(5)初定中心距 a 和带的基准带长 L_d。带传动的中心距小则结构紧凑，但传动带较短，包角减少，且带的绕转次数增多，降低了带的使用寿命，致使传动能力降低；如果中心距过大则结构尺寸增大，当带速较高时带会产生颤动。设计时可按下式初步确定中心距 a_0：

$$0.7(d_{d1} + d_{d2}) \leqslant a_0 \leqslant 2(d_{d1} + d_{d2}) \tag{9-11}$$

由带传动的几何关系可得带的基准带长计算公式：

$$L_0 = 2a_0 + \frac{\pi}{2}(d_{d1} + d_{d2}) + \frac{(d_{d2} - d_{d1})^2}{4a_0} \tag{9-12}$$

L_0 为带的基准带长计算值，查相关材料即可选定带的基准带长 L_d，而实际中心距 a 可由下式近似确定

$$a \approx a_0 + \frac{L_d - L_0}{2} \tag{9-13}$$

考虑到安装调整和补偿初拉力的需要，中心距应有一定的调整范围，一般取

$$a_{\min} = a - 0.015 L_d$$

$$a_{\max} = a + 0.03 L_d$$

(6)校验小带轮包角 a_1。

$$a_1 = 180° - \frac{d_{d2} - d_{d1}}{a} \times 57.3° \tag{9-14}$$

一般应使 $a_1 \geqslant 120°$，若不满足此条件，可适当增大中心距或减小两带轮的直径差，也可以加张紧轮等，但这样做会降低带的使用寿命。

(7)确定 V 带根数 z。

$$z \geqslant \frac{P_C}{[P_0]} = \frac{P_C}{(P_0 + \Delta P_0) K_a K_L} \tag{9-15}$$

带的根数应取整数。为使各带受力均匀，根数不宜过多，一般应满足 $z<10$。如计算结果超出范围，应改选 V 带型号或加大带轮直径后重新设计。

(8)计算单根 V 带的初拉力 F_0。单根 V 带的初拉力 $\boldsymbol{F}_0$ 为

$$F_0 = \frac{500P_C}{zv}\left(\frac{2.5}{K_a}-1\right)+qv^2 \tag{9-16}$$

由于新带易松弛，对不能调整中心距的普通 V 带传动，安装新带时的初拉力应为计算值的 1.5 倍。

(9)计算作用在带轮轴上的压力 F_Q。作用在带轮轴上的压力 $\boldsymbol{F}_Q$ 会影响轴、轴承的强度和寿命。计算时，一般按静止状态下带轮两边均作用初拉力 $\boldsymbol{F}_0$ 进行计算，如图 9-11 所示，可得

$$F_Q = 2F_0 z\sin\frac{\alpha_1}{2} \tag{9-17}$$

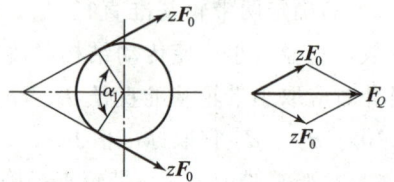

图 9-11

(10)带轮结构设计。设计出带轮结构后，绘制带轮零件图。

(11)设计结果。列出带型号、带的基准带长 L_d、带的根数 z、带轮直径 d_{d1} 和 d_{d2}、中心距 α、轴上压力 F_Q 等。

9.1.6 带传动的张紧、安装与维护

1. 带传动的张紧装置

为了产生和调整带的初拉力，带传动应设有张紧装置。带在初始安装时需要张紧，并且在工作一段时间后会因塑性变形而松弛，使初拉力减小，传动能力下降，这时必须要重新张紧，以保证带传动的正常工作。常用的张紧方法有以下几种：

(1)调整中心距。

1)定期张紧装置。定期调整中心距，以达到重新张紧的目的。图 9-12(a)所示的滑道式适用于水平或接近水平布置的传动；图 9-12(b)所示的摆架式适用于垂直或接近垂直布置的传动。一般通过调整螺钉调节中心距。

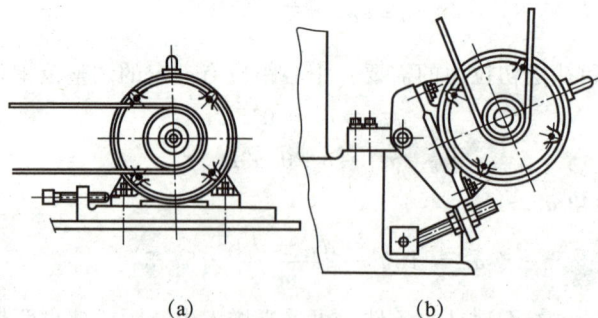

(a)   (b)

图 9-12

(a)滑道式；(b)摆架式

2)自动张紧装置。自动张紧将装有带轮的电动机安装在浮动摆架上，利用电动机及摆架

的自重张紧传动带，通过载荷的大小自动调节张紧力，如图 9-13 所示。这种方法常用于小功率的传动。

（2）采用张紧轮。当带传动的中心距不可调整时，可采用张紧轮装置，如图 9-14 所示。张紧轮一般设置在松边的内侧且靠近大轮处。若设置在外侧时，则应使其靠近小带轮，这样可以增加小带轮的包角，提高带的疲劳强度。

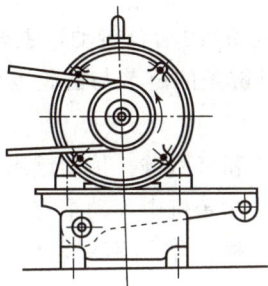
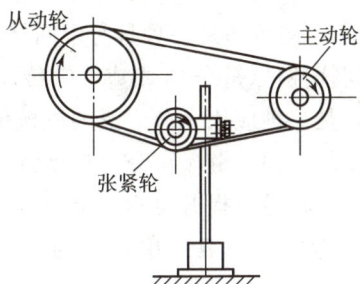

图 9-13　　　　　　　　　　图 9-14

2. 带传动的安装与维护

（1）安装带轮时，两带轮的轴线必须互相平行，其 V 形槽对称面应重合。否则会加速带的磨损，甚至脱落，降低带的使用寿命。

（2）新带使用前，最好预先拉紧一段时间后再使用。同组使用的 V 带应型号相同、长度相等，不同厂家生产的 V 带、新旧 V 带不能同组使用。

（3）安装传动带时，应通过调整中心距的方法来装带和张紧，不得强行将带从带轮上撬入或撬出。

（4）应定期对 V 带进行检查，如果有一根松弛或损坏则应全部更换新带。

（5）带传动不需润滑，禁止往带上加润滑油或润滑脂，应及时清理带轮槽内及传动带上的油污。

（6）带传动装置的外面应加防护罩，以保障操作人员安全。防止带与酸、碱或油接触而腐蚀传动带。带传动的工作温度不应超过 60°，不宜在阳光下暴晒。

（7）如果带传动装置需闲置一段时间后再用，应将传动带放松。

【任务分析】

通过已学习的相关知识，请自行分析哪种方案可行。

【单元测试】

（1）试设计某车床上电动机和床头箱间普通 V 带传动。已知电动机的功率 $P=4$ kW，转速 $n_1=1\ 440$ r/min，从动轴的转速 $n_2=680$ r/min，两班制工作，根据机床结构，要求两带轮的中心距在 950 mm 左右。

（2）设计搅拌机的普通 V 带传动。已知电动机的额定功率为 4 kW，转速 $n_1=1\ 440$ r/min，要求从动轮转速 $n_2=575$ r/min，工作情况系数 $K_A=1.1$。

单元 9.2 链传动分析与设计

9.2.1 链传动简介

1. 链传动的组成和类型

如图 9-15 所示，链传动是一种具有中间挠性件(链条)的啮合传动，主要由主动链轮 1、从动链轮 2 和中间挠性件(链条)3 组成。链传动是通过链条的链节与链轮上的轮齿相啮合传递运动和动力的，是一种应用十分广泛的机械传动。

链传动按用途的不同，链条可分为传动链、起重链和牵引链。传动链用来传递运动和动力；起重链用于起重机械中提升重物；牵引链用于链式输送机中移动重物。

在机械传动装置中，一般应用较多的是传动链。根据结构不同，传动链又有齿形链(图 9-16)和滚子链(图 9-17)两种。本单元重点介绍滚子链。

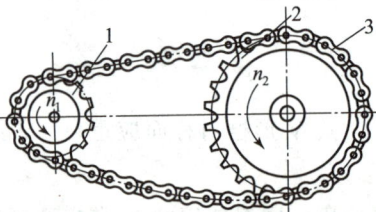

图 9-15

1—主动链轮；2—从动链轮；

3—链条

图 9-16

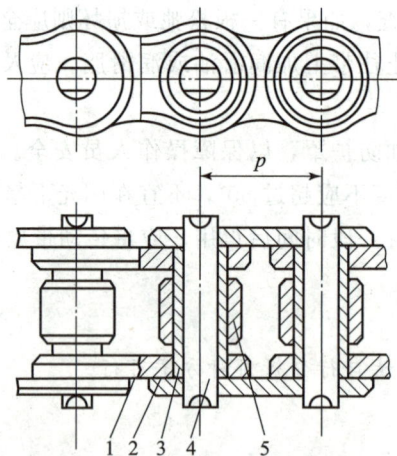

图 9-17

1—内链板；2—外链板；3—套筒；

4—销轴；5—滚子

2. 链传动的特点和应用

与摩擦型带传动相比，链传动主要有以下特点：

(1)链传动是具有中间挠性件的啮合传动，传动时无弹性滑动和打滑现象，能保持传动比准确，传动效率(0.95~0.98)较高；

(2)链传动不需要很大的初拉力，故对轴的压力小；

(3)传动中有一定的动载荷和冲击，噪声较大，传动平稳性差，适用于低速传动；

(4)能实现中心距较大的传动，比齿轮传动轻便得多，但不能保持恒定的瞬时传动比；

(5)结构简单，制造成本较低；

(6)对工作条件要求较低，能在高温、多油等恶劣环境中工作。

链传动主要用于要求工作可靠，两轴相距较远，不宜采用齿轮传动，平均传动比准确，但不要求瞬时传动比准确的场合，如自行车、摩托车等。链传动还广泛用于农业、矿山、冶金、运输机械及机床和轻工机械中。

一般链传动的适用范围：传递功率 $P \leqslant 100$ kW，传动比 $i \leqslant 8$，链速 $v \leqslant 15$ m/s。

9.2.2　链传动结构及参数

1. 滚子链和链轮

(1)滚子链的结构。滚子链的结构如图 9-17 所示。其由内链板 1、外链板 2、套筒 3、销轴 4 和滚子 5 组成。内链板与套筒、外链板与销轴间均为过盈配合构成内外链节；套筒与销轴、滚子与套筒间均为间隙配合而形成动连接。传动时，通过套筒绕销轴的自由转动，可使内外链板之间作相对转动。同时，滚子在链轮的齿间滚动，可减轻链和链轮轮齿的磨损。

内外链板交错连接而构成链条，链条在使用时封闭为环形，链条的长度常用链节数表示。当链节数为偶数时，正好是内链板与外链板相接，可用开口销或弹簧卡固定销轴，如图 9-18(a)、(b)所示；若链节数为奇数时，则需采用过渡链节，如图 9-18(c)所示。链节最好采用偶数。

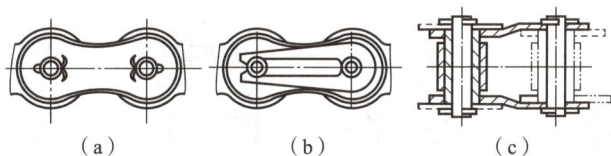

(a) (b) (c)

图 9-18

(a) 用开口销；(b) 用弹簧卡；(c) 用过渡链节

如图 9-17 所示，相邻两滚子轴线间的距离称为链节距，用 p 表示。链条的链节距越大，销轴的直径也可以做得越大，链条的强度就越大，传递能力越强。链节距是传动链的一个重要参数。

当传递功率较大时，可采用双排链(图 9-19)或多排链。其中双排链用得比较多。

滚子链的标记方法：链号—排数×链节数　国家标准代号。例如，A 系列滚子链，节距为 19.05 mm，双排，链节数为 100，其

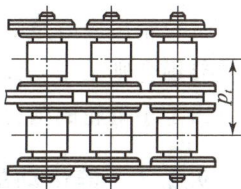

图 9-19

标记方法为

$$12A—2×100 \quad GB/T \ 1243—2006$$

滚子链标准扫码见配套资源表 9-10。

（2）链轮。如图 9-20 所示，链轮的主要参数为齿数 z、节距 p（与链节距相同）和分度圆直径 d。分度圆是指链轮上销轴中心所处的被链条节距等分的圆，其直径为

$$d = \frac{p}{\sin \frac{180°}{z}}$$

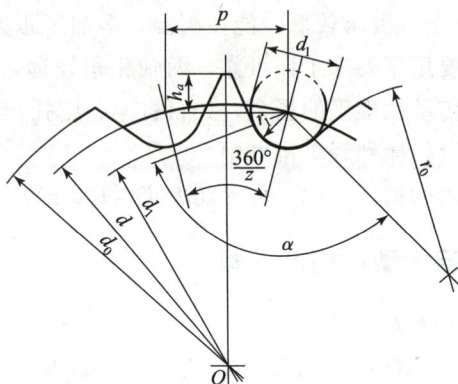

表 9-10　　　　　　　　　　　　　　　**图 9-20**

　　链轮的结构如图 9-21 所示。小直径链轮通常制成实心式，如图 9-21（a）所示；中等直径的链轮可制成孔板式，如图 9-21（b）所示；直径很大的链轮（$d \geqslant 200$ mm）制成组合式，可将齿圈焊接到轮毂上，如图 9-21（d）所示；或采用螺栓连接，如图 9-21（c）所示。链轮轮毂部分的尺寸可参考带轮。

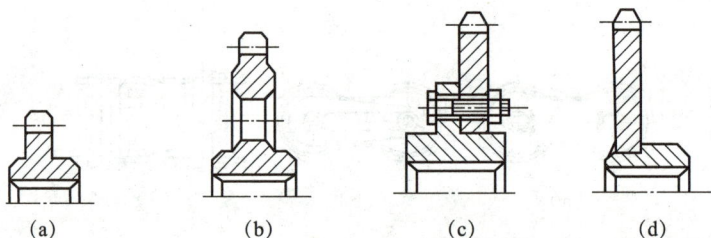

　　（a）　　　　　　（b）　　　　　　（c）　　　　　　（d）

图 9-21

（a）实心式；（b）孔板式；（c）、（d）组合式

　　链轮轮齿应有足够的接触强度和良好的耐磨性，常用材料为中碳钢（35♯钢、45♯钢），不重要场合则采用 Q235A 钢、Q275A 钢，高速重载时采用合金钢，低速时大链轮可采用铸铁。由于小链轮的啮合次数多，小链轮的材料应优于大链轮，并应进行热处理。

9.2.3　链传动的运动特性分析

1. 链传动的运动分析

　　当链传动工作时，由于链条是以折线形状绕在链轮上，相当于链绕在边长为节距 P、边

数为链轮齿数 z 的多边形轮上，如图 9-22 所示。

设主、从动轮的转速分别为 n_1、n_2，则链的平均速度为

$$v = \frac{z_1 p n_1}{60 \times 1\,000} = \frac{z_2 p n_2}{60 \times 1\,000} \tag{9-18}$$

式中　z_1，z_2——主、从动链轮的齿数；

　　　p——链节距(mm)；

　　　n_1，n_2——主、从动链轮的转速(r/min)；

　　　v——链的平均速度(m/s)。

由式(9-18)可得链传动的传动比为

$$i_1 = \frac{n_1}{n_2} = \frac{z_2}{z_1} = 常数 \tag{9-19}$$

由式(9-18)求得的链速是平均值，因此由式(9-19)求得的链传动比也是平均值。实际上链速和链传动比在每一瞬时都是变化的，而且是按每一链节的啮合过程作周期性变化。在图 9-22 中，假设链条的上边始终处于水平位置，铰链 A 已进入啮合。主动轮以角速度 ω_1 回转，其圆周速度 $v_1 = d_1 \omega_1 / 2$，将其分解为沿链条前进方向的分速度 v 和使链条上下运动的垂直分速度 v'，则 v 和 v' 的值分别为

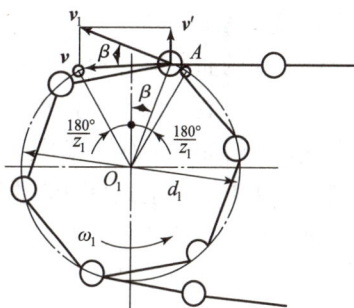

图 9-22

$$v = v_1 \cos\beta = \frac{d_1 \omega_1}{2} \cos\beta \tag{9-20}$$

$$v' = v_1 \sin\beta = \frac{d_1 \omega_1}{2} \sin\beta \tag{9-21}$$

式中　β——主动轮上铰链 A 的圆周速度方向与链条前进方向的夹角。

每一链节自啮入链轮后，在随链轮的转动沿圆周方向送进一个链节的过程中，每一铰链转过 $360°/z_1$。当铰链中心转至链轮的垂直中心线位置时，其链速达最大值，即 $v_{\max} = v_1 = d_1 \omega_1 / 2$；当铰链处于 $-180°/z_1$ 和 $+180°/z_1$ 时链速为最小值，即 $v_{\min} = d_1 \omega_1 / 2\cos(180°/z_1)$。由此可知，链轮每送进一个链节，其链速 v 经历"最小—最大—最小"的周期性变化。这种由于链条绕在链轮上形成多边形啮合传动而引起传动速度不均匀的现象，称为多边形效应。

另外，链条在垂直方向的分速度 v' 也作周期性变化，使链条上下抖动。

用同样的方法对从动轮进行分析可知，从动轮的角速度 ω_2 是变化的，所以，链速和链传动的瞬时传动比($i_{12} = \omega_1 / \omega_2$)也是变化的。

由上述分析可知，链传动工作时不可避免地会产生振动、冲击、引起附加的动载荷，因此，链传动不适用于高速传动。

2. 链传动的失效形式

由于链条的结构比链轮要复杂，强度也不如链轮高，所以一般链传动的失效形式是链条的失效。常见的失效形式有以下几种：

(1)链条的疲劳破坏。在链传动中，由于链条松边和紧边的拉力不等，在其反复作用下经过一定的循环次数，链板、滚子、套筒等组件会发生疲劳破坏。在正常润滑条件下的闭式传动中，一般是链板首先发生疲劳断裂，其疲劳强度成为限定链传动承载能力的主要因素。

(2)链条铰链磨损。链条与链轮啮合传动时，链条的各元件在工作过程中都会有不同程

度的磨损，但主要磨损发生在铰链的销轴与套筒的承压面上。磨损使链节变长，容易产生跳齿和脱链，使传动失效。一般在开式传动或润滑不良的链传动中，极易产生磨损，降低链条寿命。

（3）链条铰链的胶合。在润滑不良或链轮转速达到一定值时，链节啮入时受到的冲击能量增大，工作表面的温度过高，销轴和套筒间的润滑油膜被破坏而产生胶合。

（4）链条的静力拉断。在低速($v<0.6$ m/s)、重载或严重过载的场合，当载荷超过链条的静力强度时导致链条被拉断。

（5）跳齿和脱链。在链条铰链磨损后链节会变长，或者在高速运动时，链传动会发生跳齿和脱链的失效。

9.2.4 链传动的布置、张紧及润滑

1. 链传动的布置

链传动的布置对传动的工作状况和使用寿命有较大影响。按两链轮中心连线位置不同，可分为水平布置、倾斜布置和垂直布置，如图9-23所示。通常情况下链传动的两轴线应平行布置，两链轮的回转平面应在同一平面内，否则易引起脱链和不正常磨损。链条应使主动边（紧边）在上，从动边（松边）在下，以免链松边垂度过大与轮齿相干涉或紧、松边相碰。如果两链轮中心的连线不能布置在水平面上，其与水平面的夹角应小于45°。尽量避免中心线垂直布置，以防止下链轮啮合不良。

2. 链传动的张紧

链传动需适当张紧，以免垂度过大而引起啮合不良。一般情况下，链传动设计成中心距可调整的形式，通过调整中心距来张紧链轮。也可采用张紧轮，如图9-23所示。张紧轮应设在松边，靠近小链轮处。

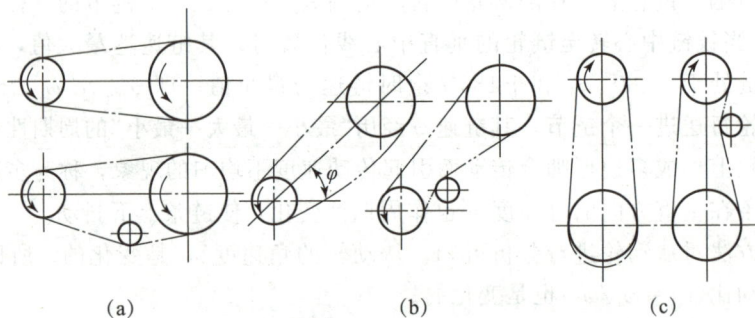

图 9-23

(a)水平布置；(b)倾斜布置；(c)垂直布置

3. 链传动的润滑

链传动的润滑可缓和冲击、减少摩擦、减轻磨损、延长使用寿命。具体的润滑装置如图9-24所示。采用的润滑油要有较大的运动黏度和良好的油性，一般可选用L-AN32、L-AN46、L-AN68等油。润滑油应加于松边，以便润滑油渗入各运动接触面。对于不便使用润滑油的场合，可用润滑脂，但应定期涂抹，定期清洗链轮和链条。

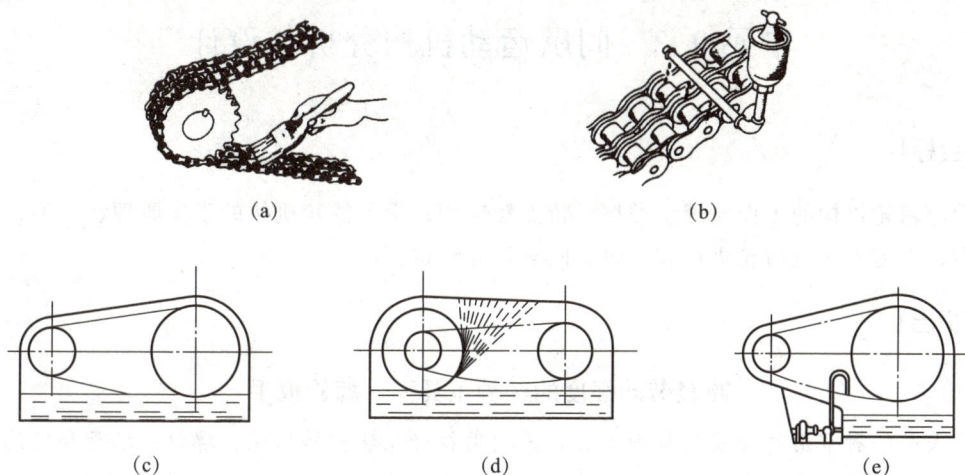

图 9-24

(a)人工定期润滑；(b)滴油润滑；(c)油浴润滑；
(d)飞溅润滑；(e)压力润滑

【任务分析】

通过前面两个单元的学习，对带传动和链传动有了深刻的认识，它们同属于挠性传动，都可以实现大中心距两个轴之间运动和动力的传递，但在具体的应用上有着很大的区别：

一般应把带传动布置在高速级(如与电机相连)，因为其具有过载保护和缓冲吸振的作用，同时可以减小带传动外轮廓尺寸。

链传动在高速级工作时容易产生横向跳动和链条纵向运动的不均匀性，增加了链条铰链的磨损失效、胶合失效和跳齿脱链失效的倾向，而且在高速级运动时振动和噪声较大，所以，链传动应该布置在低速级。

通过以上分析可以确定单元 9.1 案例中(b)设计方案是可行的。

【单元测试】

(1)链传动的主要失效形式有哪几种？

(2)链传动的合理布置有哪些要求？

(3)链传动与带传动的张紧目的是什么？常用的张紧方法有哪些？

(4)如何确定链传动的润滑方式？常用的润滑油有哪些？

单元9.3 间歇运动机构分析与设计

【学习目标】

学习棘轮机构的工作原理、类型、特点和应用；学习槽轮机构的工作原理、类型、特点和应用；学习不完全齿轮机构和凸轮式间歇运动机构。

【任务提出】

减轻劳动强度的一种工具——棘轮扳手

扳手是一种常用的安装与拆卸工具，是利用杠杆原理拧转螺栓、螺钉、螺母和其他螺纹紧持螺栓及螺母的开口或套孔固件的手工工具。通常扳手在柄部的一端或两端制有夹柄部，对其施加外力，就能拧转螺栓(或螺母)。

扳手在拧转螺栓或螺母时，操作简单但是劳动强度大，而且在有些工作场所需要对螺栓或螺母输入固定的扭矩，此时普通扳手就无能为力了。为了解决这些问题人们通过不断的实践，研制出了一种新的扳手——扭力扳手。此时螺栓(或螺母)作连续运动，手柄作间歇式运动，实现单向输出扭矩。在实际操作时可显示出所施加的扭矩，或者当施加的扭矩到达规定值后，会发出光或声响信号。

如图9-25所示的棘轮扳手，是常见的一种扭力扳手。在旋转拧螺栓(或螺母)时，不停地晃动手柄，螺栓(或螺母)就会被旋紧或松开，这种类型的机构运动原理是什么呢？进行以下知识点学习后就会得到答案。

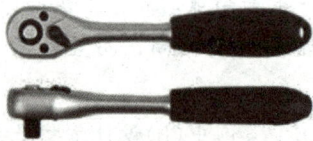

图 9-25

【任务实施】

9.3.1 棘轮机构

1. 棘轮机构的工作原理和类型

(1)棘轮机构的工作原理。如图9-26(a)所示，棘轮机构由棘轮1、驱动棘爪2、摇杆3、止动棘爪4和机架等组成。片弹簧5用来使止动棘爪和棘轮保持接触。棘轮安装在轴上，用键与轴连接在一起。摇杆和棘轮的回转轴线重合。

当摇杆3逆时针摆动时，驱动棘爪2插入棘轮1的齿槽中，推动棘轮转过一定角度，而止动棘爪4则在棘轮的齿背上滑过。当摇杆3顺时针摆动时，驱动棘爪2在棘轮的齿背上滑过，而止动棘爪4则阻止棘轮顺时针转动，使棘轮静止不动。因此，当摇杆连续往复摆动时，棘轮作单向的间歇运动。

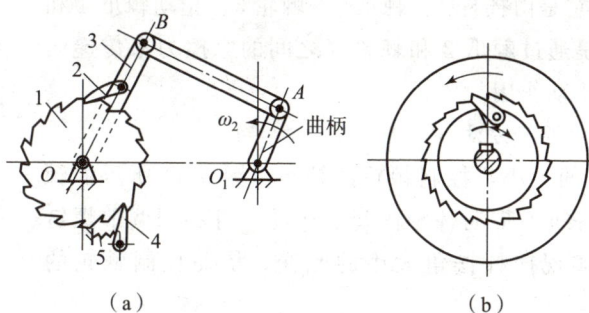

图 9-26

(a)外啮合棘轮机构；(b)内啮合棘轮机构

1—棘轮；2—驱动棘爪；3—摇杆；4—止动棘爪；5—片弹簧

(2)棘轮机构的类型。按其工作原理不同，常用的棘轮机构有齿式棘轮机构和摩擦式棘轮机构；按其啮合情况不同，又可分为外啮合棘轮机构和内啮合棘轮机构，如图 9-26 所示。

1)齿式棘轮机构。

①单动式棘轮机构。如图 9-26 所示，这种机构的运动特点是摇杆正向摆动时，棘爪驱动棘轮沿同一方向转过某一角度；摇杆反向摆动时，棘轮静止。

②双动式棘轮机构。如图 9-27 所示，这种机构的运动特点是摇杆往复摆动时都能使棘轮做同一方向转动。驱动棘爪可做成钩头[图 9-27(a)]或直头[图 9-27(b)]。

③可变向棘轮机构。图 9-28 所示为可变向棘轮机构，可使棘轮作双向间歇运动。图 9-28(a)所示采用具有矩形齿的棘轮。其特点是当棘爪 1 处于实线位置时，棘轮 2 作逆时针间歇运动；当棘爪 1 处于虚线位置时，棘轮作顺时针间歇运动。图 9-28(b)所示采用回转棘爪，当棘爪 1 按图示位置放置时，棘轮 2 将作逆时针间歇转动；若将棘爪提起，并绕本身轴线转 180°后再插入棘轮齿槽时，棘轮将作顺时针间歇转动。

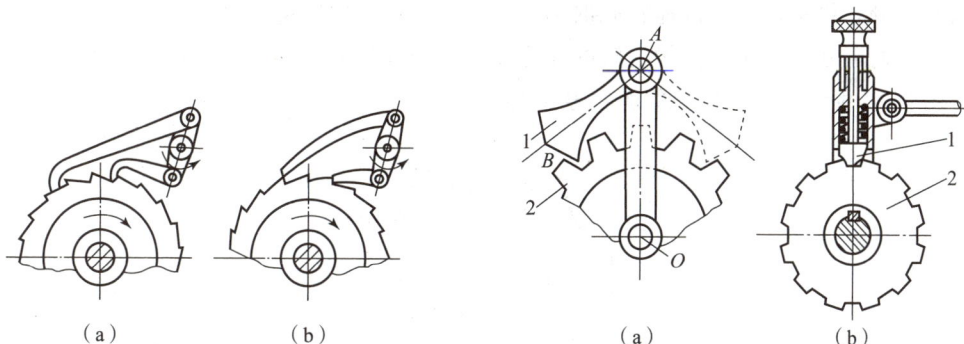

图 9-27

(a)钩头双动式棘轮；(b)直头双动式棘轮

图 9-28

1—棘爪；2—棘轮

2)摩擦式棘轮机构。齿式棘轮机构的棘轮转角是相邻两齿所夹中心角的倍数，即棘轮转角是有级可调的。如果需要无级性改变转角，可采用摩擦式棘轮机构，如图 9-29 所示。它是由摇杆 1、棘爪 2、棘轮 3、止动棘爪 4 和机架 5 组成。该机构是通过棘爪 2 和棘轮 3 之间的摩擦力来传递运动的，其中棘爪 4 起止动作用。

2. 棘轮机构转角的调节方法

（1）调节摇杆摆角的大小，控制棘轮的转角。图 9-30 所示的棘轮机构是利用曲柄摇杆机构带动棘轮作间歇运动。可利用调节螺钉改变曲柄长度 r，以实现摇杆摆角大小的改变，从而控制棘轮的转角。

（2）利用遮板调节棘轮的转角。如图 9-31 所示，在棘轮的外面罩一遮板（遮板不随棘轮一起转动），改变遮板位置遮住部分棘齿，使棘爪行程的一部分在遮板上滑过，不与棘齿接触，通过变更遮板的位置即可改变棘轮转角的大小。

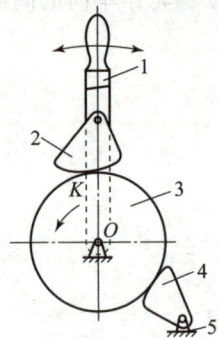

图 9-29

1—摇杆；2—棘爪；

3—棘轮；4—止动棘爪；

5—机架

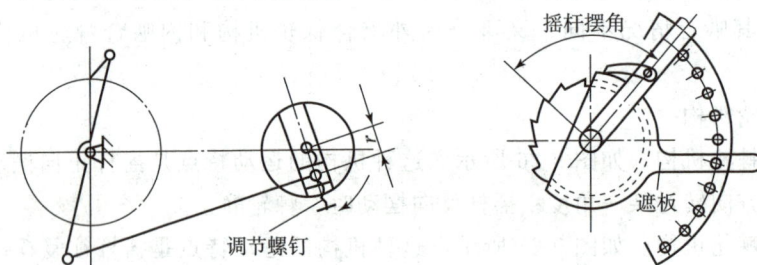

图 9-30　　　　　　　图 9-31

3. 棘轮机构的特点与应用

棘轮机构结构简单，制造方便，运动可靠，而且棘轮的转角可在很大范围内调节。齿式棘轮机构传动平稳、转角准确，但运动只可有级调节，工作时有较大的冲击与噪声，运动精度不高。摩擦式棘轮机构传动平稳、无噪声，可实现运动的无级调节，但其运动准确性较差。因此，棘轮机构常用于低速轻载的场合，实现机构的间歇运动。

棘轮机构还常用作防止机构逆转的停止器。这类停止器广泛用于卷扬机、提升机及运输机中。图 9-32 所示为提升机中的棘轮停止器。

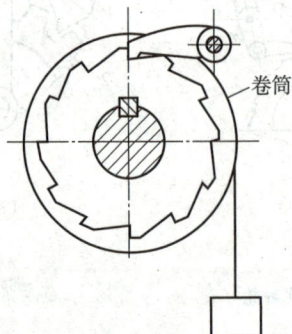

图 9-32

9.3.2　槽轮机构

1. 槽轮机构的工作原理

图 9-33 所示为单圆销外啮合槽轮机构，也是一种间歇运动机构。其是由带有圆销 A 的主动拨盘1、具有径向槽的从动槽轮2及机架等组成的。拨盘1以等角速度 ω_1 作连续回转，槽轮2作间歇运动。当拨盘上的圆销 A 尚未进入槽轮的径向槽时，槽轮2的内凹锁止弧面被拨盘1上的外凸锁止弧面卡住，槽轮2静止不动。当圆销 A 开始进入槽轮的径向槽时，锁止弧面被松开，槽轮2受圆销 A 的驱动开始转动。当拨盘上的圆销离开径向槽时，下一个锁止弧面又被卡住，槽轮又静止不动。由此将主动件的连续转动转换为从动槽轮的间歇转动。

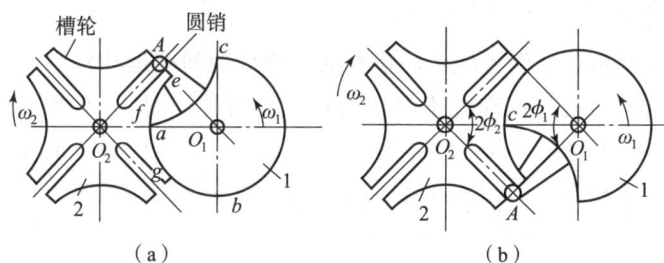

图 9-33

（a）圆销进入径向槽；（b）圆销退出径向槽

1—主动拨盘；2—从动槽轮

2. 槽轮机构的类型、特点和应用

槽轮机构有平面槽轮机构和空间槽轮机构两大类。其中，平面槽轮机构有外啮合槽轮机构（图 9-34）和内啮合槽轮机构（图 9-35）。外啮合槽轮机构的主动拨盘与从动槽轮的转向相反；内啮合槽轮机构的主动拨盘与从动槽轮的转向相同。拨盘上的圆销数可根据运动要求而定，可以是一个，也可以是多个。单圆销外啮合槽轮机构工作时，拨盘转动一周，槽轮反向转动一次；双圆销外啮合槽轮机构（图 9-34）工作时，拨盘转动一周，槽轮反向转动两次。

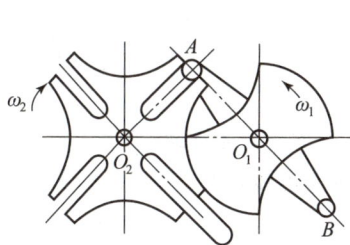

图 9-34

图 9-35

槽轮机构的特点是结构简单，外形尺寸小，制造方便，工作可靠，机械效率高，能平稳、间歇地进行转位。但因圆销突然进入与脱离径向槽，传动存在柔性冲击，故不适用于高速场合，槽轮的转角也不可调节，只能用于定转角的间歇运动机构中。如六角车床上用来间歇转动刀架的槽轮机构（图 9-36）、电影放映机中用来间歇移动胶片的槽轮机构（图 9-37）等。

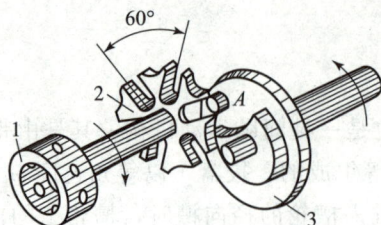

图 9-36
1—刀架；2—槽轮；3—拔盘

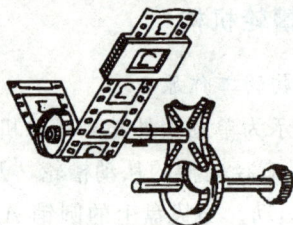

图 9-37

9.3.3 不完全齿轮机构和凸轮式间歇运动机构

1. 不完全齿轮机构

不完全齿轮机构是由普通渐开线齿轮机构演化而成的间歇运动机构。其基本结构形式可分为外啮合不完全齿轮机构与内啮合不完全齿轮机构两种。图 9-38 所示为外啮合不完全齿轮机构；图 9-39 所示为内啮合不完全齿轮机构。主动轮 1 具有一个或几个轮齿；从动轮 2 具有若干个与主动轮 1 相啮合的轮齿及锁止弧。当主动轮等速连续转动时，可实现从动轮的间歇转动。

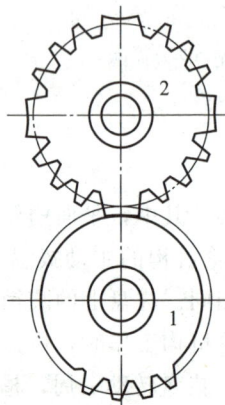

图 9-38
1—主动轮；2—从动轮

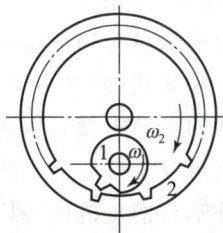

图 9-39
1—主动轮；2—从动轮

在外啮合不完全齿轮机构中，主动轮每转 1 周，从动轮转 1/4 周，从动轮转 1 周停歇 4 次。停歇时，从动轮上的锁止弧与主动轮上的锁止弧密合，保证从动轮停歇时不发生游动现象。

在不完全齿轮机构中，一般采用外啮合形式。外啮合不完全齿轮机构，两轮转向相反；内啮合不完全齿轮机构，两轮转向相同。

不完全齿轮机构与其他间歇运动机构相比，优点是结构简单，制造方便，从动轮的运动时间和静止时间比例不受机构的限制；缺点是从动轮在转动开始及终止时角速度有突变，冲击较大，故一般仅用于低速、轻载场合，如计数机构及多工位自动机、半自动机工作台的间歇转位机构等。

2. 凸轮式间歇运动机构

图 9-40 所示为凸轮式间歇运动机构。凸轮式间歇运动机构是利用凸轮的轮廓曲线，推动转盘上的滚子，将凸轮的连续转动变换为从动转盘的间歇转动的一种间歇运动机构。其主要用于传递轴线互相垂直交错的两部件间的间歇转动。机构的主动轮 1 是具有曲线沟槽的圆柱凸轮，从动轮 2 是端面上装有若干个均匀分布的滚子的圆盘，其轴线与圆柱凸轮的轴线垂直交错。

凸轮式间歇运动机构的优点是结构简单，传动平稳，运转可靠，承载力大，适用于高速、中载和高精度分度的场合；缺点是凸轮加工精度要求较高，装配与调整要求也较高。因此，凸轮式间歇运动机构常用于轻工机械、冲压机械和其他自动机械中。

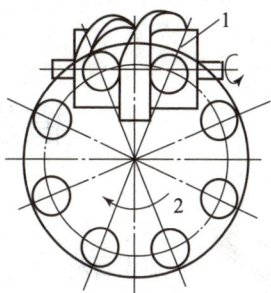

图 9-40

1—主动轮；2—从动轮

【任务分析】

图 9-41 所示为一种典型的棘轮扳手，棘爪 3 的左侧齿与手柄 1 上的内齿棘轮相啮合。手柄顺时针旋转，通过棘爪 3 和销轴 2 推动榫头 9 也作顺时针旋转，这时，扳手可以对外输出扭矩。手柄逆时针旋转，棘轮齿将棘爪左侧齿推出脱离啮合，随着手柄的继续旋转，左侧爪齿在柱销 4 和柱销弹簧 5 的作用下进入后侧的齿轮槽，手柄再顺时针旋转，扳手又可对外输出扭矩。转动手柄 6 通过柱销弹簧 5 将棘爪的右侧齿顶起并与棘轮相啮合。与此同时，棘爪的左侧齿脱离啮合。这时与以上相反，手柄逆时针旋转，扳手可对外输出扭矩。这样就实现了手柄往复运动，单向输出扭矩。

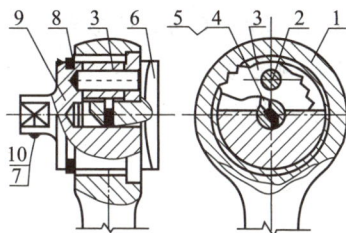

图 9-41

1—手柄；2—销轴；3—棘爪；4—柱销；

5—柱销弹簧；6—转动手柄；7—钢球；

8—弹簧挡圈；9—榫头；10—钢球弹簧

【单元测试】

(1)常用的间歇运动机构有哪些？各有何特点？试举出这些间歇运动机构的应用实例。

(2)在棘轮机构和槽轮机构中，如何实现间歇运动？

(3)棘轮转角的调节方法有哪些？

模块 10 轴承零件分析与设计

学习轴承摩擦状态的分类，学习滑动轴承的分类及结构特点，学习不完全液体润滑滑动轴承的设计方法，完成滑动轴承结构设计；学习滚动轴承的组成、类型及特点，学习滚动轴承的工作能力计算，学习滚动轴承的组合设计方法，完成滚动轴承的寿命计算。

(1)滑动轴承的分类、结构特点；

(2)滑动轴承的材料，轴瓦的结构；

(3)不完全液体润滑滑动轴承的设计计算；

(4)滚动轴承的组成、类型及特点，常用滚动轴承的类型、代号及特性；

(5)影响轴承承载能力的参数(包括游隙、极限转速、偏位角、接触角)，滚动轴承类型的选择；

(6)滚动轴承的工作能力计算，滚动轴承的失效形式和计算准则；

(7)滚动轴承的寿命计算、基本额定寿命、基本额定载荷、当量动载荷；

(8)角接触轴承的轴向载荷、滚动轴承的静强度计算；

(9)滚动轴承的组合设计。

单元 10.1 滑动轴承分析与设计

【学习目标】

学习轴承的分类，学习滑动轴承的分类及结构特点，学习不完全液体润滑滑动轴承的设计方法，完成滑动轴承结构设计。

【任务提出】

中石化安庆分公司的丙烯腈装置是引进美国 BP 公司技术，采用丙烯——氨氧化硅生产丙烯腈的龙头装置。该装置产量规模为 50 000 t/年，于 1995 年 5 月建成投产。在生产过程中为确保无泄漏，输送剧毒介质丙烯腈的泵采用磁力泵(图 10-1)。在装置运行过程中，多次出现磁力泵推力滑动轴承失效的故障，不仅影响了安全性，还使生产效率降低。

【任务实施】

10.1.1　滑动轴承工作原理

1. 轴承简介

轴承(Bearing)是当代机械设备中的一种重要零部件。其主要功能是支撑机械旋转体，降低其运动过程中的摩擦系数(Friction Coefficient)，并保证其回转精度(Accuracy)。

图 10-1

轴承可分为滚动轴承和滑动轴承两大类。滚动轴承的摩擦阻力较小，机械效率很高，润滑和维修方便。滑动轴承除在简单和成本要求低的场合使用外，主要用于滚动轴承难以满足要求的场合——高速度、高精度、重载和大冲击，如发电机组、内燃机组、自动化办公设备、高速高精度机床等。

工作时，轴承和轴颈的支承面间形成直接或间接接触摩擦的轴承，称为滑动轴承。典型的滑动轴承，其最基本的结构要素是轴瓦(套)和轴颈、支承轴瓦的套瓦和轴承座。另外，还有由进出油管、油路、轴瓦上油孔及其内表面上的油槽组成的供油系统。

2. 滑动摩擦的类型

根据滑动轴承轴颈和轴瓦表面之间摩擦状态，可将其分为完全流体润滑轴承和不完全流体润滑轴承两类。

相对滑动表面处于完全流体润滑状态时，摩擦系数很小，使用寿命长，是理想的摩擦状态。但要具备一定的条件才能形成，如建立动压或是供以外压，使得在轴颈和轴瓦表面之间有充足的润滑流体和足够厚的润滑油膜。当滑动轴承不具备形成完全流体摩擦的条件时，轴承轴颈和轴瓦表面之间虽然有润滑流体存在，但不能将两个表面完全隔开，有部分凸起的相对滑动表面仍然直接接触。这种状态下的滑动轴承摩擦和磨损较大，效率较低，但是结构简单，制造成本低，安装和维护方便。

3. 滑动摩擦的承载机理

滑动轴承的工作原理是在支承的运动件和承导件之间形成一层流体(气或油)膜，当运动件转动时，在流体膜的各层之间产生摩擦阻力，流体将运动件和承导件分开。

相对滑动表面要保持应有的润滑状况，除保证正确的设计外，还要保证正确的润滑。

10.1.2　滑动轴承的分类和结构特点

1. 滑动轴承的分类

滑动轴承的分类方法很多，按所承受载荷方向不同，可分为向心滑动轴承—承受径向载荷；推力滑动轴承—承受轴向载荷；向心推力滑动轴承—承受径向、轴向联合载荷。

按滑动轴承是否可以剖分又可分为整体式和剖分式。

2. 滑动轴承的结构特点

(1)整体式滑动轴承。如图 10-2 所示，整体式滑动轴承安装方式是在机体上、箱体上或轴承座上直接镗出轴承孔，并在孔内镶入轴套，安装时用螺栓连接在机架上。这种轴承结构形式较多，大都已标准化。其优点是结构简单、成本低；缺点是轴颈只能从端部装入，安装和维修不便，而且轴承磨损后不能调整间隙，只能更换轴承，所以，只能用在轻载、低速及间歇性工作的机器上。

(2)剖分式滑动轴承。如图 10-3 所示，剖分式滑动轴承由轴承座、轴承盖、剖分式轴瓦等组成。在轴承座和轴承盖的剖分面上制有阶梯形的定位止口，便于安装时对心。还可以在剖分面间放置调整垫片，以便安装或磨损时调整轴承间隙。轴承剖分面最好与载荷方向垂直。一般剖分面是水平的或倾斜 45°角，以适应不同径向载荷方向的要求。这种轴承装拆方便，又能调整间隙，克服了整体式轴承的缺点，得到了广泛的应用。

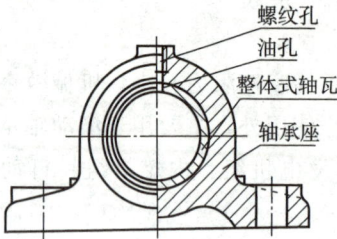

图 10-2

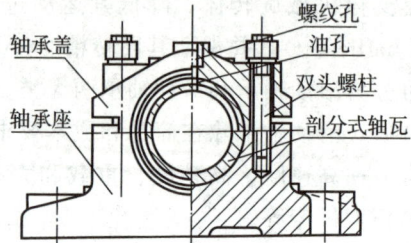

图 10-3

(3)调心式滑动轴承。当轴颈较宽(宽径比 $B/d > 1.5$)、变形较大或不能保证两轴孔轴线重合时，将引起两端轴套严重磨损，这时就应采用调心式滑动轴承。如图 10-4 所示，就是利用球面支承，自动调整轴套的位置，以适应轴的偏斜。

(4)推力滑动轴承。推力滑动轴承用于承受轴向载荷。常见的推力轴颈形状如图 10-5 所示。实心端面止推轴颈由于工作时轴心与边缘磨损不均匀，以致轴心部分压强极高，所以很少采用。空心端面止推轴颈和环状轴颈的工作情况较好。载荷较大时，可采用多环轴颈。

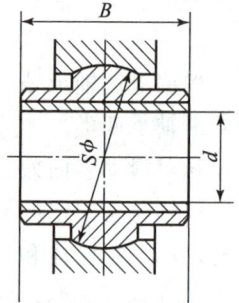

图 10-4

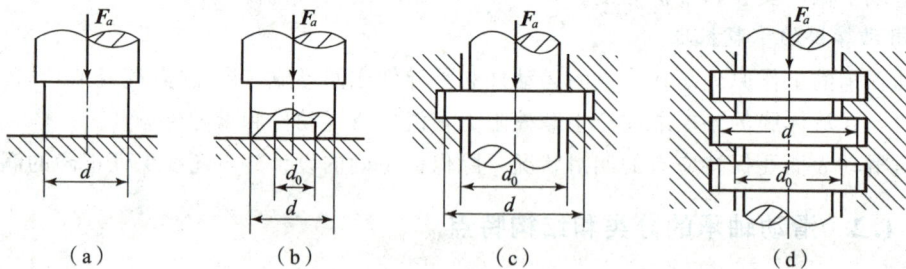

图 10-5
(a)实心式；(b)空心式；(c)单环式；(d)多环式

10.1.3 滑动轴承的材料和轴瓦的结构

1. 滑动轴承的材料

轴承材料是指与轴颈直接接触的轴瓦或轴承衬的材料。对滑动轴承材料的要求：具有足够的抗压、抗疲劳和抗冲击能力；良好的耐磨性和磨合性；良好的顺应性和嵌藏性；良好的工艺性、导热性及抗腐蚀性能等。

滑动轴承的常用材料主要有金属材料、粉末冶金材料和非金属材料。金属材料又主要有轴承合金、青铜和铸铁。

常用的轴瓦或轴承衬的材料及其性能，扫码见配套资源表 10-1。

2. 轴瓦的结构

轴瓦是滑动轴承中的重要零件。常用的轴瓦有整体式和剖分式两种结构。整体式轴承采用整体式轴瓦，整体式轴瓦又称为轴套，如图 10-6(a)所示；剖分式轴承采用剖分式轴瓦，如图 10-6(b)所示。

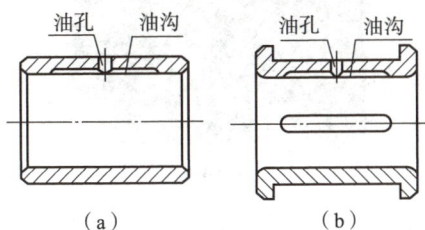

表 10-1

图 10-6

(a)整体式轴瓦；(b)剖分式轴瓦

剖分式轴瓦有承载区和非承载区，若载荷方向向下，则下轴瓦为承载区，上轴瓦为非承载区。为了将润滑油导入轴承的工作表面，一般在轴瓦上要开出油孔和油沟(油槽)。油孔用来供油，油沟用来输送和分布润滑油。油沟的轴向长度应比轴瓦长度短，大约应为轴瓦长度的 80%，不能沿轴向完全开通，以免油从两端大量泄露，影响承载能力。油孔和油沟应开在非承载区，以保证承载区油膜的连续性。图 10-7 所示为几种常见的油沟形式。

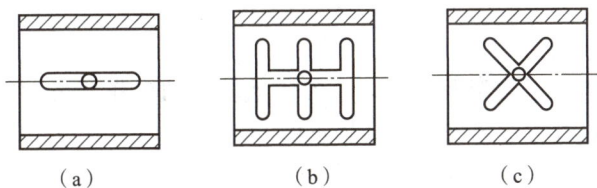

（a）　　　　　　（b）　　　　　　（c）

图 10-7

轴瓦可由一种材料制成，也可在高强度材料的轴瓦基体上浇铸一层或两层轴承合金作为轴承衬，称为双金属轴瓦或三金属轴瓦。为了使轴承衬与轴瓦基体结合牢固，可在轴瓦基体内表面或侧面绘制出沟槽，如图 10-8 所示。

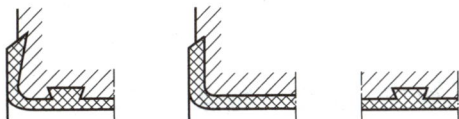

图 10-8

【任务分析】

图 10-9 所示为装配前磁力泵推力滑动轴承的完好照片,可以看出其表面为一平面,因此,在其工作过程中难以形成流体动压润滑膜,无法避免摩擦面之间的干摩擦,而干摩擦会导致摩擦面温度升高,使表面发生严重的破损和烧蚀。

图 10-9

【单元测试】

(1)滑动轴承有哪几种类型?各有什么特点?

(2)对轴瓦、轴承衬的材料有哪些基本要求?滑动轴承的润滑状态有哪几种?

(3)不完全液体润滑滑动轴承的主要失效形式有哪些?需要做哪些校核计算?

单元 10.2 滚动轴承分析与设计

【学习目标】

学习滚动轴承的组成、类型及特点,学习滚动轴承的工作能力计算,学习滚动轴承的组合设计方法,完成滚动轴承的寿命计算。

滚动轴承寿命计算
(失效形式、计算
准则及实例分析)

【任务提出】

中国是世界上最早发明滚动轴承的国家之一。从考古文物与资料看,中国最古老的具有现代滚动轴承结构雏形的轴承,出现于公元前 221—207 年(秦朝)的今山西省永济市薛家崖村。公元 1280 年(元朝)在中国古代的天文仪器上也使用了圆柱滚动支承。

【任务实施】

10.2.1 滚动轴承的组成、类型及特点

1. 滚动轴承的组成

滚动轴承具有摩擦阻力小、启动灵敏、效率高、旋转精度高、润滑简便和装拆方便等优

点，广泛应用于各种机器和机构中。

　　滚动轴承一般由内圈 1、外圈 2、滚动体 3 和保持架 4 组成，如图 10-10 所示。内圈安装在轴颈，外圈安装在机座或零件的轴承孔内。

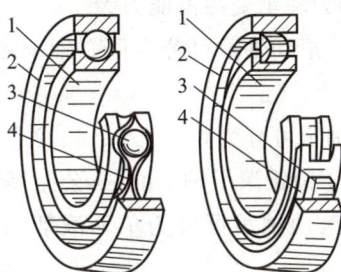

图 10-10

1—内圈；2—外圈；

3—滚动体；4—保持架

　　常见的滚动体有 6 种形状，如图 10-11 所示。

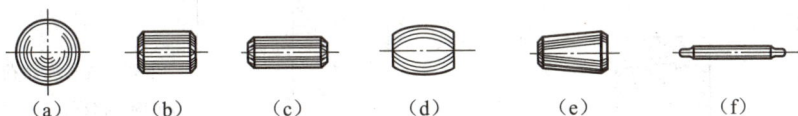

(a)　　　　(b)　　　　(c)　　　　(d)　　　　(e)　　　　(f)

图 10-11

2. 滚动轴承的类型及特点

　　滚动轴承的类型很多，下面介绍几种常见的分类方法。

　　(1)按承受载荷方向或公称接触角的不同，滚动轴承可分为向心轴承和推力轴承(表 10-1)。表 10-1 中的 α 为滚动体与套圈接触处的公法线与轴承径向平面(垂直于轴承轴心线的平面)之间的夹角，称为公称接触角。

表 10-1　各类滚动轴承的公称接触角

轴承种类	向心轴承		推力轴承	
	径向接触	角接触	角接触	轴向接触
公称接触角 α	$\alpha=0°$	$0°<\alpha\leqslant45°$	$45°<\alpha<90°$	$\alpha=90°$
图例 (以球轴承为例)				

　　1)向心轴承：主要承受径向载荷。其公称接触角 $\alpha=0°$ 的轴承称为径向接触轴承；$0°<\alpha\leqslant45°$ 的轴承，称为角接触向心轴承。接触角越大，承受轴向载荷的能力也越大。

　　2)推力轴承：主要承受轴向载荷。其公称接触角 $45°<\alpha<90°$ 的轴承，称为角接触推力轴承，其中 $\alpha=90°$ 轴承的称为轴向接触轴承，也称为推力轴承。接触角越大，承受径向载荷

的能力越小，承受轴向载荷的能力也越大，轴向推力轴承只能承受轴向载荷。

（2）按滚动体的形状划分，滚动轴承可分为球轴承和滚子轴承。球轴承的滚动体与滚道表面的接触为点接触，承载能力和承受冲击能力小，但高速性能好；滚子轴承的滚动体与滚道表面的接触为线接触，承载能力和承受冲击能力大。

（3）按工作时能否调心划分，滚动轴承可分为调心轴承和非调心轴承。调心轴承允许的偏位角大。

（4）按公差等级划分，滚动轴承可分为 0、6、5、4、2 级滚动轴承，其中 2 级精度最高，0 级为普通级。另外，还有只用于圆锥滚子轴承的 6x 公差等级。

（5）按滚动体的列数划分，滚动轴承可分为单列滚动轴承、双列滚动轴承及多列滚动轴承。

常用的各类滚动轴承的性能及特点见表 10-2。

表 10-2　常用滚动轴承的类型、代号及特性

轴承名称	结构简图	基本额定动载荷比*	极限转速比**	允许偏位角	主要特性和应用
调心球轴承 10000		0.6～0.9	中	2°～3°	主要承受径向载荷，也能承受少量的轴向载荷。因为外圈滚道表面是以轴线中点为球心的球面，故能自动调心
调心滚子轴承 20000		1.8～4	低	1°～2.5°	主要承受径向载荷，也可承受一些不大的轴向载荷，承载能力大，能自动调心
圆锥滚子轴承 30000		1.1～2.5	中	2′	能承受以径向载荷为主的径向、轴向联合载荷，当接触角 α 大时，也可承受纯单向轴向联合载荷。因是线接触，承载能力大于 7 类轴承。内、外圈可以分离，装拆方便，一般成对使用
推力球轴承 51000		1	低	不允许	接触角 $\alpha=0°$，只能承受单向轴向载荷，而且载荷作用线必须与轴线相重合，高速时钢球离心力大，磨损、发热严重，极限转速低。所以只用于轴向载荷大，转速不高之处

轴承名称	结构简图	基本额定动载荷比*	极限转速比**	允许偏位角	主要特性和应用
双向推力球轴承 52000		1	低	不允许	能承受双向轴向载荷。其余与推力轴承相同
深沟球轴承 60000		1	高	$8'\sim16'$	主要承受径向载荷，同时也能承受少量的轴向载荷。当转速很高而轴向载荷不太大时可代替推力球轴承受纯轴向载荷。生产量大，价格低
角接触球轴承 70000		$1.0\sim1.4$	较高	$2'\sim10'$	能同时承受径向和轴向联合载荷。接触角 α 越大，承受轴向载荷的能力也越大。接触角 α 有 $15°$、$25°$ 和 $40°$ 三种。一般成对使用，可以分装于两个支点或同装于一个支点上
圆柱滚子轴承 N0000		$1.5\sim3$	较高	$2'\sim4'$	外圈（或内圈）可以分离，故不能承受轴向载荷。由于是线接触，所以能承受较大的径向载荷
滚针轴承 NA0000		—	低	不允许	在同样内径条件下，与其他类型轴承相比，其外径最小，外圈（或内圈）可以分离，径向承载能力较大，一般无保持架，摩擦系数大

注：　*基本额定动载荷比：是指同一尺寸系列（直径及宽度）各种类型和结构形式的轴承的基本额定动载荷与 6 类深沟球轴承的（推力轴承则与单向推力球轴承）基本额定动载荷之比。

　　**极限转速比：是指同一尺寸系列 0 级公差的各类轴承脂润滑时的极限转速与 6 类深沟球轴承脂润滑时的极限转速之比。高、中、低的含义：高为 6 类深沟球轴承极限转速的 $90\%\sim100\%$；中为 6 类深沟球轴承极限转速的 $60\%\sim90\%$；低为 6 类深沟球轴承极限转速的 60% 以下。

10.2.2 滚动轴承的代号

滚动轴承的类型很多，而各类轴承又有不同的结构、尺寸、公差等级和技术要求，为便于组织生产和选用，规定了滚动轴承的代号。我国滚动轴承的代号由基本代号、前置代号和后置代号组成。其构成见表10-3。

表10-3 滚动轴承代号的构成

前置代号	基本代号			后置代号
字母	类型代号	尺寸系列代号		（字母或加数字）
	数字或字母	一位数字	一位数字	

1. 基本代号

基本代号表示轴承的类型、结构和尺寸，是轴承代号的基础。基本代号由轴承类型代号、尺寸系列代号和内径代号三部分构成。

(1)轴承类型代号。轴承类型代号用数字或字母表示，其表示方法见表10-4。

表10-4 一般滚动轴承类型代号

代号	轴承类型	代号	轴承类型
0	双列角接触球轴承	7	角接触球轴承
1	调心球轴承	8	推力圆柱滚子轴承
2	调心滚子轴承和推力调心滚子轴承	N	圆柱滚子轴承
3	圆锥滚子轴承		双列或多列用字母 NN 表示
4	双列深沟球轴承	U	外球面球轴承
5	推力球轴承	QJ	四点接触球轴承
6	深沟球轴承	C	长弧面滚子轴承（圆环轴承）

(2)尺寸系列代号。尺寸系列代号用数字表示。尺寸系列代号由轴承的宽(高)度系列代号和直径系列代号组合而成。向心轴承、推力轴承尺寸系列代号按表10-5的规定选用。

表10-5 尺寸系列代号

直径系列代号	向心轴承								推力轴承			
	宽度系列代号								高度系列代号			
	8	0	1	2	3	4	5	6	7	9	1	2
	尺寸系列代号											
7	—	—	17	—	37	—	—	—	—	—	—	—
8	—	08	18	28	38	48	58	68	—	—	—	—
9	—	09	19	29	39	49	59	69	—	—	—	—
0	—	00	10	20	30	40	50	60	70	90	10	—
1	—	01	11	21	31	41	51	61	71	91	11	—

直径系列代号	向心轴承								推力轴承			
	宽度系列代号								高度系列代号			
	8	0	1	2	3	4	5	6	7	9	1	2
	尺寸系列代号											
2	82	02	12	22	32	42	52	62	72	92	12	22
3	83	03	13	23	33	—	—	—	73	93	13	23
4	—	04	—	24	—	—	—	—	74	94	14	24
5	—	—	—	—	—	—	—	—	—	95	—	—

（3）内径代号。轴承内孔直径用两位数字表示，见表 10-6。

表 10-6　内径代号

轴承公称内径/mm		内径代号	示例
0.6～10(非整数)		用公称内径毫米数直接表示，在其与尺寸系列代号之间用"/"分开	深沟球轴承　617/0.6　$d=0.6$ mm 深沟球轴承　617/2.5　$d=2.5$ mm
1～9(整数)		用公称内径毫米数直接表示，对深沟及角接触球轴承直径系列 7、8、9，内径与尺寸系列代号之间用"/"分开	深沟球轴承　625　$d=5$ mm 深沟球轴承　618/5　$d=5$ mm 角接触球轴承　707　$d=7$ mm 角接触球轴承　719/7　$d=7$ mm
10～17	10	00	深沟球轴承　6200　$d=10$ mm
	12	01	调心球轴承　1201　$d=12$ mm
	15	02	圆柱滚子轴承　NU202　$d=15$ mm
	17	03	推力球轴承　51103　$d=17$ mm
20～480(22，28，32 除外)		公称内径除以 5 的商数，商数为个位数，需在商数左边加"0"，如 08	调心滚子轴承　22308　$d=40$ mm 圆柱滚子轴承　NU 1096　$d=480$ mm
≥500 以及 22，28，32		用公称内径毫米数直接表示，但在与尺寸系列之间用"/"分开	调心滚子轴承　230/500　$d=500$ mm 深沟球轴承　62/22　$d=22$ mm

2. 前置代号

前置代号用字母表示成套轴承的分部件。前置代号及其含义可参阅《滚动轴承　代号方法》(GB/T 272—2017)。

3. 后置代号

后置代号用字母（或加数字）表示，后置代号所表示轴承的特性及排列顺序按表 10-7 的规定。

表 10-7　后置代号的排列顺序

组别	1	2	3	4	5	6	7	8	9
含义	内部结构	密封、防尘与外部形状	保持架及其材料	轴承零件材料	公差等级	游隙	配置	振动及噪声	其他

后置代号置于基本代号的右边并与基本代号空半个汉字距（代号中有符号"＊/"除外）。当改变项目多，具有多组后置代号，按表 10-8 所列从左至右的顺序排列。

改变为第 4 组（含第 4 组）以后的内容，则在其代号前用"/"与前面代号隔开。

示例：620－2/P6. 2308/P63

改变内容为第 4 组后的两组，在前组与后组代号中的数字或文字表示含义可能混淆时，两代号间空半个汉字距。

示例：5208/P03 Ⅵ

10.2.3 滚动轴承类型的选择

1. 影响轴承承载能力的参数

(1)游隙。滚动体与内、外圈滚道之间的最大间隙称为轴承的游隙。如图 10-12 所示，将一套圈固定，另一套圈沿径向的最大移动量称为径向游隙；沿轴向的最大移动量称为轴向游隙。游隙的大小对轴承的运转精度、寿命、噪声、温升等有很大影响，应按使用要求进行游隙的选择或调整。

(2)极限转速。滚动轴承在一定载荷和润滑条件下，允许的最高转速称为极限转速。滚动轴承转速过高会使摩擦面间产生高温，使润滑失效，从而导致滚动体退火或胶合而产生破坏。各类轴承极限转速数值可查轴承手册。

(3)偏位角。安装误差或轴的变形等都会引起轴承内外圈中心线发生相对倾斜，其倾斜角 θ 称为偏位角，如图 10-13 所示。

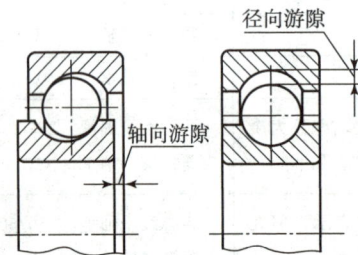

图 10-12

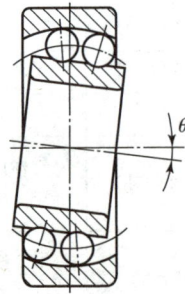

图 10-13

(4)接触角。接触角 α 越大，轴承承受轴向载荷的能力越大。

2. 滚动轴承类型的选择

选用滚动轴承时，首先是选择轴承类型。选择轴承类型应考虑的因素很多，如轴承所受载荷的大小、方向及性质；转速与工作环境；调心性能要求；经济性及其他特殊要求等。以下几个选型原则可供参考：

(1)载荷条件。轴承承受载荷的大小、方向和性质是选择轴承类型的主要依据，如载荷小而又平稳时，可选球轴承；载荷大又有冲击时，宜选推力轴承。轴承同时受径向和轴向载荷时，选用角接触轴承，轴向载荷越大，应选择接触角越大的轴承，必要时也可选用径向轴承和推力轴承的组合结构。应该注意推力轴承不能承受径向载荷，圆柱滚子轴承不能承受轴向载荷。

（2）轴承的转速。若轴承的尺寸和精度相同，则球轴承的极限转速比滚子轴承高，所以，当转速较高且旋转精度要求较高时，应选用球轴承。推力轴承的极限转速低。当工作转速较高，而轴向载荷不大时，可采用角接触球轴承或深沟球轴承。对高速回转的轴承，为减小滚动体施加于外圈滚道的离心力，宜选用外径和滚动体直径较小的轴承。若工作转速超过轴承的极限转速，可通过提高轴承的公差等级、适当加大其径向游隙等措施来满足要求。

（3）调心性能。轴承内、外圈轴线间的偏位角应控制在极限值之内，否则会增加轴承的附加载荷而降低其寿命。对于刚度差或安装精度差的轴系，轴承内、外圈轴线间的偏位角较大，宜选用调心类轴承，如调心球轴承（1 类）、调心滚子轴承（2 类）等。

（4）允许的空间。当轴向尺寸受到限制时，宜选用窄或特窄的轴承。当径向尺寸受到限制时，宜选用滚动体较小的轴承。如要求径向尺寸小而径向载荷又很大，可选用滚针轴承。

（5）装调性能。圆锥滚子轴承（3 类）和圆柱滚子轴承（N 类）的内外圈可分离，装拆比较方便。

（6）经济性。在满足使用要求的情况下应尽量选用价格低廉的轴承。一般情况下，球轴承的价格低于滚子轴承。轴承的精度等级越高，其价格也越高。在同尺寸和同精度的轴承中深沟球轴承的价格最低。同型号、尺寸，不同公差等级的深沟球轴承的价格比 $P_0 : P_6 : P_5 : P_4 : P_2 \approx 1 : 1.5 : 2 : 7 : 10$。如无特殊要求，应尽量选用普通级精度轴承，只有对旋转精度有较高要求时，才选用精度较高的轴承。

10.2.4　滚动轴承的工作能力计算

1. 滚动轴承的失效形式和计算准则

（1）滚动轴承的受载情况分析。以深沟球轴承为例进行分析。如图 10-14 所示，当轴承受径向载荷 F_r 作用时，上半圈滚动体不受载，而下半圈各滚动体承受的载荷各不相同，处于作用线最低位置的滚动体所受载荷最大，通过理论分析可知 $F_0 \approx (5/z) F_r$。式中 z 为滚动体的数目。处于作用线两边位置的各滚动体，其承载逐渐减小。随着轴承内圈相对于外圈的转动，滚动体也随着运动。轴承元件所受的载荷呈周期性变化，即各元件是在交变的接触应力下工作的。

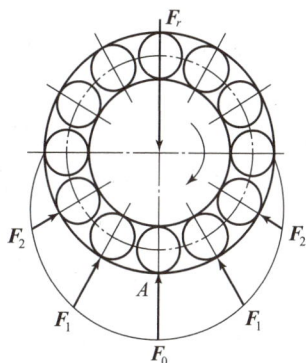

图 10-14

（2）滚动轴承的失效形式。滚动轴承的失效形式主要有疲劳点蚀、塑性变形和磨损三种。

1）疲劳点蚀。滚动体和套圈滚道在交变接触应力的作用下会发生表面接触疲劳点蚀。点蚀使轴承在运转中产生振动和噪声，回转精度降低且工作温度升高，使轴承失去正常的工作能力。疲劳点蚀是轴承的主要失效形式。

2）塑性变形。在静载荷或冲击载荷作用下，滚动体和套圈滚道可能产生塑性变形，出现凹坑，由此导致摩擦增大、运动精度降低，产生振动和噪声，导致轴承不能正常工作。

3）磨损。在润滑不良、密封不可靠及多尘的情况下，滚动体或套圈滚道易产生磨粒磨损，高速时会出现热胶合磨损，轴承过热还将导致滚动体回火。

另外，滚动轴承由于配合、安装、拆卸及使用维护不当，还会引起轴承元件破裂等其他形式的失效，也应采取相应的措施加以防止。

(3)滚动轴承的计算准则。针对上述的主要失效形式，滚动轴承的计算准则如下：

1)对于一般转速($n_{lim} > n > 10$ r/min)的轴承，疲劳点蚀为其主要的失效形式，应进行寿命计算。

2)对于低速($n \leq 10$ r/min)重载或大冲击条件下工作的轴承，其主要失效形式为塑性变形，应进行静强度计算。

3)对于高转速的轴承，除疲劳点蚀外，胶合磨损也是重要的失效形式，因此，除应进行寿命计算外还要校验其极限转速。

2. 滚动轴承的寿命计算

(1)基本额定寿命和基本额定的载荷。

1)轴承寿命。轴承中任一元件首次出现疲劳点蚀前轴承所经历的总转数，或轴承在恒定转速下的总工作小时数称为轴承寿命。

需要指出的是，对一组同一型号的轴承，由于制造精度、材料均质程度等很多随机因素的影响，即使在相同条件下转动，寿命也不同，有的相差几十倍。因此，对一个具体轴承，很难预知其确切的寿命。因此，引入基本额定寿命的概念。

2)基本额定寿命。一批相同的轴承，在同样的受力、转数等常规条件下运转，其中有10%的轴承发生疲劳点蚀破坏(90%的轴承未出现点蚀破坏)时，一个轴承所转过的总转(圈)数或工作的小时数称为轴承的基本额定寿命，用符号 $L_{10}(10^6 r)$ 或 L_h(h)表示。需要说明的是，一是轴承运转的条件不同，如受力大小不一样，则其基本额定寿命值不一样；二是某一轴承能够达到或超过此寿命值的可能性即可靠性为90%，达不到此寿命值的可能性即破坏率为10%。

3)基本额定动载荷。基本额定动载荷是指基本额定寿命为 $L_{10}=10^6 r$ 时，轴承所能承受的最大载荷，用字母 C 表示。基本额定动载荷越大，其承载能力也越大。不同型号轴承的基本额定动载荷 C 值可查轴承样本或设计手册等资料。

(2)滚动轴承的寿命计算公式。滚动轴承的寿命与承受的载荷有关，实际计算时，常用小时数表示寿命。即

$$L_h = \frac{10^6}{60n}\left(\frac{C}{P}\right)^\varepsilon \tag{10-1}$$

当轴承的工作温度高于100 ℃时，其基本额定动载荷 C 的值将降低，需引入温度系数 f_T 进行修正，得出轴承基本额定寿命计算公式为

$$L_h = \frac{10^6}{60n}\left(\frac{f_T C}{P}\right)^\varepsilon \geq [L_h] \tag{10-2}$$

根据式(10-2)可整理出确定轴承型号公式为

$$C \geq C' = \frac{P}{f_T}\left(\frac{60n[L_h]}{10^6}\right)^{1/\varepsilon} \tag{10-3}$$

式中　L_h——轴承的基本额定寿命(h)；

　　　n——轴承转速(r/min)；

　　　ε——轴承寿命指数，对于球轴承，$\varepsilon=3$；对于滚子轴承，$\varepsilon=10/3$；

　　　C——基本额定动载荷(N)；

　　　C'——所需轴承的基本额定动载荷(N)；

P——当量动载荷(N)；

f_T——温度系数；

$[L_h]$——轴承的预期使用寿命(h)。

(3)滚动轴承的当量动载荷。滚动轴承的基本额定动载荷是在一定的运转条件下确定的，如载荷条件：向心轴承仅承受纯径向载荷 F_r，推力轴承仅承受纯轴向载荷 F_a。实际上，轴承常常同时承受径向载荷 F_r 和轴向载荷 F_a。因此，在进行寿命计算时，必须将实际载荷转换为与确定基本额定动载荷的条件相一致的载荷，即当量动载荷，以 P 表示，其计算公式为

$$P=XF_r+YF_a \tag{10-4}$$

式中，X、Y 分别为径向动载荷系数和轴向动载荷系数。

(4)角接触轴承的轴向载荷。

1)角接触轴承的内部轴向力。角接触球轴承、圆锥滚子轴承由于结构特点存在着接触角 α，所以，载荷中心不在轴承的宽度中点，而与轴心线交于 O 点，O 点即轴承实际支点，如图 10-15 所示。当其受到径向载荷 F_r 作用时，作用在承载区内的滚动体上的法向力 F_0，可分解为径向分力 F_{r0} 和轴向分力 F_{s0}，各滚动体上所受的轴向分力之和即轴承的内部轴向力 F_s，方向沿轴线由轴承外圈的宽边指向窄边。

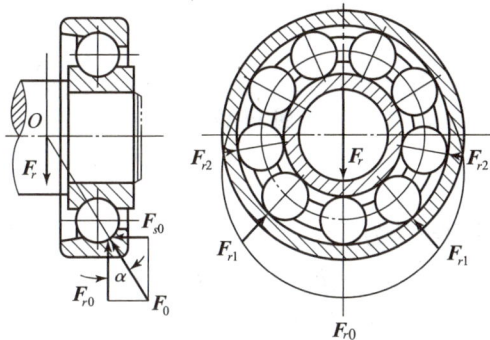

图 10-15

2)角接触轴承轴向力 F_a 的计算。为了使角接触轴承能正常工作，通常采用两个轴承成对使用，对称安装的方式。常见有正装和反装两种安装方式，如图 10-16 所示。正装时外圈窄边相对；反装时外圈宽边相对。

因此，在计算轴承所受的轴向载荷时，不但要考虑 F_s 与 F_a 的作用，还要考虑安装方式的影响。下面以正装为例分析轴承上所承受的轴向载荷。

F_A 为轴向外载荷，轴承Ⅰ、轴承Ⅱ所受内部轴向力 F_{s1}、F_{s2}。比较 F_A、F_{s1} 和 F_{s2} 三者关系，会有下面两种情况：

第一种情况：$F_{s1}+F_A>F_{s2}$，如图 10-17(a)所示。轴将有向右移动趋势，轴承Ⅱ被端盖顶住而被压紧，轴承Ⅱ上将受一外力 F'_{s2}，而轴承Ⅰ则处于放松状态。轴系若要正常工作，轴与轴承组件应处于平衡状态，则 $F_{s1}+F_A=F_{s2}+F'_{s2}$，即 $F'_{s2}=F_{s1}+F_A-F_{s2}$。轴承Ⅱ除受内部轴向力 F_{s2} 的作用外，还受到轴向外力 F'_{s2} 的作用，而轴承Ⅰ仅受自身的内部轴向力 F_{s1} 的作用，则压紧端轴承Ⅱ所受的轴向载荷为

$$F_{a2} = F_{s2} + F'_{s2} = F_{s1} + F_A$$

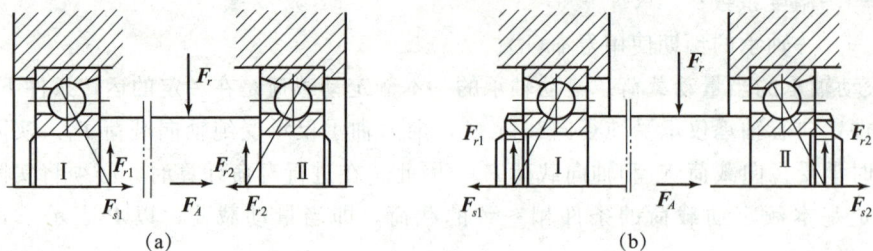

图 10-16

(a)正装(面对面); (b)反装(背对背)

放松端轴承Ⅰ所受的轴向载荷为

$$F_{a1} = F_{s1}$$

第二种情况: $F_{s1} + F_A < F_{s2}$,如图 10-17(b)所示。轴将有向左移动趋势,则轴承Ⅰ被压紧,轴承Ⅱ被放松,同上分析可得出:

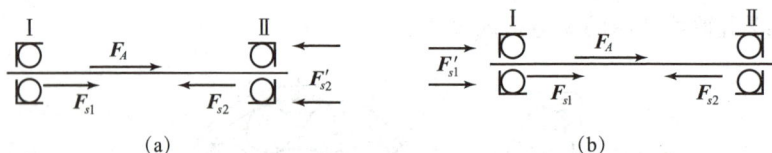

图 10-17

(a)$F_{s1} + F_A > F_{s2}$; (b)$F_{s1} + F_A < F_{s2}$

压紧端轴承Ⅰ所受的轴向载荷为

$$F_{a1} = F_{s1} + F'_{s1} = F_{s2} - F_A$$

放松端轴承Ⅱ所受的轴向载荷为

$$F_{a2} = F_{s2}$$

由此可总结出计算角接触轴承轴向载荷的步骤如下:

①通过查表和分析安装方式,得出轴承内部轴向力 F_{s1} 和 F_{s2} 大小和方向。

②根据方向和大小比较 F_A、F_{s1} 和 F_{s2} 三者关系,并判断出轴承的压紧端和放松端。

③压紧端的轴向载荷 F_a 等于除其本身的内部轴向力外,所有轴向力的代数和(指向压紧端为正)。

④放松端的轴向载荷 F_a 等于其本身的内部轴向力 F_s。

【例 10-1】 一工程机械的传动装置中,根据工作条件决定采用一对向心角接触球轴承,初选轴承型号为 7211AC。已知轴承所受载荷 $F_{r1} = 3\,300$ N,$F_{r2} = 1\,000$ N,轴向载荷 $F_A = 900$ N,轴的转速 $n = 1\,750$ r/min,轴承在常温下工作,运转中受中等冲击,轴承预期寿命为 10 000 h。试问所选轴承型号是否恰当?

解:(1)计算轴承的轴向力 F_{a1}、F_{a2}。查设计手册,得 7211AC 轴承内部轴向力的计算公式为

$$F_s = 0.68 F_r$$

则
$$F_{s1}=0.68F_{r1}=0.68\times3\ 300=2\ 244(\text{N})$$
$$F_{s2}=0.68F_{r2}=0.68\times1\ 000=680(\text{N})$$
因为
$$F_{s2}+F_A=680+900=1\ 580(\text{N})<F_{s1}$$
所以轴承 2 为压紧端，故有
$$F_{a1}=F_{s1}=2\ 244\ \text{N}$$
$$F_{a2}=F_{s1}-F_A=2\ 244-900=1\ 344(\text{N})$$

（2）计算轴承的当量动载荷 $\boldsymbol{P}_1$、$\boldsymbol{P}_2$。查设计手册，得 7211AC 轴承的 $e=0.68$，而
$$\frac{F_{a1}}{F_{r1}}=\frac{2\ 244}{3\ 300}=0.68=e$$
$$\frac{F_{a2}}{F_{r2}}=\frac{1\ 344}{1\ 000}=1.344>e$$

查设计手册，得 $X_1=1$，$Y_1=0$；$X_2=0.41$，$Y_2=0.87$。；$f_P=1.4$，则轴承的当量动载荷为
$$P_1=f_P(X_1F_{r1}+Y_1F_{a1})=1.4\times(1\times3\ 300+0\times2\ 244)=4\ 620(\text{N})$$
$$P_2=f_P(X_2F_{r2}+Y_2F_{a2})=1.4\times(0.41\times1\ 000+0.87\times1\ 344)=2\ 211(\text{N})$$

（3）计算轴承寿命 L_h。因两个轴承的型号相同，所以其中当量动载荷大的轴承寿命短。因 $P_1>P_2$，所以只需计算轴承 1 的寿命。

查设计手册，得 7211AC 轴承的基本额定动载荷 $C=50\ 500$ N。取 $\varepsilon=3$，$f_T=1$，得
$$L_h=\frac{10^6}{60n}\left(\frac{f_TC}{P}\right)^\varepsilon=\frac{10^6}{60\times1\ 750}\times\left(\frac{1\times50\ 500}{4\ 620}\right)^3=12\ 438(\text{h})$$

由此可见，轴承的寿命大于轴承的预期寿命，所以所选轴承型号合适。

（5）滚动轴承的静强度计算。对于缓慢摆动或低转速（$n<10$ r/min）的滚动轴承，其主要失效形式为塑性变形，应按静强度进行计算确定轴承尺寸。对在重载荷或冲击载荷作用下转速较高的轴承，除按寿命计算外，为安全起见，也要再进行静强度验算。

1）基本额定静载荷 C_0。轴承两套圈间相对转速为零，使受最大载荷滚动体与滚道接触中心处引起的接触应力达到一定值（向心和推力球轴承为 4 200 MPa，滚子轴承为 4 000 MPa）时的静载荷，称为滚动轴承的基本额定静载荷 C_0（向心轴承称为径向基本额定静载荷 C_{0r}，推力轴承称为轴向基本额定静载荷 C_{0a}）。各类轴承的 C_0 值可由轴承标准中查得。实践证明，在上述接触应力作用下所产生的塑性变形量，除对那些要求转动灵活性高和振动低的轴承外，一般不会影响其正常工作。

2）当量静载荷 P_0。当量静载荷 P_0 是指承受最大载荷滚动体与滚道接触中心处，引起与实际载荷条件下相当的接触应力时的假想静载荷。其计算公式为
$$P_0=X_0F_r+Y_0F_a \tag{10-5}$$
式中，X_0、Y_0 分别为当量静载荷的径向系数和轴向系数。若由式（10-5）计算出的 $P_0<F_r$，则应取 $P_0=F_r$。

3）静强度计算。轴承的静强度计算式为
$$C_0\geqslant S_0P_0 \tag{10-6}$$
式中　S_0——静强度安全系数，其值可查设计手册。

10.2.5 滚动轴承的组合设计

滚动轴承安装在机器设备上,它与支承它的轴和轴承座(机体)等周围零件之间的整体关系,就称为轴承的组合。为了保证滚动轴承正常工作,除合理地选择轴承类型、尺寸外,还必须正确地进行轴承组合的结构设计。在设计轴承的组合结构时,要考虑轴承的安装、调整、配合、拆卸、紧固、润滑和密封等方面的内容。

1. 滚动轴承的固定

常用的滚动轴承固定方式有以下三种:

(1)两端单向固定。如图 10-18(a)所示,在轴的两个支点上,用轴肩顶住轴承内圈,轴承盖顶住轴承的外圈,使每个支点都能限制轴的单方向轴向移动,两个支点合起来就限制了轴的双向移动,这种固定方式称为两端单向固定或双固式。图 10-18(b)所示的上半部为采用深沟球轴承支承的结构。它的结构简单、便于安装,适用于工作温度变化不大的短轴。考虑轴因受热而伸长,安装轴承时,如图 10-18(b)所示,在深沟球轴承的外圈和端盖之间,应留有 $c=0.25\sim0.4$ mm 的热补偿轴向间隙。图 10-18(a)所示的下半部为采用角接触球轴承支承的结构。

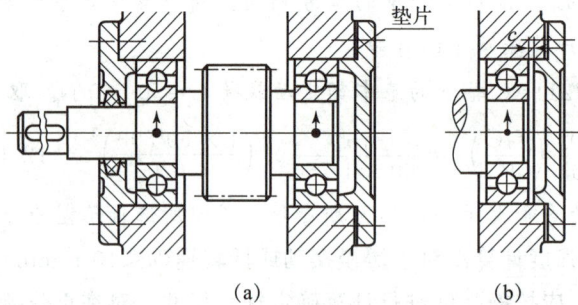

图 10-18

(2)一端双向固定、一端游动。如图 10-19(a)所示,左端轴承内、外圈都为双向固定,用以承受双向的轴向载荷,称为固定端。右端为游动端,选用深沟球轴承时内圈作双向固定,外圈的两侧自由,且在轴承外圈与端盖之间留有适当的间隙,轴承可随轴颈沿轴向游动,适应轴的伸长和缩短的需要。如图 10-19(b)所示,游动端选用圆柱滚子轴承时,该轴承的内、外圈均应双向固定。这种固游式结构适用于工作温度变化较大的长轴。

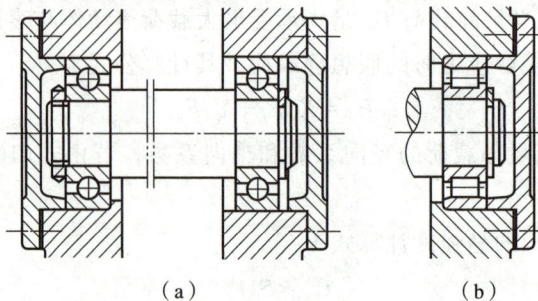

图 10-19

（3）两端游动式。图 10-20 所示为人字齿轮传动中的主动轴，考虑轮齿两侧螺旋角的制造误差，为了使轮齿啮合时受力均匀，两端都采用圆柱滚子轴承支承，轴与轴承内圈可沿轴向少量移动，即两端游动式结构。与其相啮合的从动轮轴系则必须用双固式或固游式结构。若主动轴的轴向位置也固定，可能会发生干涉以至卡死现象。

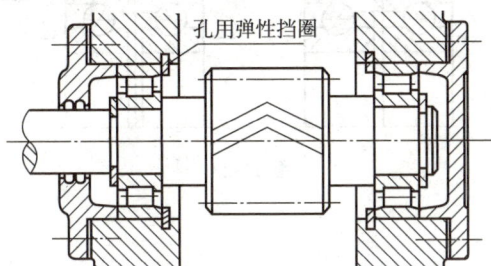

孔用弹性挡圈

图 10-20

轴承在轴上一般用轴肩或套筒定位，轴承内圈的轴向固定应根据轴向载荷的大小选用图 10-21（a）所示的轴端挡圈、圆螺母、轴用弹性挡圈等结构。轴承外圈则采用图 10-21（b）所示的轴承座孔的端面（止口）、孔用弹性挡圈、压板、端盖等形式固定。

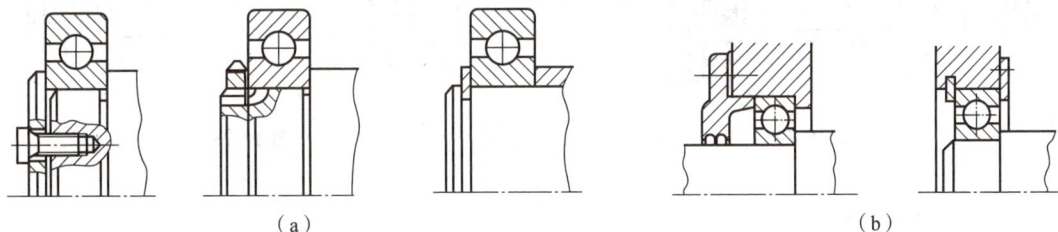

（a）　　　　　　　　　　　　　　　　　　　（b）

图 10-21

2. 轴承组合的调整

（1）轴承间隙的调整。常用的调整轴承间隙的方法有以下几项：

1）如图 10-18 所示，靠增减端盖与箱体结合面间垫片的厚度进行调整；

2）如图 10-22 所示，利用端盖上的调节螺钉改变可调压盖及轴承外圈的轴向位置来实现调整，调整后用螺母锁紧防松。

（2）滚动轴承的预紧。在轴承安装以后，使滚动体和套圈滚道间处于适当的预压紧状态，如图 10-23 所示。常用的预紧方法有在套圈间加垫片并加预紧力、磨窄套圈并加预紧力。

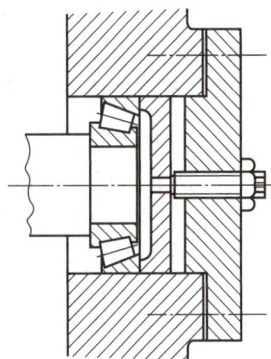

图 10-22

（3）轴承组合位置的调整。轴承组合位置调整的目的是使轴上的零件如齿轮等具有准确的轴向工作位置。图 10-24 所示为圆锥齿轮轴承的组合结构，套杯与机座之间的垫片 1 用来调整轴系的轴向位置，而垫片 2 则用来调整轴承间隙。

3. 支承部位的刚度和同轴度

为保证支承部位的刚度，轴承座孔壁应有足够的厚度，并设置如图 10-25（a）所示的加强肋以增强支承刚度。为保证两端轴承座孔的同轴度，箱体上同一轴线的两个轴承座孔应一次镗出。如图 10-25(b)所示，若轴上装有不同外径尺寸的轴承时，可采用套杯式结构，使两端轴承座孔的直径尺寸尽量相同，以便加工时一次镗出两轴承座孔。

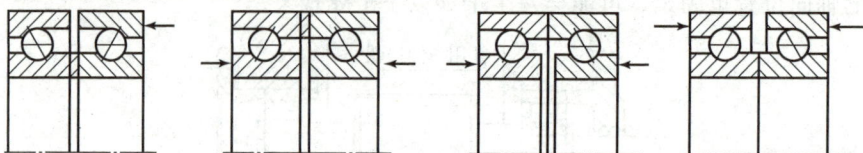

图 10-23

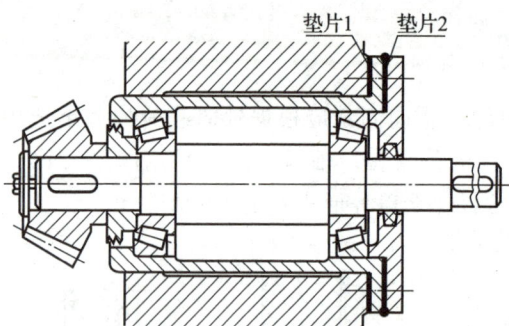

图 10-24

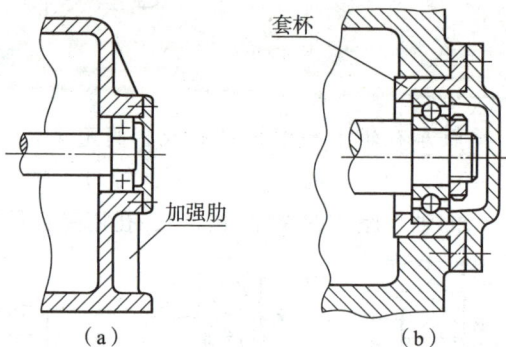

图 10-25

4. 滚动轴承的配合

滚动轴承的配合是指轴承内圈与轴颈、外圈与轴承座孔的配合。因为滚动轴承已经标准化，轴承内孔与轴径的配合采用基孔制，轴承外圈与轴承座孔的配合采用基轴制。一般来说，转动圈(通常是内圈与轴一起转动)的转速越高，载荷越大，工作温度越高，则内圈与轴颈应采用较紧的配合。轴颈公差带常用 n6、m6、k6、js6 等；座孔的公差带常用 J7、J6、H7 和 G7 等，具体选择可参考有关的机械设计手册。

5. 滚动轴承的安装与拆卸

设计轴承的组合结构时，应考虑有利于轴承的装拆，以便在装拆时不损坏轴承和其他零部件。装拆时，要求滚动体不受力，装拆力要对称或均匀地作用在套圈的端面上。

(1)轴承的安装。

1)冷压法：用专用压套压装轴承，如图 10-26(a)所示，装配时，先加专用压套，再用压力或用手锤轻轻打入。

2)热装法：将轴承放入油池或加热炉中加热至 80 ℃～100 ℃，然后套装在轴上。

(2)轴承的拆卸。应使用专门的拆卸工具拆卸轴承，如图 10-26(b)所示。

为了便于使用专用工具拆卸轴承，设计时应使轴上定位轴肩的高度小于轴承内圈的高度。同理，轴承外圈在套筒内应留出足够的高度和必要的拆卸空间，或采取其他便于拆卸的结构。图 10-27 所示为结构设计错误的示例，图 10-27(a)表示轴肩 h 过高，无法用拆卸工具拆卸轴承；图 10-27(b)表示衬套孔直径 d_0 过小，无法拆卸轴承外圈。

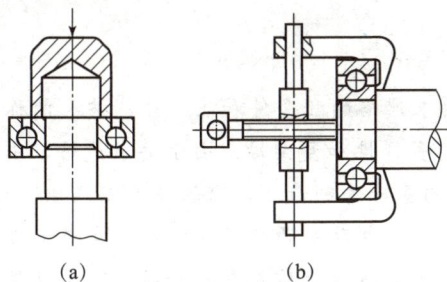

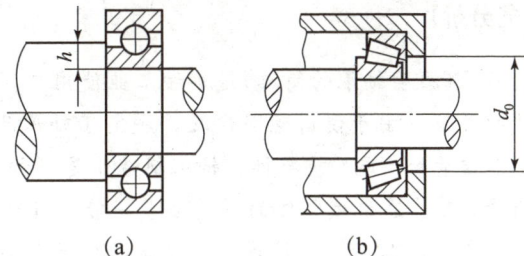

图 10-26　　　　　　　　　　　　　　　　图 10-27

6. 滚动轴承的润滑和密封

(1)滚动轴承的润滑。滚动轴承润滑的主要目的是减少摩擦与磨损，同时，也有吸振、冷却、防锈和密封等作用。滚动轴承的润滑与滑动轴承类似，常用的润滑剂有润滑油和润滑脂两种。一般高速时采用润滑油，低速时用润滑脂，某些特殊情况下用固体润滑剂。

润滑脂能承受较大的载荷，且润滑脂不易流失，结构简单，便于密封和维护。润滑脂常常采用人工方式定期更换，润滑脂的加入量一般应是轴承内空隙容积的 $1/2 \sim 1/3$。

速度较高或工作温度较高的轴承都采用润滑油，其润滑和散热效果均较好，但润滑油易于流失，因此，要保证在工作时有充足的供油。减速器常用的润滑方式有油浴润滑及飞溅润滑等。油浴润滑油面不应高于最下方滚动体的中心，否则搅油能量损失大易使轴承过热。喷油润滑或油雾润滑兼有冷却作用，常用于高速情况。

(2)滚动轴承的密封。滚动轴承密封的作用是防止外界灰尘、水分等进入轴承，并阻止轴承内润滑剂流失。密封方法可分为接触式密封和非接触式密封两大类。

接触式密封常用的有毛毡圈密封、唇形密封圈密封等。图 10-28(a)所示为采用毛毡圈密封的结

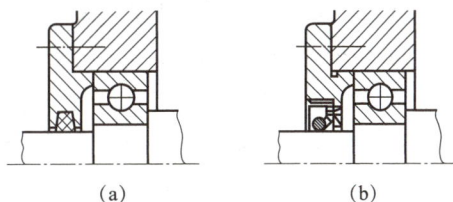

图 10-28

构。毛毡圈密封是将工业毛毡制成的环片，嵌入轴承端盖上的梯形槽内，与转轴间摩擦接触，其结构简单、价格低廉，但毡圈易于磨损，常用于工作温度不高的脂润滑场合。图 10-28(b)所示为采用唇形密封圈密封的结构。唇形密封圈是由专业厂家供货的标准件，有多种不同的结构和尺寸，广泛应用于油润滑和脂润滑场合，密封效果好，但在高速时易于发热。

高速时多采用与转轴无直接接触的非接触式密封，以减少摩擦功耗和发热。非接触式密封常用的有油沟式密封、迷宫式密封等结构。图 10-29(a)所示为采用油沟式密封的结构，在油沟内填充润滑脂密封，其结构简单，适于轴颈速度 $v \leqslant 5 \sim 6$ m/s。图 10-29(b)所示为采用曲路迷宫式密封的结构，适用于高速场合。

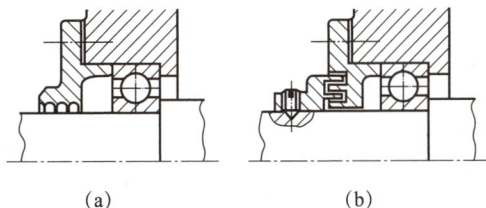

图 10-29

【任务分析】

轴承(滚动轴承的简称)是机械工业使用广泛、要求严格的配套件和基础件,被人们称为机械的关节。由于使用范围广泛,决定了轴承品种的多样性和复杂性。由于要求严格,决定了轴承质量和性能的重要性。轴承制造业是一种精密的基础件制造业,它的精度以0.001 mm来衡量,而普通机械零件的制造公差一般只有0.01 mm。电动机的噪声和振动,在很大程度上取决于轴承质量;高精度机床主轴的摆差和温升,更是与轴承质量息息相关。通信卫星消旋装置中的轴承性能,直接影响其通信效果;航天、航空中关键轴承发生故障,就会造成严重的事故。总之,工业、农业、国防、科学技术和家用电器等各个领域中的主机,其精度、性能、寿命、可靠性和各项经济指标,都与轴承有着密切的联系,而且轴承工业的发展还关系着我国重大技术装备的制造水平及机械设备的出口能力。轴承在国民经济和国防建设中正在起着越来越重要的作用。

【单元测试】

(1)滚动轴承的基本额定动载荷 C 与基本额定静载荷 C_0 在概念上有何不同?分别针对何种失效形式?

(2)何为滚动轴承的基本额定寿命?何为当量动载荷?如何计算?

(3)滚动轴承失效的主要形式有哪些?计算准则是什么?

(4)滚动轴承寿命计算中载荷系数 f_P 及温度系数 f_T 有何意义?静载荷计算时要考虑这两个系数吗?

(5)在进行滚动轴承组合设计时应考虑哪些问题?

(6)为什么两端固定式轴向固定适用于工作温度不高的短轴?而一端固定、一端游动式则适用于工作温度高的长轴?

模块 11　其他常用零部件分析与设计

知识目标　○○○

学习联轴器、离合器及制动器的结构类型、特点。对联轴器、离合器及制动器进行合理的选用和正确的维护。

知识要点　○○○

(1)刚性联轴器、无弹性元件的可位移联轴器、弹性联轴器；

(2)各种类型联轴器的特点、应用；

(3)牙嵌式离合器、摩擦式离合器、电磁式离合器、安全离合器、超越离合器；

(4)各种类型离合器的特点、应用；

(5)带式制动器、内涨蹄式制动器。

单元 11.1　联轴器分析与设计

【学习目标】

学习联轴器的结构类型、特点，完成联轴器的选用和正确的维护。

【任务提出】

联轴器是用来连接不同机构中的两根轴(主动轴和从动轴)，使之共同旋转以传递转矩的机械零件。

2001 年 10 月的一天，某厂启动一台备用水泵，在水泵运行约 20 min 时，现场散发出浓烈的橡胶气味，水泵运转声音异常。机修人员随即前往检查，切断电源，在水泵未停稳、移动联轴器罩壳的瞬间，水泵一侧的半联轴器外缘破碎，一块重 481 g 的碎块飞出窗外，在 3.7 m 远处击中一员工的左面部，击碎其颌骨等，设备停产若干天。

【任务实施】

在高速重载的动力传动中，有些联轴器还有缓冲、减振和提高轴系动态性能的作用。在选择联轴器时，首先应根据工作条件和使用要求确定联轴器的类型，然后根据联轴器所传递的转矩、转速和被连接轴的直径确定其结构尺寸。

    联轴器所连接的两轴，由于制造和安装误差、受载变形、温度变化和机座下沉等原因，可能产生轴线的径向、轴向、角度或综合位移，如图 11-1 所示。因此，要求联轴器在传递运动和转矩的同时，还应具有一定范围的补偿轴线位移、缓冲吸振的能力。联轴器可分为刚性联轴器和弹性联轴器两大类。

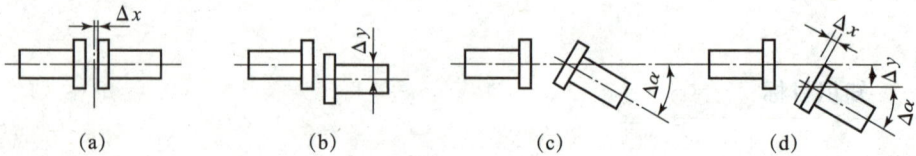

图 11-1

(a)轴向位移 Δx；(b)径向位移 Δy；(c)角度位移 $\Delta \alpha$；(d)综合位移 Δx、Δy、$\Delta \alpha$

11.1.1 刚性联轴器

    刚性联轴器对轴线的位移没有补偿能力，适用于载荷平稳、两轴对中性好的场合。常用的刚性联轴器有套筒联轴器和凸缘联轴器等。

    1. 套筒联轴器

    如图 11-2 所示，套筒联轴器是利用套筒和连接零件，即键或销，将两轴连接起来。图 11-2(a)中的螺钉用作轴向固定；图 11-2(b)中的锥销，当轴超载时会被剪断，可起到安全保护作用。

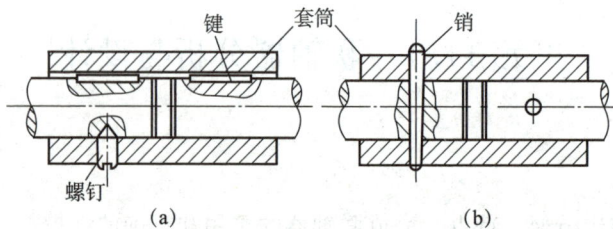

图 11-2

(a)键连接；(b)销连接

    套筒联轴器结构简单、径向尺寸小、容易制造。其适用于载荷不大、工作平稳、两轴严格对中、频繁启动、轴上转动惯量要求小的场合。

    2. 凸缘联轴器

    如图 11-3 所示，凸缘联轴器由两个带凸缘的半联轴器和一组螺栓组成。这种联轴器有两种对中方式：一种是通过分别具有凸槽和凹槽的两个半联轴器的相互嵌合来对中，半联轴器之间采用普通螺栓连接，如图 11-3 的上半部所示；另一种是通过铰制孔用螺栓与孔的紧配合对中，

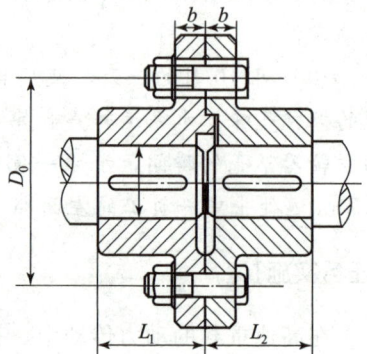

图 11-3

如图 11-3 的下半部所示。当尺寸相同时后者传递的转矩较大，且装拆时轴不必作轴向移动。

凸缘联轴器的主要特点是结构简单、成本低、传递的转矩较大，但要求两轴的同轴度要好。其适用于刚性大、振动冲击小和低速大转矩的连接场合，是应用最广的一种刚性联轴器。

11.1.2　无弹性元件的可位移联轴器

常用的无弹性元件的可位移联轴器有十字滑块联轴器、万向联轴器和齿式联轴器等。

1. 十字滑块联轴器

如图 11-4 所示，十字滑块联轴器由两个在端面上开有凹槽的半联轴器 1、3 和一个两端面均带有凸牙的中间盘 2 组成。中间盘两端面的凸牙位于互相垂直的两个直径方向上，并在安装时分别嵌入 1、3 的凹槽中。由于凸牙可在凹槽中滑动，故可补偿安装及运转时两轴间的径向位移和角位移。

由于半联轴器与中间盘组成移动副，不能相对转动，故主动轴与从动轴的角速度应相等。但在两轴间有偏移的情况下工作时，中间盘会产生很大的离心力，故其工作转速不宜过大。

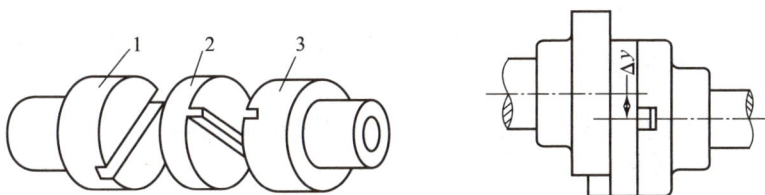

图 11-4

1、3—半联轴器；2—中间盘

2. 万向联轴器

如图 11-5(a)所示，万向联轴器是由分别安装在两轴端的叉形接头 1、3 及与叉头相连的十字轴 2 组成。这种联轴器允许两轴间有较大的夹角 α(最大可达 $35°\sim45°$)，且机器工作时即使夹角发生改变仍可正常传动，但 α 过大会使传动效率显著降低。

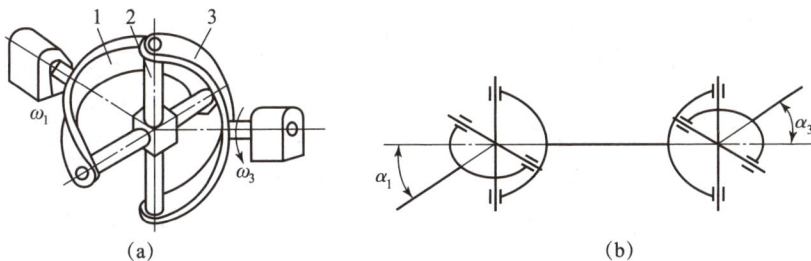

(a)　　　　　　　　　　　　　(b)

图 11-5

(a)单万向联轴器；(b)双万向联轴器

1、3—叉形接头；2—十字轴

万向联轴器的缺点是当主动轴角速度 ω_1 为常数时，从动轴的角速度 ω_3 并不是常数，而是在一定范围内变化，这在传动中会引起附加载荷。所以，一般将两个单万向联轴器成对使用，如图 11-5(b)所示。但安装时应注意必须保证以下三个条件：

(1)中间轴上两端的叉形接头在同一平面内；

(2)使主、从动轴与中间轴的夹角相等 $\alpha_1 = \alpha_3$，这样才可保证 $\omega_1 = \omega_3$；

(3)主、从动轴与中间轴的轴线应共面。

3. 齿式联轴器

齿式联轴器应用较广泛，它是利用内外齿啮合来实现两个半联轴器的连接。如图 11-6 所示，它由两个内齿圈 2、3 和两个外齿轮轴套 1、4 组成。安装时两内齿圈用螺栓连接，两外齿轮轴套通过过盈配合(或键)与轴连接，并通过内、外齿轮的啮合传递转矩。

这种联轴器结构紧凑、承载能力大、适用速度范围广，但制造困难，适用于重载高速的水平轴连接。为了使这种联轴器具有良好的补偿两轴综合位移的能力，可将外齿顶制成球面，使齿顶与齿侧均留有较大的间隙，还可将外齿轮轮齿做成鼓形齿。

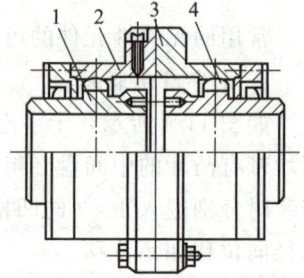

图 11-6

1、4—外齿轮轴套；
2、3—内齿圈

11.1.3 弹性联轴器

常用的弹性联轴器有弹性套柱销联轴器、弹性柱销联轴器等。

1. 弹性套柱销联轴器

如图 11-7 所示，弹性套柱销联轴器的构造与凸缘联轴器相似，只是用套有弹性套的柱销代替了连接螺栓，利用弹性套的弹性变形来补偿两轴的相对位移。这种联轴器质量轻、结构简单，但弹性套易磨损、寿命较短，适用于冲击载荷小、启动频繁的中、小功率传动中。

2. 弹性柱销联轴器

如图 11-8 所示，弹性柱销联轴器与弹性套柱销联轴器很相似，仅用弹性柱销(通常用尼龙制成)将两个半联轴器连接起来。其传递转矩的能力更大、结构更简单、耐用性好，适用于轴向窜动较大、正反转或启动频繁的场合。

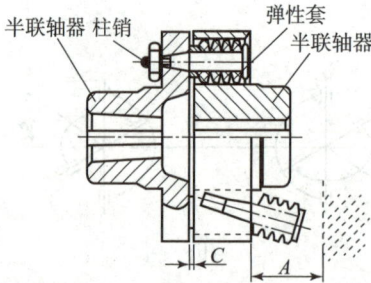

图 11-7

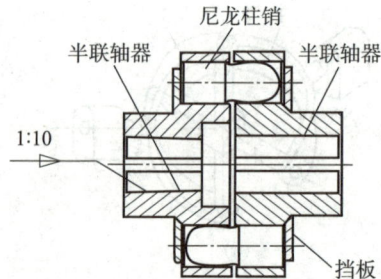

图 11-8

11.1.4　联轴器的选择

在选择联轴器时，首先应根据工作条件和使用要求确定联轴器的类型，然后再根据联轴器所传递的转矩、转速和被连接轴的直径确定其结构尺寸。对于已标准化或虽未标准化但有资料和手册可查的联轴器，可按标准或手册中所列数据选定联轴器的型号和尺寸。若使用场合较特殊，无适当的标准联轴器可供选用时，可按照实际需要自行设计。另外，选择联轴器时有些场合还需要对其中个别的关键零件做必要的验算。

联轴器的转矩可按下式计算：

$$T_C = KT \qquad (11\text{-}1)$$

式中　T——名义转矩（N·m）；

　　　T_C——计算转矩（N·m）；

　　　K——工作情况系数，由配套资源表 11-1 查取。

在选择联轴器型号时，应同时满足下列两式：

表 11-1

$$T_C \leqslant T_m \qquad (11\text{-}2)$$

$$n \leqslant [n] \qquad (11\text{-}3)$$

式中，T_m、$[n]$分别为联轴器的额定转矩（N·m）和许用转速（r/min）。此两值在相关手册中可查出。

【任务分析】

该联轴器选用灰铸铁 HT200 材料制造，《铸造工程师手册》（机械工业出版社，1997.12）关于灰铸铁应用推荐，当圆周线速度为 20～30 m/s，应选用 HT300 或 HT350，使联轴器本体有足够的强度。本联轴器直径为 160 mm，工作时外缘线速度为 24.3 m/s，选用 HT200 材料，其可靠性欠妥。

【单元测试】

(1) 两轴轴线的偏移形式有哪几种？常用联轴器有哪些类型？各有哪些特点？应用于哪些场合？无弹性元件联轴器与弹性联轴器在补偿位移的方式上有何不同？

(2) 电动机与油泵之间用弹性套柱销联轴器相连，传递功率 $P=14$ kW，转速 $n=960$ r/min，两轴直径均为 35 mm，试确定联轴器型号。

(3) 电动机经减速器驱动水泥搅拌机工作。已知电动机的功率 $P=14$ kW，转速 $n=970$ r/min，电动机轴的直径和减速器输入轴的直径均为 42 mm。试选择电动机与减速之间的联轴器。

单元 11.2　典型离合器与制动器

【学习目标】

学习离合器、制动器的结构类型及特点，完成对离合器及制动器的合理选用和正确维护。

【任务提出】

离合器是实现主、从动轴结合和分离的零部件。制动器是使机械中的运动件停止或减速的机械零件。

当戴姆勒发明第一辆四轮车时,车辆并没有所谓的变速箱,也就没有离合器,速度的控制由外部的齿轮通过皮带带动车轴实现,后来皮带改为了链条。离合器是随着变速箱的出现而出现的,1889年戴姆勒在他的汽车上首次应用了四速变速箱和摩擦离合器,但转矩仍然由皮带传到后轮。

在车辆驾驶时,如果制动器失效为什么不能踩离合器呢?

【任务实施】

用离合器连接的两轴可在机器运转过程中随时进行接合或分离。离合器按其工作原理可分为牙嵌式、摩擦式和电磁式三类;按控制方式可分为操纵式和自动式两类。操纵式离合器需要借助于人力或动力(如液压、气压、电磁)进行操纵;自动式离合器不需要外力操纵,可在一定条件下实现自动分离和接合。

对于已标准化的离合器,其选择步骤和计算方法与联轴器相同。对于非标准化或不按标准制造的离合器,可先根据工作情况选择类型,再进行具体设计计算,具体的计算方法及计算内容可查阅有关资料。

制动器的主要作用是降低机械运转速度或迫使机械停止转动,制动器多数已标准化,可根据需要选用。常用的有带式制动器、内涨蹄式制动器等。

11.2.1 离合器

1. 牙嵌式离合器

如图11-9所示,牙嵌式离合器由两个端面带牙的半离合器1、3组成。从动半离合器3用导向平键或花键与轴连接,另一半离合器1用平键与轴连接,对中环2用来使两轴对中,滑环4可操纵离合器的分离或接合。

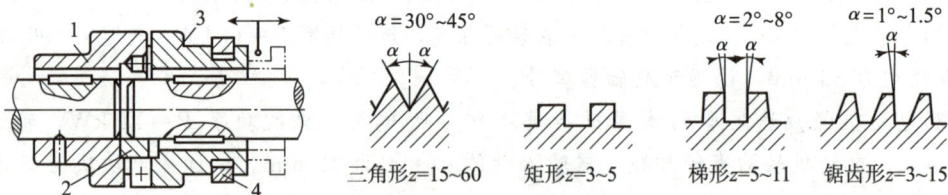

α=30°~45° α=2°~8° α=1°~1.5°

三角形z=15~60   矩形z=3~5   梯形z=5~11   锯齿形z=3~15

图11-9

1、3—半离合器;2—对中环;4—滑环

牙嵌式离合器的常用牙形有三角形、矩形、梯形和锯齿形等。矩形齿接合,分离困难,牙的强度低,磨损后无法补偿,仅用于静止状态的手动接合;梯形齿牙根强度高,接合容易,且能自动补偿牙的磨损与间隙,因此应用较广;锯齿形牙根强度高,可传递较大转矩,但只能单向工作。

为减小齿间冲击、延长齿的寿命，牙嵌式离合器应在两轴静止或转速差很小时接合或分离。

2. 摩擦离合器

摩擦离合器利用主、从动半离合器摩擦片接触面间的摩擦力传递转矩。为提高传递转矩的能力，通常采用多片摩擦片。其能在不停车或两轴有较大转速差时进行平稳接合，且可在过载时因摩擦片间打滑而起到过载保护的作用。

图 11-10(a)所示为多片式摩擦离合器及摩擦片。其有两组摩擦片，主动轴 1 与外壳 2 相连接，外壳内装有一组外摩擦片 4，如图 11-10(b)所示，其外缘有凸齿插入外壳上的内齿槽内，与外壳一起转动，其内孔不与任何零件接触。从动轴 10 与套筒 9 相连接，套筒上装有一组内摩擦片 5，如图 11-10(c)所示，其外缘不与任何零件接触，随从动轴一起转动。滑环 7 由操纵机构控制，当滑环向左移动时，使杠杆 8 绕支点顺时针转动，通过压板 3 将两组摩擦片压紧，实现接合。滑环 7 向右移动，则实现离合器分离。摩擦片间的压力由螺母 6 调节。

多片式摩擦离合器由于摩擦片增多，所以传递转矩的能力提高，但结构较为复杂。

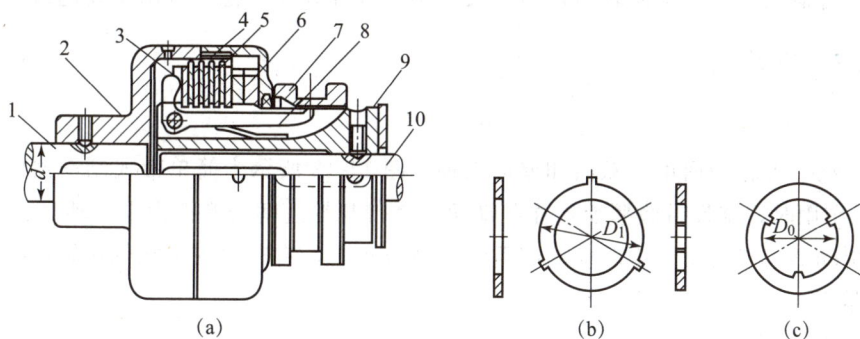

图 11-10

1—主动轴；2—外壳；3—压板；4—外摩擦片；5—内摩擦片；
6—螺母；7—滑环；8—杠杆；9—套筒；10—从动轴

3. 安全离合器

图 11-11 所示为牙嵌式安全离合器，端面带牙的左半离合器 2 和右半离合器 3，靠弹簧 1 嵌合压紧以传递转矩。当从动轴 4 上的载荷过大时，牙面 5 上产生的轴向分力将超过弹簧的压力，而迫使离合器发生跳跃式的滑动，使从动轴 4 自动停转。调节螺母 6 可改变弹簧压力，从而改变离合器传递转矩的大小。

4. 超越离合器

如图 11-12 所示，超越离合器的星轮 1 与主动轴相连，顺时针回转，滚柱 3 受摩擦力作用滚向狭窄部位被楔紧，带动外环 2 随星轮 1 同向回转，离合器接合。星轮 1 逆时针回转时，滚柱 3 滚向宽敞部位，外环 2 不与星轮 1 同转，离合器自动分离。滚柱一般为 3～8 个。弹簧 4 起均载作用。

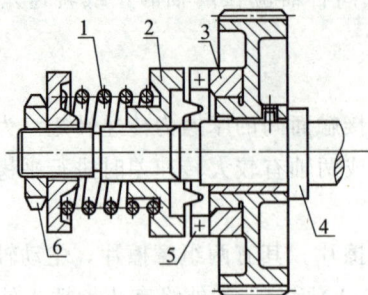

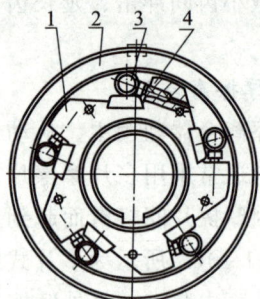

图 11-11

1—弹簧；2—左半离合器；3—右半离合器；

4—从动轴；5—牙面；6—调节螺母

图 11-12

1—星轮；2—外环；

3—滚柱；4—弹簧

若外环和星轮作顺时针同向回转，则当外圈转速大于星轮转速时，离合器为分离状态（超越）。当外圈转速小于星轮转速时，离合器为接合状态。

超越离合器只能传递单向转矩，结构尺寸小，接合分离平稳，可用于高速传动。

11.2.2　制动器

1. 带式制动器

带式制动器可分为简单、双向和差动三种。图 11-13 所示为简单带式制动器的结构。当杠杆受 F_Q 作用时，挠性带收紧而抱住制动轮，靠带与轮之间的摩擦力来制动。

带式制动器一般用于集中驱动的起重设备及绞车上，有时也安装在低速轴或卷筒上作为安全制动器用。

2. 内涨蹄式制动器

内涨蹄式制动器可分为单蹄、双蹄、多蹄和软管多蹄等。图 11-14 所示为内涨蹄式制动器。制动蹄上装有摩擦材料，通过销轴 2 与机架固联，制动轮 3 与所要制动的轴固联。制动时，压力油进入液压缸 4，推动两活塞左右移动，在活塞推力作用下两制动蹄绕销轴向外摆动，并压紧在制动轮内侧，实现制动。油路回油后，制动蹄在弹簧 5 作用下与制动轮分离。

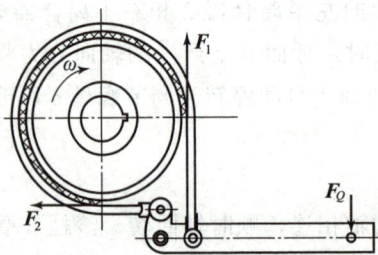

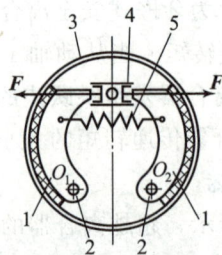

图 11-13

图 11-14

1—制动蹄；2—销轴；3—制动轮；

4—液压缸；5—弹簧

内涨蹄式制动器结构紧凑，散热条件、密封性和刚性均好，广泛应用于各种车辆及结构尺寸受限制的机械上。

【任务分析】

在制动失效以后，不能踩离合器，因为在没有踩离合器的时候，发动机轴是和汽车的传动轴结合的，在松油门的情况下，发动机停止工作后会靠本身的怠速来带慢车速，若将离合器踩下，传动轴会和发动机轴分离，传动轴缺失了阻尼不能使车速减慢。

【单元测试】

(1)常用的离合器有哪些类型？

(2)常用的离合器各有何特点？

(3)常用的离合器各应用于哪些场所？

(4)制动器的主要作用是什么？

(5)常用联轴器和离合器有哪些类型？各有哪些特点？应用于哪些场合？

模块 12　机械润滑和密封简介

知识目标 ○○○

学习润滑剂的种类及其应用场合；学习常用的润滑方法及其采用的润滑装置，学习常用的密封方法和密封装置。

知识要点 ○○○

通过本模块的学习，掌握润滑剂的种类及其应用场合，掌握常用的润滑方法及其采用的润滑装置，掌握常用的密封方法和密封装置。

【任务实施】

单元 12.1　润滑剂及其选择

在摩擦副中加入润滑剂，以降低摩擦、减轻磨损，这种措施称为润滑。润滑的主要作用是减少摩擦和磨损，提高机械效率，延长机械的使用寿命。另外，润滑剂还有防锈、传递动力、清除污物、减震、密封等作用。

常用的润滑剂有液体(如水、油)、半固体(如润滑脂)、固体(如石墨、二硫化钼、聚四氟乙烯)和气体(如空气及其他气体)等。其中，固体和气体润滑剂多应用在高温、高速及要求防止污染等特殊场合。对于橡胶、塑料制成的零件，宜用水润滑。多数场合可采用润滑油或润滑脂润滑。

12.1.1　润滑剂的类型

1. 润滑油

(1)现在使用的润滑油的大致分类。

1)有机油。通常是动植物油，其中含有较多的硬脂酸，在边界润滑时有很好的润滑性能，但其稳定性差，而且来源有限，使用不多。

2)矿物油。主要是石油产品，因其来源广泛，成本较低，适用范围广，稳定性好，故应用最广。

3)化学合成油。多针对特定需要而生产，适用面窄，而且费用极高。

（2）润滑油的物理性能指标。润滑油最重要的一项物理性能指标为黏度，它是选择润滑油的主要依据。流体的黏度即流体抵抗变形的能力，它表示流体内摩擦阻力的大小。黏度越大，内摩擦阻力越大，流体的流动性越差。

黏度常用动力黏度、运动黏度、条件黏度等表示。我国常用运动黏度来标定。

1）动力黏度 η。对于长宽高都为 1 m 的液体，如果其上下表面发生速度为 1 m/s 的相对运动时所需切向力为 1 N，则称该液体的黏度为 1 Pa·s。

2）运动黏度 ν。液体的动力黏度与液体在相同温度下密度 ρ 的比值，称为液体的运动黏度。即

$$\nu = \frac{\eta}{\rho} \tag{12-1}$$

式中　ρ——密度（kg/m³）；在国际单位制中，运动黏度的单位是 m²/s，实际采用的单位是 mm²/s。

一般润滑油的牌号是该润滑油在 40 ℃时运动黏度的平均值。例如，L－AN46 全损耗系统用油在 40 ℃时的运动黏度为 41.4～50.6 mm²/s。

3）条件黏度 η_E。在规定的温度下从恩氏黏度计流出 200 mL 样品所需的时间与同体积蒸馏水在 20 ℃时流出时间之比值称为该液体的条件黏度，以 η_E 表示。单位为°E_t，其中脚注 t 为测定时的温度。

润滑油的主要物理性能还有凝点、闪点、燃点和油性等。润滑油的黏度并不是固定不变的，而是随着温度和压强而变化。温度对黏度的影响十分显著，黏度随温度升高而降低，而且变化很大。在注明某种润滑油的黏度时，必须标明它的测试温度。黏度随着压强的升高而加大，但压强小于 20 MPa 时，其影响很小，可不考虑。

常用润滑油的性能和用途查询相关的设计手册。

2. 润滑脂

润滑脂是在润滑油中加入稠化剂（如钙、钠、锂等金属皂）而形成的脂状润滑剂。有时为改善某些性能，还加入一些添加剂，又称黄油或干油。

（1）润滑脂的主要性能指标。

1）滴点。滴点是表示润滑脂受热后开始滴落的温度。滴点表示润滑脂的耐高温能力，润滑脂的工作温度应比滴点低 20 ℃～30 ℃。润滑脂的号数越小，表明滴点越低。

2）锥入度。锥入度即润滑脂的稠度。锥入度表示润滑脂内阻力大小和流动性的强弱。锥入度越小，表明润滑脂越稠，承载能力强，密封性越好，但摩擦阻力也越大，流动性越差，因而不易填充较小的摩擦间隙。

3）安定性。安定性反映润滑脂在储存和使用过程中维持润滑性能的能力，包括抗水性、抗氧化性和机械安定性等。

4）流动性。润滑脂的流动性小，不易流失，所以密封简单，不需经常补充。润滑脂对载荷和速度变化不是很敏感，有较大的适应范围，但因其摩擦损耗大，机械效率低，故不易用于高速传动的场合。润滑脂多用于低速、受冲击或间歇运动处。

（2）润滑脂的种类。

1）钙基润滑脂。钙基润滑脂具有良好的抗水性，但耐热能力差，工作温度不宜超过 55 ℃～65 ℃，常用于露天条件下工作的轴承，价格比较便宜。

2)钠基润滑脂。钠基润滑脂能抗水，耐高温性好，其最高温度可达120 ℃，比钙基润滑脂有较好的防腐性，但抗水性差。

3)锂基润滑脂。锂基润滑脂既能抗水，又能耐高温，可在−20 ℃～150 ℃的条件下长期工作。锂基润滑脂有较好的机械安定性，是一种多用途的润滑脂，有取代钙基润滑脂的趋势。

4)铝基润滑脂。铝基润滑脂有良好的抗水性，对金属表面有较高的吸附能力，有一定的防锈作用。在70 ℃时开始软化，适用于50 ℃以下的工作。

常用润滑脂的主要性能和用途可查询相关设计手册。

3. 固体润滑剂

用固体粉末代替润滑油的润滑，称为固体润滑。固体润滑剂呈粉末或薄膜状态，隔离摩擦表面以达到降低摩擦、减少磨损的目的。常用的固体润滑剂有无机化合物(如石墨、二硫化钼、氮化硼等)、有机化合物(如蜡、聚四氟乙烯、酚醛树脂等)和金属(如 Pb、Zn、Sn 等)及复合材料。其中，石墨和二硫化钼在实际中应用最广，使用时将石墨和二硫化钼用气流输送到摩擦表面上，利用其良好的黏附性充填不平表面的波谷，增大了接触面面积，减少了压强，易于滑动。

复合材料是将固体铁合金粉末和其他固体粉末，如塑料粉、金属粉混合、压制、烧结制成润滑复合材料，具有摩擦小、磨损少的特性。

固体润滑剂还可用作添加剂以改善润滑油、润滑脂的性能。

4. 气体润滑剂

空气、氢气、水蒸气及液态金属蒸气等都可作为气体润滑剂。常用的气体润滑剂为空气，其价格低廉，适用于高速、高温、低温的场合。

12.1.2 润滑剂的选择

在生产设备事故中，由于润滑不当引起的事故占很大的比重，因润滑不良造成的设备精度降低也比较严重，应根据摩擦副的工作情况来选择适宜的润滑剂。润滑剂的选用原则如下：

(1)润滑油的润滑及散热效果好，应用最广；润滑脂易保持在润滑部位，润滑系统简单，密封性好；固体润滑剂的摩擦系数高，散热性差，但使用寿命长，能在极高或极低温度、腐蚀、真空、辐射等特殊环境中工作。

(2)在高温、重载、低速和间隙大的情况下，应选择黏度高的润滑油，以利于形成油膜；在低温、轻载、高速和间隙小的情况下，应选择黏度较小的润滑油；在承受重载、间断或冲击载荷时，润滑油和润滑脂中应加入油性剂或极压添加剂，以提高边界承载能力。一般润滑油的工作温度应低于60 ℃；润滑脂的工作温度应低于其滴点20 ℃～30 ℃；气体、固体润滑剂主要用于高温、高压、防止污染等一般润滑剂不能使用的场合。

单元 12.2　润滑方法和润滑装置

机械设备的润滑主要集中在传动件和支撑件上，各零部件的润滑已在前面的章节中介绍，这里只对常用的润滑方法和润滑装置进行简要介绍。

机械润滑的方法有分散润滑和集中润滑两大类。分散润滑是各个润滑点各自单独润滑，这种润滑方法可以是间断或连续的，也可以是压力润滑或无压力润滑；集中润滑是一台机器的许多润滑点由一个润滑系统同时润滑。

12.2.1　油润滑装置

润滑油的优点是流动性好，冷却效果好，易于过滤除去杂质，可用于所有速度范围的润滑，使用寿命长容易更换，油可以循环使用。其缺点是密封比较困难。

1. 手工给油润滑装置

手工给油润滑装置较简单，由操作工使用油壶或油枪向润滑点的油孔、油嘴及油杯加油。其主要用于低速、轻载和间歇工作的小型机械中。

2. 滴油润滑装置

滴油润滑装置主要使用油杯向润滑点供油。油杯多用铝或铝合金等轻金属制成，杯壁的检查孔多用透明的塑料或玻璃制造，以便观察其内部油位。这种装置的优点是结构简单，使用方便；缺点是给油量不易控制，机械振动、温度变化和液面高低都会改变滴油量。图 12-1 所示为依靠油的自重向润滑部位滴油。

图 12-1

3. 油浴和飞溅润滑装置

油浴是将需润滑的部件一部分浸润在油池中，飞溅润滑利用高速(不高于12.5 m/s)旋转的机件将油池中的油溅起，直接散落在需要润滑的零件上。飞溅润滑所用油池应装设油标，油池的油位深度应保持最低轮齿被淹没 2～3 个齿高。为了便于散热，最好在密闭的齿轮箱上设置通风孔以加强箱内外空气的对流。

油浴和飞溅润滑装置简单，工作可靠，给油充足，缺点是摩擦损失大，且易引起发热，油池中可能积聚冷凝水。这种润滑装置主要用于闭式齿轮箱、链条和内燃机等。

4. 油绳和油垫润滑装置

油绳和油垫润滑是将油绳、毡垫等浸在润滑油中，毛细管的虹吸作用供油，所使用油的黏度应低些。图 12-2 所示为油绳式油杯；图 12-3 所示为采用油绳润滑的推力轴承；图 12-4 所示为采用毡垫润滑的滑动轴承。

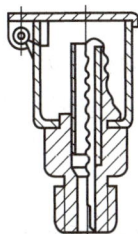

图 12-2

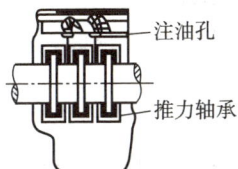

图 12-3

注油孔

推力轴承

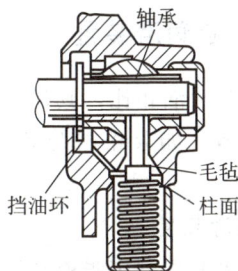

图 12-4

轴承

毛毡

挡油环

柱面

油绳和油垫等具有一定的过滤作用，可保持油的清洁，而且是连续均匀的。其缺点是油量不易控制。油绳不能与运动表面接触，以免卷入摩擦面间。油和油垫润滑装置多用在低速、中速的机械中。

5. 油环或油链润滑装置

油环或油链润滑只能用于水平安装的轴中，在轴上挂一油环，油环的下部浸在油池内，利用轴转动时的摩擦力带着油环旋转，将润滑油带到轴颈上，再流到各润滑部位，如图12-5、图12-6所示。

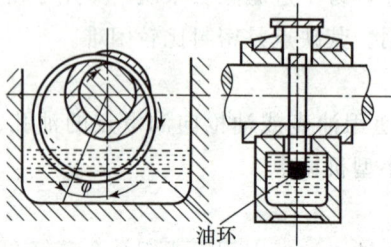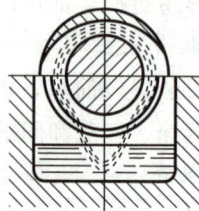

油环

图 12-5 图 12-6

油环润滑适用于转速为 50～3 000 r/min 的水平轴，如果转速过高，油环将在轴上剧烈跳动，转速过低油环所带的油量不足，甚至油环不能随轴旋转，达不到润滑效果。

油链与轴、油的接触面积较大，所以，在低速时也能随轴转动和带起较多的油，因此，油链适用于低速机械。但在高速运转时油被激烈地搅拌，内摩擦增大，链易脱节，故不适用于高速机械。

6. 喷油润滑装置

当回转件的圆周速度超过 12 m/s 时采用喷油润滑。喷油润滑是将润滑油与一定压缩空气混合后喷射到摩擦副上的润滑方式。对齿轮润滑时，从轮齿的啮合方向喷射润滑油。在蜗轮传动中，从蜗杆螺旋与蜗轮开始啮合一面喷射润滑油。

7. 油雾润滑装置

油雾润滑是利用压缩空气将油雾化，经喷嘴喷射到润滑表面。由于压缩空气和油雾一起被送到润滑部位，因此有较好的冷却效果。而且压缩空气有一定的压力，可以防止摩擦表面被灰尘污染。其缺点是排出的空气中含有油雾，造成污染。其主要适用于高速滚动轴承及封闭的齿轮、链条等。

12.2.2 脂润滑装置

润滑脂与润滑油相比，其流动性、冷却性都较差，杂质也不易除去。因此，润滑脂多用于中、低速机械。如果密封装置或密封罩的设计较好，可以采用高速型润滑脂进行高速润滑。

1. 手工润滑装置

手工润滑主要是利用脂枪从注油孔注入或直接用手填入润滑部位。手工润滑装置可以用于高速运转而且不需经常补充润滑脂的部位。

2. 滴下润滑装置

滴下润滑是将润滑脂装在脂杯里向润滑部位滴下润滑脂进行润滑。脂杯可分为两种形式：一种为受热式；另一种为压力式。

3. 集中润滑装置

集中润滑是由脂泵将脂罐里的润滑脂输送到各管道，再经分配阀将润滑脂分送到各润滑点。其主要用于润滑点多的车间或工厂。

12.2.3　固体润滑装置

常用固体润滑剂有整体润滑剂、覆盖膜润滑剂、复合材料润滑剂和粉末润滑剂四种类型。

如果固体润滑剂以粉末形式混在油或脂中，可选用相应的油或脂润滑装置。如果采用复合材料或整体部件润滑剂，就不需要借助任何润滑装置实现其润滑作用。

12.2.4　气体润滑装置

气体润滑是一种强制供气润滑系统，如气体轴承系统，整个润滑系统是由空气压缩机、减压阀、空气过滤器和管道等组成的。

供气系统必须保证空气中所有会影响轴承性能的固体、液体和气体杂质除去。因此，需设置油水分离器和排泄液体杂质的阀门及冷却器。还应设置防止供气故障的安全设备，否则在供气中断或气压过低时，会引起轴承损坏。

在实际选择润滑装置时，应综合考虑润滑方法和机械装备的特点，包括设备的结构、摩擦副的运动形式、速度、载荷、精度和工作条件等。

单元 12.3　密封方法和密封装置

在机械设备中，为了防止润滑剂泄漏或外界灰尘、水分进入机器内部，必须采用相应的密封装置，以保证持续、清洁的润滑，使机器正常工作，并减少对外界环境的污染，提高机器的工作效率，降低生产成本。

对机械零部件密封装置的基本要求是严密、可靠、寿命长，力求结构简单，制造维修方便。机械中使用的大多数密封件是易损件，应保证互换性，实现标准化、系列化生产。

根据密封处的零件之间是否有相对运动，密封可分为静密封和动密封两大类。密封接合面间没有相对运动的称为静密封，如管道与管道连接处接合面间的密封；两密封件之间有相对运动的称为动密封，如旋转轴与轴承盖之间的密封。

12.3.1　静密封

静密封要求结合面间有连续闭合的压力区，没有相对运动，因此，没有因密封带来的摩擦、磨损问题。静密封广泛应用于管道连接、压力容器和传动装置结合面的密封中。常见的静密封元件主要有垫片、O 形密封圈、密封带和密封胶等。

1. 研磨面密封

研磨面密封是最简单的静密封方法。要求将结合面研磨加工平整、光洁，并在压力下贴紧。对零件的加工精度要求高，适用于密封要求低的场合。

2. 垫片密封

垫片密封是典型的静密封方法。在结合面间放密封垫片，并在压力下使垫片产生变形而填满密封面间的缝隙，达到密封的目的。在常温、低压、普通介质工作时可用纸或橡胶等垫片；在低温或有腐蚀场合可用聚四氟乙烯垫片；在高温、高压下可用金属垫片，如图 12-7 所示。

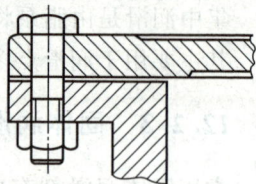

图 12-7

3. 密封胶密封

在结合面上涂密封胶是一种简便、良好的静密封方法。密封胶有一定的流动性，容易充满结合面的间隙，黏附在金属面上能减少泄漏，在较粗糙的表面上密封效果也很好。

4. O形密封圈密封

在结合面上开密封圈槽，装入密封圈，利用其在结合面间形成的压力来达到密封目的，效果良好。其成本低廉，密封性好，可随密封介质压力增大而增加密封能力。

12.3.2 动密封

动密封用来密封具有相对运动的表面。根据其运动状态，动密封可分为旋转式密封和移动式密封。

1. 旋转式密封

旋转轴与固定件之间的密封，既要保证密封效果，又要减少相对运动元件间的摩擦、磨损。其常用的密封件又可分为接触式密封和非接触式密封两类。

(1)接触式密封。接触式密封是利用密封元件的直接接触，来阻塞流体的泄漏通道，限制其泄漏。直接接触会产生摩擦和磨损，一般在接触面上添加润滑剂来减少磨损。常用的密封方式有以下几种：

1)O形密封圈密封装置：它靠本身的弹力起密封作用，O形圈与回转轴接触处产生较大的摩擦热，易使橡胶材料受热老化，一般用于低速 $v<2\sim4$ m/s 的场合，如图 12-8 所示。

2)J形、U形密封圈装置：密封圈有唇形开口，并配有压紧弹簧以增大密封压力，在磨损时能自动补偿，使用时唇口方向朝密封部位以防止漏油。有的带有金属骨架，可增大油封的刚度，防止橡胶的塑性变形，如图 12-9、图 12-10 所示，常用于较高转速的密封。

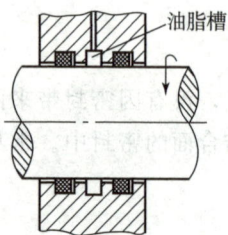

图 12-8

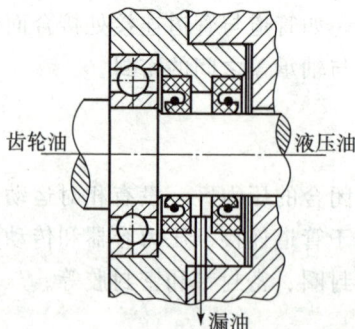

图 12-9

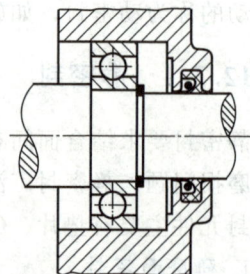

图 12-10

3)毡圈密封装置：毡圈的断面为矩形，使用时在轴承盖上开梯形槽，将毛毡放入与轴接触。

毡圈密封结构简单，但密封效果较差，主要起防尘作用，用于低速脂润滑处，如图 12-11 所示。

4）端面密封（机械密封）装置：端面密封形式很多，如图 12-12 所示，1 是动环，随轴转动；2 是静环，固定于机座上。弹簧使动环和静环压紧，起到很好的密封作用。其密封性能可靠、对轴无损伤、使用寿命长，常用于高速、高压、低温及腐蚀环境下的回转轴润滑。

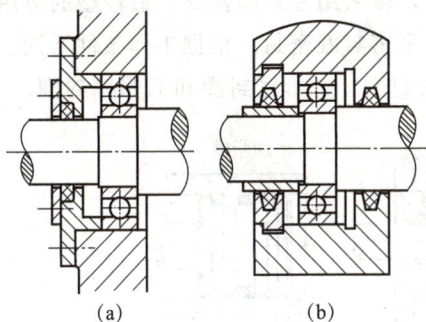

（a）　　　　　　（b）

图 12-11

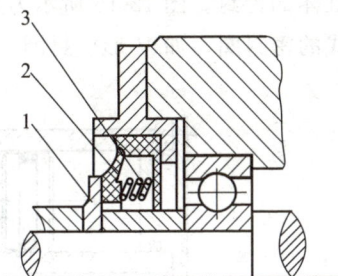

图 12-12

1—动环；2—静环；3—弹簧

（2）非接触式密封。非接触式密封通过在密封的流体中产生压力来达到密封目的。由于不存在运动部件间的直接接触，因此没有摩擦，多用于高速场合。这类密封具有结构简单、耐用、运行可靠的优点，几乎可以不进行维护保养。常用的密封方式有以下几种：

1）迷宫式密封：它由旋转和固定密封件间拼合成的曲折缝隙形成，在缝隙中可填入润滑脂。这种方式的密封效果好，适用于环境差、转速高的场合，如图 12-13 所示。

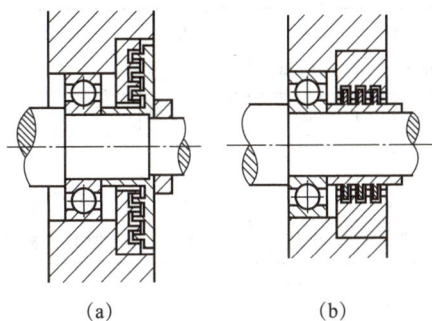

（a）　　　　　　（b）

图 12-13

2）油沟密封：在轴和轴承盖间留 0.1～0.3 mm 的缝隙或在轴承盖上车出环槽，在槽里充满润滑脂。这种方式的密封简单，多用于低速情况下，如图 12-14 所示。

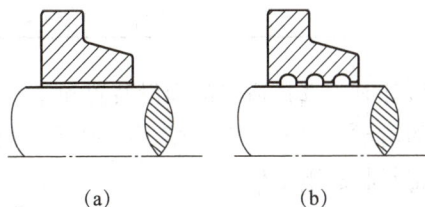

（a）　　　　　　（b）

图 12-14

3)**离心密封**：离心密封是利用轴旋转带动流体产生离心力，以克服泄漏的密封方法。在轴上装有甩油环，当外泄的润滑油落在甩油环上，由离心力甩掉后通过箱体的导油槽流回油箱。其适用于转速很高和较大直径的场合。

2. 移动式密封

机器中零件相对移动的密封为移动式密封，多采用密封圈密封，最典型的应用是液压缸中活塞与缸体的密封。图 12-15 所示为采用 O 形密封圈密封。根据工作条件不同，也可以采用其他形式的密封圈，如 V 形密封圈、Y 形密封圈、U 形密封圈和 L 形密封圈。

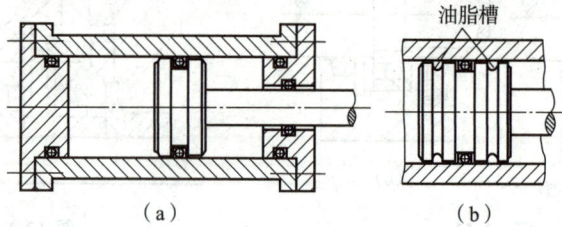

（a）　　　　　（b）

图 12-15

12.3.3　密封装置的选择

在具体使用过程中，由于工作条件的不同，机器设备和零部件对密封的要求也不同，在选择密封装置时，可参考表 12-1 选择。

表 12-1　密封装置的性能

密封形式		工作速度 $v/(\mathrm{m \cdot s^{-1}})$	压力 /MPa	温度 /℃	备注
动密封	O 形橡胶密封圈	2～3	35	−60～200	
	J 形橡胶密封圈	4～12	1	−40～100	
	毡圈	5	低压	90	常用于低速脂润滑，主要起防尘作用
	迷宫式密封	不限	低压	600	加工要求较高
	机械密封	18～30	3～8	−196～400	
静密封	垫片　橡胶	—	1.6	−70～200	不同工作条件用不同材料，如腐蚀用聚四氟乙烯，高温用石棉
	垫片　塑料	—	0.6	−180～250	
	垫片　金属		20	600	
	液态密封胶		1.2～1.5	140～220	接合面间隙小于 0.2 mm
	厌氧密封胶		5～30	100～150	能起连接作用
	O 形密封胶		100	−60～200	接合面要开密封圈槽

综上所述，在进行机械设计时，选择适当的润滑装置和密封装置是必不可少的。使用中应注意机械的维护及润滑油的清洁、温升、密封情况。如有漏油现象，应急时更换密封件，以确保机器在良好的润滑和密封状态下工作。

【单元测试】

(1)何为润滑和密封?

(2)如何选择适当的润滑剂?

(3)油润滑的润滑方法有哪些?

(4)密封是如何分类的? 常用的密封方法有哪些?

(5)接触式密封中常用的密封件有哪些? 非接触式密封是如何实现密封的?

参 考 文 献

[1]孙方遒. 工程力学[M]. 北京：北京理工大学出版社，2014.

[2]马艳霞. 机械设计基础[M]. 哈尔滨：哈尔滨工程大学出版社，2008.

[3]张向阳，李立新. 工程力学[M]. 哈尔滨：哈尔滨工程大学出版社，2007.

[4]李海萍. 机械设计基础[M]. 北京：机械工业出版社，2005.

[5]杨可桢，程光蕴. 机械设计基础[M]. 4版. 北京：高等教育出版社，1999.

[6]孙桓，陈作模. 机械原理[M]. 6版. 北京：高等教育出版社，2001.

[7]黄锡恺，郑文纬. 机械原理[M].6版. 北京：高等教育出版社，1990.

[8]濮良贵. 机械设计[M]. 5版. 北京：高等教育出版社，1991.

[9]陈立德. 机械设计基础[M]. 2版. 北京：高等教育出版社，2005.

[10]彭文生，李志明，黄华梁. 机械设计[M]. 北京：高等教育出版社，2002.

[11]李学雷，张勒，徐钢涛. 机械设计基础[M]. 北京：科学出版社，2004.

[12]刘瑞堂，刘文博，刘锦云. 工程材料力学性能[M]. 哈尔滨：哈尔滨工业大学出版社，2001.

[13]边文凤. 工程力学[M]. 北京：机械工业出版社，2003.

[14]张秉荣，李泽培. 工程力学[M]. 北京：机械工业出版社，2000.

[15]杜建根. 机械工程力学[M]. 北京：高等教育出版社，2001.

[16]张力. 工程力学[M]. 北京：清华大学出版社，2006.

[17]胡仰馨. 理论力学[M]. 北京：高等教育出版社，1994.

[18]程嘉佩. 材料力学[M]. 北京：高等教育出版社，1989.